CHINA SCIENCE AND ENGINEERING DEVELOPMENT EVALUATION REPORT

中国科学与工程学科发展评估报告

崔宇红　王飒　赵霞　郝琦玮　著

北京理工大学出版社
BEIJING INSTITUTE OF TECHNOLOGY PRESS

图书在版编目（CIP）数据

中国科学与工程学科发展评估报告／崔宇红等著．—北京：北京理工大学出版社，2018.6

ISBN 978－7－5682－5141－9

Ⅰ.①中…　Ⅱ.①崔…　Ⅲ.①科学技术－研究报告－中国　Ⅳ.①G322

中国版本图书馆CIP数据核字（2017）第330248号

出版发行／北京理工大学出版社有限责任公司
社　　址／北京市海淀区中关村南大街5号
邮　　编／100081
电　　话／（010）68914775（总编室）
（010）82562903（教材售后服务热线）
（010）68948351（其他图书服务热线）
网　　址／http：//www. bitpress. com. cn
经　　销／全国各地新华书店
印　　刷／北京地大彩印有限公司
开　　本／787毫米×1092毫米　1/16
印　　张／17.25
字　　数／345千字
版　　次／2018年6月第1版　2018年6月第1次印刷
定　　价／176.00元

责任编辑／王俊洁
文案编辑／王俊洁
责任校对／周瑞红
责任印制／王美丽

序

如果你不能测度它，你就不能管理它；如果你不能测度它，你就不能改进它。

——彼得·德鲁克

中国的科学技术正处于迅猛的高速发展阶段。根据2016年发布的自然指数显示，中国科研论文对全球的产出贡献仅排在美国之后，超过英国、德国、日本等传统科技强国，处于世界第二位，这与当前中国的全球经济地位是一致的。认真分析并正确把握中国科学发展态势，可以帮助学界研究人员更清醒地认识自身的优势劣势，发现和凝练科学目标；也可以指导大学、研究院所、基金组织和科研管理部门更准确地选择优先发展战略，更明确地制定符合国情的中长期发展规划。

对一个国家、大学或者个人来说，测度和管理研究绩效不是一件容易的事情，也没有形成全球公认的黄金标准。从理工背景的高校研究人员和管理者的角度来看，这可以被视为一种概率问题，已有的定量成果数据如科学论文和专利文献的统计指标就是概率模型的先验信息，可以为专家咨询、远景与目标分析评价等提供参考资料和决策依据。

作为中华人民共和国成立的第一所国防工业院校，北京理工大学始终伴随着国家教育事业的发展，坚持在服务国家战略和奉献世界科技发展中展现担当。为了更好地提供高质量的决策咨询建议，北京理工大学图书馆专门成立了战略情报研究部，主动承担了有关《中国科学与工程学科发展评估报告》的许多研究工作，并得到中国科协的项目支持。本项目由崔宇红研究员策划设计并组织实施，研究人员采用文献计量学和科学计量学方法，通过学科和国家的横向和纵向比较，说明中国科学研究的时空特征、各学科领域发展变化的特点、核心国家（地区）与科研机构的研究现状，以及高水平论文及国际合作等，描述了十年来中国科学发展的态势。

党的十九大报告提出，“要瞄准世界科技前沿，强化基础研究，实现前瞻性基础研究、引领性原创成果重大突破。”中国科学家群体应该对世界科学作出原始性、引领性贡献，在世界科技经济竞争中占据主动，加快建设创新型国家和世界科技强国。《中国科学与工程学科发展评估报告》提供了了解中国和世界科技发展的许多背景数据，有助于提高我们把握科技发展前沿态势的能力。

是为序。

2017 年 12 月 22 日

目　录

第一章　中国科学与工程学科发展评估体系构建

第二章　中国科学与工程学科概览

第四章 数学学科计量评估

第五章 化学学科计量评估

第六章 生物学学科计量评估

第七章 环境生态和地球科学学科

第八章 计算机科学学科计量评估

第九章 材料科学学科计量评估

第十章 工程学科计量评估

第十三章　基础医学学科计量评估

>

第一章　中国科学与工程学科发展评估体系构建

第一节　基于科学计量学的科研绩效评估方法

科研绩效评估已受到国际组织、国家 / 地区等的普遍关注，客观而全面地对科研绩效进行评估，需要依据大量的客观事实和数据，按照专门的规范、程序，遵循适用的原则和标准，运用科学的方法对与科技活动有关的 行为进行专业化的评判。

（一）科研绩效评估方法

科研绩效评估方法同其他科技评估一样，大致分为三类，包括定性评估方法、定量评估方法和综合评估方法，如表 1-1 所示。

表 1-1　三类评估方法

方法分类	方法描述	主要代表性方法
定性评估方法	基于专家知识和经验的评估方法	同行评议、专家评估、德尔菲法
定量评估方法	基于统计数据的客观评估方法	文献计量法 / 科学计量法
综合评估方法	定性与定量相结合的评估方法	结合计量方法的专家评估

1. 同行和专家评估

同行和专家评估一直是主要的方法。同行和专家评估是指由某一领域或若干领域的专家按照既定的评估原则和评估标准，运用科学的方法所进行的专业化评价活动。可作为科研绩效评估的一种重要方法。

1）同行和专家评估的主要优势

（1）科技界对其广泛认可；

（2）同行和专家不仅可以评估科研质量，还可以评估科研管理、人才培养和科研环境情况等，进而形成改进意见和建议，使未来的发展更趋完善、更富成效。

2）同行和专家评估的不足

（1）因为要筛选和召集专家等，在评估过程中开支可能很大；

（2）它以专家的个人主观判断为基础，不可避免地会带有评议偏见。

2. 文献 / 科学计量法

文献 / 科学计量法就是通过对论文、专利等科研产出的数量和传播情况来进行科研绩效评估的方法。

1）文献 / 科学计量法的主要优势

（1）由于使用数据库统计数据，文献计量法具有客观、量化、易于比较等特点，能够对科研产出能力进行较为直观的评价；

（2）避免了同行或专家评估中的较大开支和评议偏见；

（3）可以生成衡量科研质量、合作情况及其性质和范围的量化指标。

2）文献 / 科学计量法的不足

（1）文献 / 科学计量法只把论文、专利等作为科研产出，忽视了其他的产出和长期结果；

（2）论文和专利的引用具有时滞性；

（3）无法衡量科研成果未来的潜在应用前景。

尽管文献 / 科学计量法有如此多的不足，但英国 2014 年实施的 REF 评估实践表明，文献 / 科学计量法虽不足以替代同行和专家评估，但在一定范围内，论文的引用信息可以作为同行和专家评估的补充。在各国的科研绩效评估中，文献 / 科学计量法均是作为同行和专家评估的辅助工具和参考，而不是单独使用。越来越多的研究表明，文献 / 科学计量法可以对同行和专家评估起到有益的互补作用。

（二）基于科学计量学的科研绩效评估

因为文献 / 科学计量法通过对论文、专利等科研产出的数量和传播情况来进行科研绩效评估，所以，以下分别对评估数据库、评估工具、评估指标、评估流程等进行介绍。

1. 评估数据库及评估工具

科研绩效评估常用数据库和评估工具如图 1-1 所示，本报告将其分为基于论文的评估和基于专利的评估，论文和专利又按照收录成果的国别范围不同分为中文的和国际的，以下对不同的数据库和评估工具进行介绍。

图 1-1　科研绩效评估常用数据库及评估工具

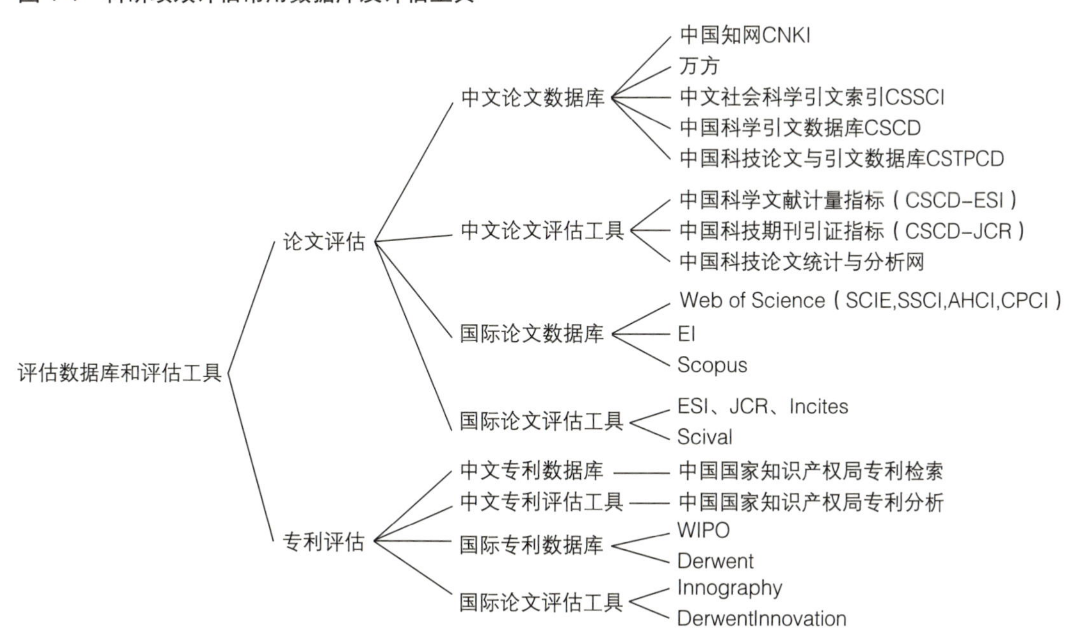

1）基于论文的评估数据库和评估工具

（1）中国知网 CNKI：由清华大学、清华同方发起，始建于 1999 年 6 月。综合性数据库包括中国期刊全文数据库、中国博士学位论文数据库、中国优秀硕士学位论文全文数据库、中国重要报纸全文数据库和中国重要会议论文全文数据库等，是综合的数据检索平台和数字出版平台。

（2）万方：是由万方数据公司开发的，涵盖期刊、会议纪要、论文、学术成果、学术会议论文的大型网络数据，是和中国知网 CNKI 齐名的中国专业的学术数据库。

（3）中文社会科学引文索引 CSSCI：由南京大学中国社会科学研究评价中心开发，用来检索中文社会科学领域的论文收录和文献被引用情况。

（4）中国科学引文数据库 CSCD：隶属中国科学院，由中国科学院文献情报中心负责，收录我国数学、物理、化学、天文学、地学、生物学、农林科学、医药卫生、工程技术和环境科学等领域出版的中英文科技核心期刊和优秀期刊千余种。

（5）中国科技论文与引文数据库（CSTPCD）：隶属中国科技部，由中国科技信息研究所负责，是一个集多种检索与评价功能于一体的大型文献数据库，目前分为网络版和光盘版两种版本，其中网络版覆盖国内发行的重要科技期刊 2 800 余种，光盘版收录核心期刊 1 300 余种。

（6）中国科学文献计量指标（CSCD-ESI）：运用科学计量学和网络计量学的有关方法，以 CSCD 及 SCI 年度数据为基础，对我国年度科技论文的产出力和影响力及其分布情况进行客观的统计和描述。从宏观统计到微观统计，渐次展开，展示了省市地区、高等院校、科研院所、医疗机构、科学研究者的论文产出力和影响力，并以学科领域为引导，显示我国各学科领域的研究成果，揭示不同学科领域中研究机构的分布状态。

（7）中国科技期刊引证指标（CSCD-JCR）：该统计数据以 CSCD 核心库为基础，从不同角度揭示期刊影响力，尤其是从学科论文引用角度定位期刊影响力，如实反映国内科技期刊在中文世界的价值和影响力。

（8）中国科技论文统计与分析网：该系统以《中国科技论文与引文数据库》（CSTPCD）为基础，利用 SCI、EI、MEDLINE、SSCI、CPCI-S、DERWENT 等国际权威检索数据库和中国科技期刊引证报告，提供科技论文的收录引证数据和期刊评估指标数据。

（9）Web of Science（SCIE，SSCI，AHCI，CPCI）：科学引文索引数据库收录了 12 000 多种世界权威的、高影响力的学术期刊，内容涵盖自然科学、工程技术、生物医学、社会科学、艺术与人文等领域，其中最主要的是科学引文索引（Science Citation Index Expanded，SCIE）和社会科学引文索引（Social Sciences Citation Index，SSCI），是进行科研绩效评估最常用的数据库。

（10）EI：工程索引（The Engineering Index，EI），是著名的工程技术类综合性检索工具，通常用于对工程技术类学科进行科研绩效评估。

（11）Scopus：是爱思唯尔出版公司的全球最大的文摘引文数据库，涵盖了全世界最广泛的科技、医学和社会科学领域经同行评审的研究文献。收录范围较 Web of Science 和 EI 数据库要广，也逐渐被科研绩效评估和大学排行榜采用。

（12）ESI：ESI 是基于 Web of Science 平台的分析研究工具，主要功能包括：衡量国家、机构、作者、期刊和论文的科研绩效；追踪自然科学和热会科学的当前研究前沿和趋势。在《2012 中国大学评价研究报告》中，ESI 论文被首次纳入大学评价指标，入围 ESI 世界前 1%的学科及其数量则引起了国内外各大院校的重视。国内各“985”高校均将 ESI 指标作为衡量该校学科专业进入国际先进水平的一项重要指标。

（13）JCR：Journal Citation Reports，期刊引证报告，简称 JCR，是一个基于引文数据统计信息的期刊评价工具，主要功能是可以查询 SCIE、SSCI 期刊的影响因子、排名、分区、引证关系等。

（14）Incites：是科睿唯安集团在 Web of Science 数据库的基础上建立的科研评价参考工具，综合各种计量指标和 30 年来各学科各年度的全球基准数据。主要功能包括：能够实时跟踪机构的研究产出和影响力；将本机构的研究绩效与其他机构以及全球和学科领域的平均水平进行对比；发掘机构内具有学术影响力和发展潜力的研究人员，并监测机构的科研合作活动，以寻求潜在的科研合作机会。

（15）Scival：Scival 科研分析平台是在 Scopus 数据库的基础上建立的科研评价参考工具，可以为科研管理人员提供文献计量学数据，全方位进行科研绩效对比，主要功能有交叉学科分析和国际合作分析，其中交叉学科分析是该平台比较独特的功能。

2）基于专利的评估数据库和评估工具

（1）中国国家知识产权局专利检索：是中国国家知识产权局支持建立的政府性官方网站，该网站提供与专利相关的多种信息服务。国家知识产权局网设有中国专利检索功能，该检索数据库收录了自 1985 年以来已公布的全部专利信息，包括著录项目及摘要、各种说明书全文及外观设计图形，提供单页 TIF 格式的专利全文下载。

（2）中国国家知识产权局专利分析：国家知识产权局网分析子系统为专利分析人员提供多种分析方式和分析工具，分为管理分析文献库、申请人分析、发明人分析、区域分析、技术领域分析、中国专项分析、高级分析、管理分析结果八大功能。

（3）WIPO：世界知识产权组织（World Intellectual Property Organization，WIPO）的 Patent Scope 专利数据库可以从《专利合作条约》（Patent Cooperation Treaty，PCT）在国际上申请公布之日起对其进行全文检索，也可以对国家和地区参与专利局的专利文献进行查询。

（4）Derwent：Derwent Innovations Index 涵盖了来自世界上 40 个专利授权机构的 1 430 多万项基本发明，数据可回溯到 1963 年。具有高附加值的专利文献标引与索引以及强大的检索途径和面向用户的检索辅助工具。Derwent 的技术专家会用通俗的语言按照技术人员平常用词、行文的习惯重新用英文书写每一篇文献的标题和摘要，形成描述性的标题和摘要，即使用习惯的常用词进行检索，也不会有问题。

（5）Innography：Innography 作为一款由 Dialog 公司开发的专利分析软件，其独到之处在于强大的核心专利挖掘功能。核心专利一般指的是制造某个技术领域的某种产品必须使用的技术所对应的专利，而不能通过一些规避设计手段绕开。

（6）Derwent Innovation：原名 Thomson Innovation，隶属于科睿唯安，是整合专利、科技文献和商业及新闻信息，提供独有的分析、合作和预警等工具的创新平台。它通过人工智能与 Derwent 专利数据的结合，公布千万数量级专利的准确法律状态（如无效 / 有效状态、有效期等）及专利权归属信息。

2. 评估指标

文献计量学方法已被越来越多地应用于科研绩效评估中。但因为没有任何一个单一的文献计量学指标能够全面地评价科研绩效，所以提倡选择一组恰当的文献计量学指标进行评价。不同的数据库和平台提供了不同的文献计量学指标，以从多角度评价科研绩效。

1）基于论文的评价指标

（1）论文总数：在给定时期内，一个作者或者机构发表的被 SCI、SSCI、EI、Scopus、CSSCI 等数据库收录的论文数量。

（2）总被引次数：某一组论文自发表以来到统计当年被引用的总次数。

（3）篇均被引频次：等于总被引次数除以论文总数。

（4）高被引论文数及百分比：按领域和出版年统计的引文数排名前 1% 计算的论文篇数及百分比。

（5）被引次数排名前 10% 的论文百分比：按领域和出版年统计，排名前 10% 的论文百分比。

（6）论文被引百分比：被引用至少一次的论文占总数的百分比。

（7）h 指数：h 指数的计算基于一组按被引频次降序排列的出版物集合。该集合中，如果 N 篇论文拥有大于或等于 N 次引文，则 h 值等于 N。例如，h=12，说明在该论文集中有 12 篇论文至少被引用了 12 次。h 指数通常用于对个人的评估，也可用于对机构的评估。

（8）平均百分位：一篇论文的百分位是通过同出版年、同学科领域、同文献类型的所有论文的被引频次分布（将论文按照被引用频次降序排列）比较，并确定低于该论文被引次数的论文的百分比获得的。如果一篇论文的百分位为 1，则该学科领域、同出版年、同文献类型中有 99% 的论文的引文数都低于该论文。

（9）国际合作论文及百分比：国际合作论文指包含一位或多位国际共同作者的论文。国际论文百分比是某论文集中，国际合作论文的数量除以该论文集的论文总数的数值，以百分数的形式表现。国际合作论文百分比指标体现了机构或科研工作者吸引国际合作的能力。

（10）横向合作论文及百分比：横向合作论文指包含了一位或多位组织机构类型标记为“企业”的作者的论文。横向合作论文百分比是某论文集中，横向合作发表论文数除以该论文集的论文总数的数值，以百分数的形式表现。

（11）期刊影响因子：即某期刊前两年发表的论文在第三年中的平均被引次数。例如，某期刊在2011年影响因子为4.25，说明这本期刊2009年和2010年发表的论文在2011年平均被引用4.25次。

2）基于专利的评价指标

（1）专利申请与授权量：专利申请量指专利机构受理技术发明申请专利的数量。专利授权量指由专利机构授予专利权的专利数量。

（2）有效专利：有效专利是指专利申请被授权后，仍处于有效状态的专利。

（3）职务发明专利：执行本单位的任务或者主要是利用本单位的物质技术条件所完成的发明专利为职务发明专利。

（4）PCT专利:PCT专利指《专利合作条约》(以下简称《条约》)，该《条约》规定，一项国际专利申请在申请文件中指定的每个签字国都具有与本国申请同等的效力。

（5）三方专利：指在欧洲专利局、日本专利局都提出了申请并已在美国专利商标局获得发明专利权的同一项发明专利。

（6）专利强度：Innography平台采用专利强度对专利价值进行度量，专利强度与专利诉讼、专利引用和被引用数量、同族专利数量、专利权利要求数量等指标相关。

3. 评估步骤

基于计量学的科研绩效评估流程主要分为评估方案设计、评估数据准备、评估数据清洗、评估分析、评估报告撰写五步，具体情况如图1-2所示。

图1-2　基于计量学的科研绩效评估流程

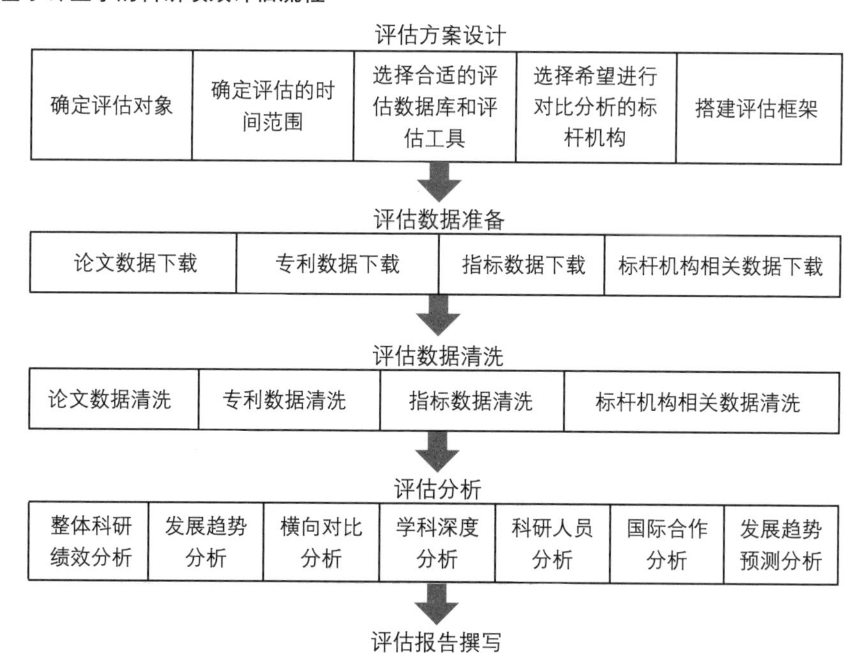

（1）评估方案设计：根据评估的目的确定评估对象、确定评估的时间范围、选择合适的评估数据库和评估工具、选择希望进行对比分析的标杆机构，并在此基础上搭建评估框架。

（2）评估数据准备：利用第一步中选择的评估数据库和评估工具，进行论文数据、专利数据以及指标数据的下载，并对标杆机构的相关数据进行下载。

（3）评估数据清洗：对第二步中下载的数据进行数据清洗和整理。

（4）评估分析：从整体科研绩效分析、发展趋势分析、横向对比分析、学科深度分析、科研人员分析、国际合作分析、发展趋势预测分析等方面对评估对象进行全方位的绩效评估。

（5）评估报告撰写：在评估分析的基础上揭示该机构的优势、劣势、挑战与机遇，为机构建设和规划提供参考意见和建议。

第二节　中国科学与工程学科发展计量评估报告方案设计

（一）报告内容

本报告采用科学计量学方法对我国科学与工程学科发展进行分析和评价，展示学科发展现状，评价学科发展水平，预测学科发展趋势，为研究我国科学与工程学科发展提供翔实的资料和大量数据，为宏观管理和决策提供可靠依据，供各级管理部门、科技工作者及高等学校相关专业师生阅读、参考。

本报告研究内容如图 1-3 所示，包括中国科学与工程学科整体产出分析和分学科产出分析两大部分：整体产出分析分别从国内论文产出、SCI 论文产出、国内专利产出、国际专利产出四方面来进行分析；分学科产出分析基于 SCI 论文数据，将科学与工程学科划分为物理与空间科学、数学、化学、生物学、环境生态和地球科学、计算机科学、材料科学、工程、农业科学、临床医学和基础医学 11 个学科进行分学科产出分析，每个学科分别就论文产出、目标国家对比、论文合作和高被引论文表现情况进行分析。

图 1-3 本报告研究内容

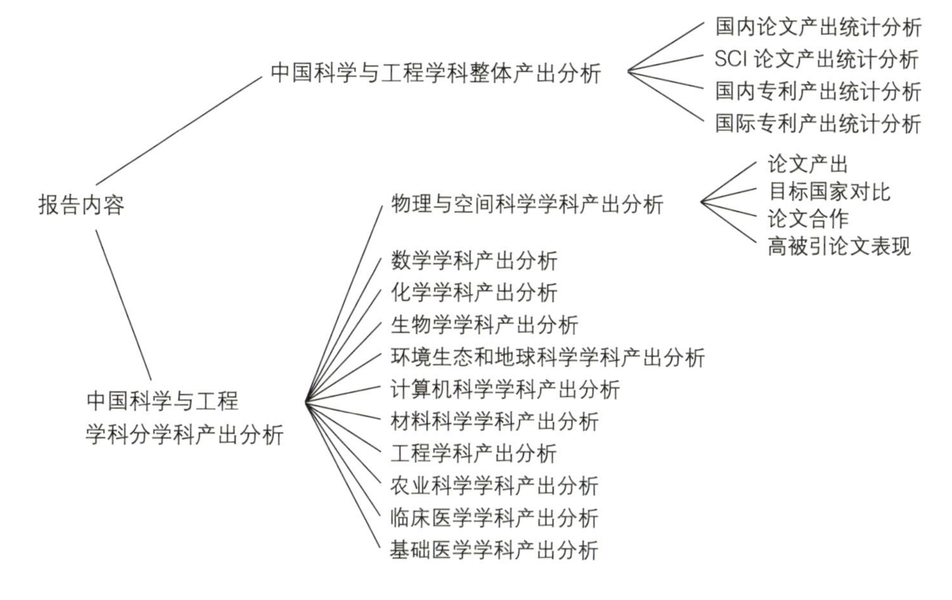

（二）报告指标

本报告采用的评估指标如表 1-2 所示。

表 1-2 本报告采用的评估指标

一级指标	二级指标	三级指标	含义
国内论文产出分析	规模	1. 论文总量	国内论文文献量
		2. 年增长率	论文数量年增长率 = $\sqrt[n]{B/A}-1$。其中 B 为最后一年论文数量，A 为起始年论文数量，n= 间隔年数
	分布	3. 学科分布	不同学科论文所占比重
		4. 按机构类型分布	不同机构类型发表论文所占比重
SCI 论文产出统计分析	规模	1. Web of Science 论文数	Web of Science 文献量
		2. 被引频次	出版物集合的被引频次
		3. 论文数量全球百分比	出版物集合与全球总和的比值
		4. 被引频次全球百分比（引用份额）	出版物集合的被引频次与全球总和的比值
	规模	5. 论文数量年增长率	论文数量年增长率 = $\sqrt[n]{B/A}-1$。其中 B 为最后一年论文数量，A 为起始年论文数量，n= 间隔年数
	排名	6. 论文篇数排名	按照 Web of Science 论文数进行全球排名

续表

一级指标	二级指标	三级指标	含义
SCI 论文产出统计分析	排名	7. 被引频次排名	按照被引频次进行全球排名
		8. 引文影响力排名	按照引文影响力进行全球排名
	影响力	9. 引文影响力	某一文献集合的引文影响力，通过使用该文献集合总引文数除以文献总数得到。引文影响力反映了一篇文献获得的平均引文数
		10. 平均百分位	所有出版物的平均百分位（均值）
		11. 学科百分位	论文引文数在同一学科、同一出版年论文中排名的百分位。引文数越多，百分位数值越小。最大的百分位为 100，代表 0 次被引
		12. 相对于全球平均水平影响力	出版物集合的引文影响力与全球平均值的比值
		13. 论文被引百分比	被引用至少一次的出版物百分比
		14. h 指数	h 指数的计算基于一组按被引频次降序排列的出版物集合。在该论文集合中，如果 N 篇论文拥有大于或等于 N 次引文，则 h 值等于 N。例如 h=12，说明在该论文集中有 12 篇论文至少被引用了 12 次
	影响力	15. 期刊规范化引文影响力	按期刊、出版年和文献类型统计的规范化的引文影响力（论文篇均引文数）
	合作	16. 国际合作论文	含一位或多位国际作者的论文数
	合作	17. 国际合作论文百分比	某文献集合中国际合作论文的数量除以该论文集的论文总数的数值，以百分比的形式表现。国际合作论文百分比指标体现了机构或科研工作者吸引国际合作的能力
		18. 横向合作论文	含一位或多位组织机构类型标记为“企业”的作者的论文数
		19. 横向合作论文百分比	某一出版物集合中合作发表文献数除以该论文集的论文总数的数值，以百分数的形式表现
		20. 合著者数量	一篇出版物的作者个数
		21. 合作机构数量	一篇出版物的作者所属机构数量
	顶级论文	22. 高被引论文	近十年发表的论文在近两年的引文数排名前 1% 的论文（排名按领域和出版年统计）
		23. 高被引论文百分比	入选 ESI 高被引论文（按领域和出版年统计的引文数排名前 1%）的出版物百分比

续表

一级指标	二级指标	三级指标	含义
SCI 论文产出统计分析	顶级论文	24. 热点论文	近两年发表的论文在近两个月引文数排名前 0.1% 的论文（排名按领域和出版年统计）
		25. 热点论文百分比	入选 ESI 热点论文（按领域和出版年统计的引文数排名前 0.1%）的出版物百分比
	分布	学科分布	不同学科论文所占比重
		机构分布	不同机构类型发表论文所占比重，机构按类型分为学术、大学系统、研究所、公司、政府、健康等
国内专利产出统计分析	规模	1. 专利申请量	专利行政部门受理技术发明申请专利的数量
		2. 专利授权量	由专利行政部门授予专利权的专利数量
	分布	3. 技术领域分布	专利所属技术领域按照 IPC 大类列出
		4. 职务、非职务发明分布	职务发明是执行本单位的任务或主要是利用本单位的物质技术条件所完成的发明创造。非职务发明是指企业、事业单位、社会团体、国家机关的工作人员在职务之外没有利用本单位的物质条件所完成的发明创造
		5. 地区分布	不同省份专利申请量所占比重
		6. 来自国外专利的国别分布	不同国外国家在华专利申请量所占比重
		7. 机构分布	发明专利申请受理量和授权量居前列的国内外企业
		8. 按机构类型分布	不同机构发明专利授权量所占比重，机构按类型分为企业、科研单位、大专院校、机关团体等
		9. 有效专利分布	有效发明专利的专利类型、技术领域等分布情况
国内专利产出统计分析	规模	1. 常住 \ 非常住居民专利申请 \ 授权量	常住居民专利申请 \ 授权量是指本国居民在该国提出的专利申请 \ 授权数量；而非常住居民专利申请 \ 授权量则是指外国申请人提交的专利申请 \ 授权数量
		2. 本国与国外专利申请 \ 授权量	指目标国家常住居民在本国与外国办事处提交的专利申请 \ 授权专利数量
		3. 申请量 \ 授权量年增长率	专利申请量 \ 授权量平均每年增长的速度
国际专利产出统计分析	影响力	4. 授权专利占申请专利数量的比例	目标国家国内外授权专利与申请专利数量之比
		5. PCT 专利申请 \ 授权量	指依据《专利合作条约》(PATENT COOPERATION TREATY）提出的专利申请 \ 授权量
		6. 三方专利申请 \ 授权量	指在欧洲专利局、日本专利局都提出了申请并已在美国专利商标局获得发明专利权的发明专利数量

（三）目标国家选择

为了进行国际对比，在进行 SCI 论文统计分析和国际专利对比分析时，将中国及美国、英国、德国、加拿大、法国、意大利、日本、俄罗斯、欧盟 10 个国家或地区列为目标国家或地区。

（四）学科分类

在进行 SCI 论文统计分析时，对 ESI 原有的 19 个科学与工程学科进行归类处理后合并为 11 个领域（见表 1-3），分别为物理和空间科学、数学、化学、生物学、环境生态和地球科学、计算机科学、材料科学、工程、农业科学、临床医学、基础医学。

表 1-3　ESI 原有的 19 个科学与工程学科合并分类为 11 个领域

教育部学科目录	本研究中使用的学科大类	对应的 ESI 学科领域
理	物理和空间科学	物理 (PHYSICS)
		空间科学 (SPACE SCIENCE)
	数学	数学 (MATHEMATICS)
	化学	化学 (CHEMISTRY)
	生物学	生物学与生物化学 (BIOLOGY & BIOCHEMISTRY)
		分子生物学与遗传学 (MOLECULAR BIOLOGY & GENETICS)
		微生物学 (MICROBIOLOGY)
		植物学与动物学 (PLANT & ANIMAL SCIENCE)
	环境生态和地球科学	环境 / 生态学 (ENVIRONMENT/ECOLOGY)
		地球科学 (GEOSCIENCES)
工	计算机科学	计算机科学 (COMPUTER SCIENCE)
	材料科学	材料科学 (MATERIALS SCIENCE)
	工程	工程 (ENGINEERING)
农	农业科学	农业科学 (AGRICULTURAL SCIENCES)
医	临床医学	临床医学 (CLINICAL MEDICINE)
	基础医学	神经科学与行为学 (NEUROSCIENCE & BEHAVIOR)
		免疫学 (IMMUNOLOGY)
		药理学与毒理学 (PHARMACOLOGY & TOXICOLOGY)
		精神病学 / 心理学 (PSYCHIATRY/PSYCHOLOGY)

（五）研究方法

本报告在常用的统计分析、对比分析等分析方法的基础上，还采用了发展态势矩阵分析、合作收益分析、高被引论文主导性分析等方法，具体方法描述如下：

1. 发展态势矩阵分析

为了更清晰直观地综合展现和比较中国与目标国家之间的发展态势，基于2010年和2014年两个年度的论文数量年增长率和被引频次份额两个指标构建矩阵图，对目标国家或地区所处的竞争态势进行定性分析。如图1-4所示，矩阵图中被引频次份额的区间分隔线取经验值20%，论文数量年增长率的区间分隔线取参照国家平均增长率。不同颜色代表不同国家，线条由细变粗，表示从2010年到2014年各国位置的变化情况。矩阵图中第一象限的特征是被引频次份额且论文数量年增长率均较高，代表处于优势竞争地位，第二象限的特征是论文数量年增长率较高但被引频次份额较低，代表具有发展潜力和机会，可能进入第一象限，但也有可能跌入第三象限；第三象限的特征是论文数量年增长率和被引频次份额均较低，代表细分领域的竞争者；第四象限的特征是论文数量年增长率较低但被引频次份额较高，代表处于稳定成熟发展阶段，但面临被竞争者超越或自身竞争实力衰退的威胁。

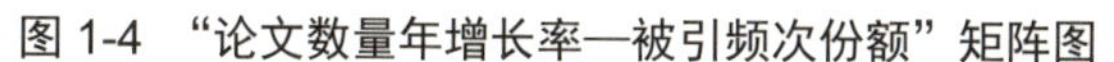
图1-4 “论文数量年增长率—被引频次份额”矩阵图

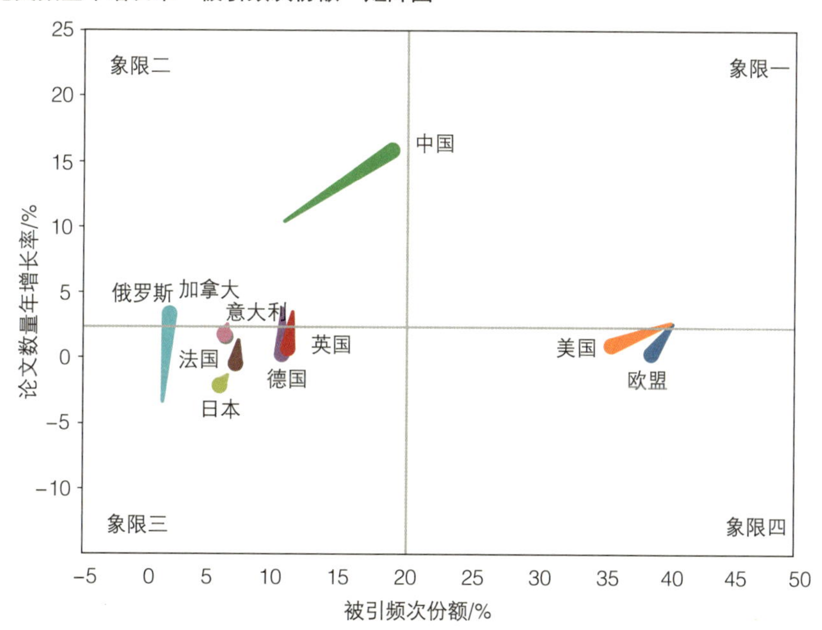

说明：被引频次份额的区间分隔线取经验值20%，论文数量年增长率的区间分隔线取目标国家平均增长率。不同颜色代表不同国家，线条由细变粗，表示从2010年到2014年各位置的变化情况。

2. 合作收益分析

本报告在中国论文合作分析中采用论文百分位这一指标对中国国际合作进行合作收益分析，即将中国国际合作论文百分位指标分别与中国国际合作论文百分位和合作国家论文百分位进行比较，得到四种情况：

1）合作双方均受益

中国与该国国家合作论文的百分位指标低于中国国际合作论文百分位，并且低于合作国家论文百分位，则称之为合作双方均受益，合作提升了合作双方的论文水平。

2）合作双方均不受益

中国与该国国家合作论文的百分位指标高于中国国际合作论文百分位，并且高于合作国家论文百分位，则称之为合作双方均不受益，合作拉低了合作双方的论文水平。

3）中国受益

中国与该国国家合作论文的百分位指标低于中国国际合作论文百分位，但高于合作国家论文百分位，则称之为中国受益，合作提升了中国国际合作论文水平，拉低了合作国家论文水平。

4）合作国家受益

中国与该国国家合作论文的百分位指标高于中国国际合作论文百分位，但低于合作国家论文百分位，则称之为合作国家受益，合作拉低了中国国际合作论文水平，提升了合作国家论文水平。

3. 高被引论文主导性分析

高被引论文代表了一个国家在高水平研究成果方面的产出能力，在高水平论文方面作出主要贡献的国家被认为对论文产出具有主导性，可以用高被引论文中中国作者担任第一作者的论文数量占中国高水平论文的百分比来计算主导率。主导率越高，则说明中国作者在高水平研究中的主导性越强，可以认为中国处于主导地位。

>

第二章　中国科学与工程学科概览

科研产出指科学研究和技术创新活动所产生的各种形式的成果。科技论文和专利是科研产出成果的主要形式。科技论文主要作为衡量学术研究产出的指标，体现知识创造方面的成果；专利通常作为测度技术创新产生的指标，反映技术发明的成果。本章通过对国内科技论文、国际科技论文、国内专利、国际专利进行分析，对我国 10 年来的基础科研能力和科技创新能力进行测度，并通过与世界主要科技强国科研产出的趋势分析和对比研究，评估我国在国际科技竞争中的地位。

第一节　国内科学与工程学科论文统计

国内科技论文是指我国科技工作者在国内重要科技期刊上发表的论文，本书所用的数据来源于中国科学技术信息研究所建立的以中国科技论文统计源期刊为基础的《中国科技论文与引文数据库》。

（一）关于中国科技论文统计源期刊

科技部自 1987 年开始支持《中国科技论文与引文数据库》建设，并由中国科学技术信息研究所每年发布基于中国学术期刊的科技论文统计数据。结合国际权威的科技论文检索系统和《中国科技论文与引文数据库》，可以更全面、更客观地了解我国论文产出的情况。

《中国科技论文与引文数据库》选择的期刊称为中国科技论文统计源期刊。统计源期刊是经过严格的同行评议和定量评价选出的各学科领域中较重要的、能反映本学科发展水平的科技期刊，每年调整一次。2015 年，中国科技论文统计源期刊共收录 1 915 种中文期刊和 70 种英文期刊。

（二）国内科技论文的总量及变化趋势

从 2006 年至 2015 年，国内科技论文数量不断增长，但随着基数越来越大，增长率呈下降的趋势。虽然 2011 年和 2013 年国内科技论文的数量较上一年有所减少，但自 2009 年以来，论文的总数量基本处于相对平稳的状态。2014 年，我国国内科技论文总数近 66 万篇，达到近十年来最高值，且增长率为 13.26%，为近十年来最高，2015 年我国国内科技论文总数大幅下降，增长率为 −9.55%，为近十年最低，具体情况如图 2-1 所示。

图 2-1　国内科技论文的数量和年增长率（2006—2015 年）

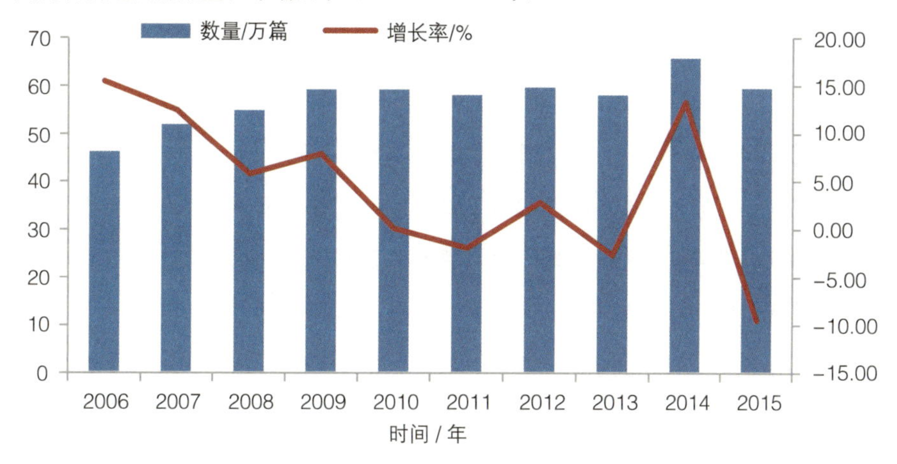

（三）国内科技论文的学科分布

2006—2015 年，大部分学科的国内论文数量都有不同程度的增长，而在论文总量中所占比重则有不同程度的变化。农林牧渔类的科技论文数量所占比重在 2006—2010 年有所增加，之后逐渐减少，保持在 5% ～ 7% 的水平，并一直保持平稳；工业技术类所占比重在 2006—2012 年有所减少后又出现了上升，2012 年占比 35.59%，但在 2013—2015 年又持续小幅下降；医药卫生类自 2007 年以来所占比重呈增加趋势，到 2011 年达到了 45.74%，随后呈下降趋势，到了 2014 年减少到 36.34%，2015 年又小幅增加到 40.98%。基础学科类所占的比重在不断减少，2014 年占比 8.55%，2015 年增加到 11.56%，具体情况如图 2-2 所示。详见表 2-1。

图 2-2　国内科技论文的学科分布（2006—2015 年）

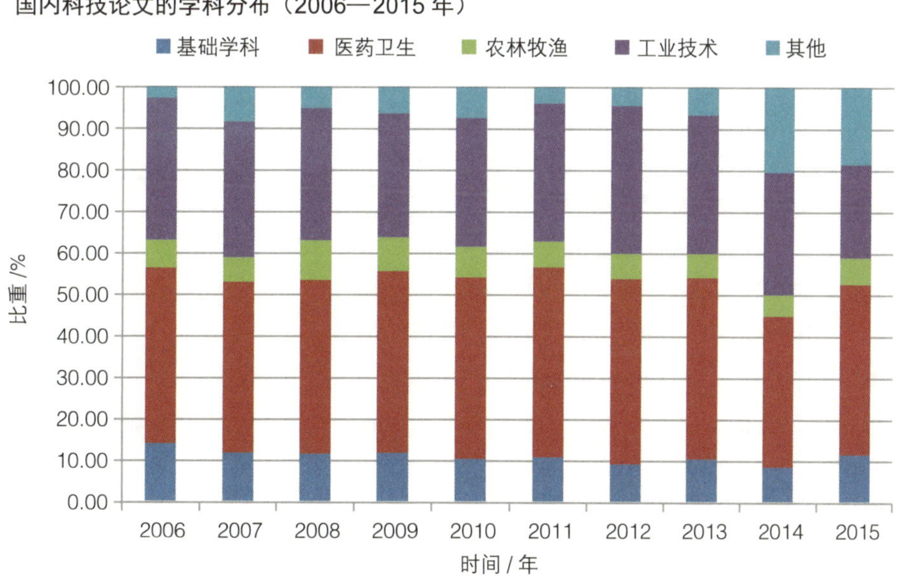

表 2-1 国内科技论文按学科类型及机构类型分布（2006—2015 年） 篇

年份	2006	2007	2008	2009	2010	2011	2012	2013	2014	2015
总计	460 908	518 248	548 044	590 963	591 442	579 722	595 897	579 786	656 670	593 962
按学科类型分布										
基础学科	64 915	61 689	64 056	70 263	62 051	63 034	55 345	60 955	56 147	68 655
医药卫生	194 646	212 568	228 837	258 222	257 815	265 136	265 419	253 315	238 623	243 378
农林牧渔	31 413	31 401	52 720	48 680	44 504	36 381	36 361	33 518	33 571	38 389
工业技术	157 619	169 277	174 140	175 976	183 047	192 465	212 077	193 152	193 251	133 072
其他	12 315	43 313	28 291	37 822	44 025	22 706	26 695	38 846	135 078	110 468

表 2-2 反映了我国从 2006—2015 年期间论文数量居前 10 位的一级学科的论文增长情况，可以看出，2006—2010 年 10 个学科中除了电子、通信与自动控制和生物学学科外，其他学科的论文总数呈增长的趋势，其中，中医学和农学增速较快，在 2005—2009 年均增长率均超过了 15%。2011—2015 年 10 个学科中除了电子、通信与自动控制学科外，其他学科的论文总数呈负增长的趋势。10 年间论文数量最多的三个学科是：临床医学、计算技术和电子、通信与自动控制。临床医学的论文数最多，占论文总数的比重在 2006—2010 年和 2011—2015 年分别是 29.28% 和 30.35%，远远高于其他学科。详细情况见表 2-3。

表 2-2 国内科技论文累积量排名前 10 位的一级学科论文增长情况（2006—2015 年）

学科分类	2006—2010 年			2011—2015 年			总数 / 篇
	论文数 / 篇	比重 /%	年平均增长率 /%	论文数 / 篇	比重 /%	平均增长率 /%	
临床医学	748 404	29.28	4.38	820 582	30.35	−2.82	1 568 986
计算技术	147 544	5.77	8.31	164 526	6.09	−1.33	312 070
电子、通信与自动控制	136 898	5.36	−2.16	143 887	5.32	18.32	280 785
农学	156 459	6.12	15.94	110 906	4.10	−1.14	267 365
中医学	105 302	4.12	25.82	128 782	4.76	−5.45	234 084
基础医学	103 393	4.05	10.93	100 144	3.70	−2.38	203 537
药学	95 468	3.74	10.53	78 084	2.89	−4.60	173 552
预防医学与卫生学	87 177	3.41	9.31	103 938	3.84	−4.26	191 115
生物学	77 760	3.04	−1.78	73 824	2.73	−2.57	151 584
化工	71 864	2.81	5.62	70 857	2.62	−1.67	142 721

表 2-3　国内科技论文按学科分布（2006—2015 年）

篇

学科	2006	2007	2008	2009	2010	2011	2012	2013	2014	2015
安全科学技术	724	816	430	137	38	109	1 245	105	192	216
材料科学	2 546	8 239	3 405	9 927	7 086	8 027	17 083	6 781	6 621	6 304
测绘科学技术	1 845	1 731	1 884	2 265	1 817	3 134	43 19	3 652	3 076	3 000
畜牧、兽医	4 858	5 439	6 316	5 373	6 318	7 041	7 251	6 170	6 509	6 639
地学	12 153	12 474	12 074	14 739	13 375	13 777	13 708	16 519	14 217	14 086
电子、通信与自动控制	25 408	32 101	34 324	23 922	21 143	19 375	41 059	29 505	27 471	26 477
动力与电气	10 177	3 512	3 464	9 619	12 320	11 070	4 104	4 160	4 098	3 928
工程与技术基础学科	2 481	1 394	3 049	1 271	2 672	4 510	482	3 693	4 266	3 709
管理	3 104	3 508	199	1 149	4 068	1 846	1 051	1 167	1 394	1 671
航空航天	2 905	3 887	4 214	4 764	4 377	4 960	4 759	5 617	5 329	5 473
核科学技术	817	926	959	621	1 708	1 058	1 147	1 215	1 327	1 242
化工	13 203	13 424	14 024	14 813	16 400	14 849	14 747	13 390	14 063	13 808
化学	14 712	14 176	14 493	12 498	11 357	12 915	11 182	11 920	11 383	10 729
环境	9 810	11 040	12 007	9 580	10 382	13 848	11 896	14 088	14 227	14 878
机械、仪表	8 347	10 499	7 793	12 482	9 878	12 326	12 658	12 210	12 426	12 213
基础医学	16 766	23 472	18 335	21 525	23 295	21 202	18 566	20 952	20 521	18 903
计算技术	24 358	29 134	29 914	30 868	33 270	36 624	27 553	34 915	33 024	32 410
交通运输	7 964	8 789	9 638	10 767	9 715	10 590	17 101	12 032	11 944	11 212
军事医学与特种医学	1 992	1 904	2 567	3 403	2 478	4 245	6 050	3 524	3 616	2 907
矿山工程技术	2 920	2 945	2 974	5 573	5 504	5 083	5 095	5 488	6 666	6 753
力学	2 374	1 570	1 436	3 805	4 237	2 555	2 151	2 089	2 093	1 993
林学	2 683	3 009	3 403	3 682	3 983	4 007	4 325	4 087	4 159	4 301
临床医学	133 381	137 717	151 102	169 675	156 529	171 929	174 345	166 021	15 5219	153 068
能源科学技术	7 214	6 215	5 747	8 114	6 014	5 985	6 063	6 147	6 549	6 186
农学	22 651	21 681	41 506	38 319	32 302	23 454	22 800	21 362	20 980	22 310
轻工、纺织	2 847	6 079	2 844	4 531	3 857	2822	2570	8 870	2 375	2 184
生物学	15 426	16 561	16 489	15 036	14 248	15 848	13 573	15 181	15 223	13 999
食品	4 658	1 788	5 971	3 764	6 401	7 799	9 528	370	9 050	9 312
数学	7 815	7 793	10 210	7 899	7 052	7 708	5 457	6 553	6 201	5 722
水产学	1 221	1 272	1 495	1 306	1 901	1 879	1 985	1 899	1 923	2 052

续表

学科	2006	2007	2008	2009	2010	2011	2012	2013	2014	2015
水利	2 785	3 299	3 177	3 300	2 806	3 308	3 591	3 252	3 083	3 087
天文学	348	444	481	495	1 131	429	414	400	386	428
土木建筑	12 909	13 711	14 117	12 078	14 659	14 543	15 082	14 301	13 248	12 946
物理学	7 348	7 760	8 522	11 984	8 181	7 267	6 543	7 791	6 197	6 223
信息、系统科学	4 739	911	351	3 807	2 470	2 535	2 317	502	447	408
药学	15 276	17 201	19 507	20 713	22 771	17 293	15 288	16 619	14 764	14 120
冶金、金属学	13 701	9 748	14 205	7 580	13 000	12 445	11 995	13 361	14 216	14 120
预防医学与卫生学	13 566	16 396	18 131	19 983	19 101	23 002	20 391	21 517	19 862	19 166
中医学	13 665	15 878	19 195	22 923	33 641	27 465	30 779	24 682	24 641	21 215

（四）国内科技论文的机构分布

国内科技论文的机构分布继续保持以高校为主的特征。2015 年，高等学校发表论文 38.3 万篇，占论文总数的 64.49%；科研机构发表论文 6.2 万篇，占 10.42%；医疗机构发表论文 7.8 万篇，占 13.16%；企业发表论文 2.2 万篇，占 3.78%（见图 2-3）。

图 2-3　2015 年国内科技论文的机构分布

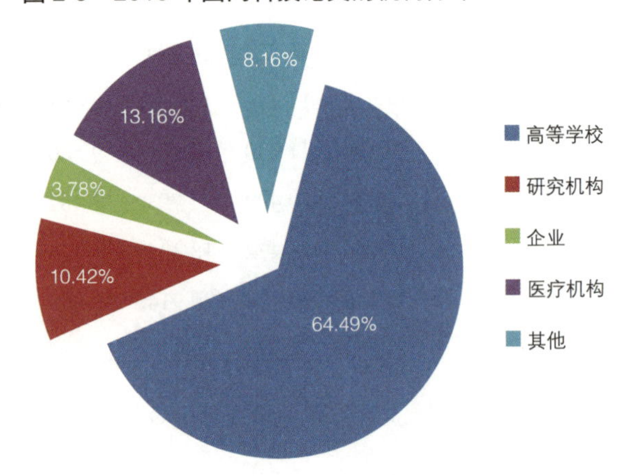

第二节　中国科学与工程学科 SCI 论文统计

（一）科学与工程学科整体产出分析

科学与工程学科领域涵盖理、工、农、医四大学科门类，是包括数学、物理和空间科学、环境生态与地球科学、化学、生物学、材料科学、工程、计算机科学、农业科学、临床医学和基础医学 11 个学科的总称。

根据 2016 年 6 月 Incites 最新统计数据显示，我国 10 年内（2006 年 1 月 1 日至 2015 年 12 月 31 日）共有 1 578 535 篇科学与工程学科领域论文被 SCI 收录，占全球科学与工程学科论文总量的 13.56%，仅次于欧盟、美国，居世界第 3 位。

在 10 年统计期间，我国科学与工程学科论文被引总频次为 142 822 590 次，占全球引用总量的 9.82%，居欧盟、美国、英国、德国之后，排名全球第 5 位。

相比论文数量和引用规模指标，我国科学与工程学科领域的论文影响力表现不佳。其中，引文影响力指标即论文篇均被引频次为 9.05 次，排名全球第 130 位，低于美国、英国等欧美科技强国和日本等亚洲国家，也低于全球平均水平。我国科学与工程学科论文被引百分比为 76.51%，低于全球平均水平。

在论文合作方面，我国科学与工程学科共有 360 892 篇国际合作论文和 12 470 篇横向合作论文，分别占我国发表 SCI 论文数量的 22.86% 和 0.79%。

中国在顶级论文上表现良好。我国科学与工程学科共有高被引论文 15 543 篇，占全球高被引论文总量的 13.42%。2016 年 6 月的 InCites 数据显示，我国当期共有科学与工程学科热点论文 473 篇，占全球热点论文总量的 20.32%。

从论文国家分布和排名情况看，全球科学与工程较为发达的国家主要分布在北美、欧洲和亚太地区。美国、德国、英国、法国、加拿大、意大利、西班牙等欧美科技强国在论文总被引频次和论文数量上均进入了全球前 10 位，亚太地区的中国、日本在论文总被引频次和论文数量上均进入全球前 10 位，澳大利亚、印度分别在总被引频次和论文数量上进入全球前 10 位，但日本、中国、印度、俄罗斯在引文影响力上明显低于欧美等科技发达国家，说明虽然这四国在科学与工程学科的研究规模上已经与欧美等科技强国不相上下，但在论文质量上还有一定差距。

按照第一作者统计中国发表高被引论文被引频次排名前 20 的机构见表 2-4。主要国家 / 地区论文排名情况见图 2-4。

表 2-4　按照第一作者统计中国发表高被引论文被引频次排名前 20 的机构

序号	机构	被引频次 / 次	论文数 / 篇	篇均被引频次 / 次
1	中国科学院	274 916	2 092	131.41
2	清华大学	69 608	469	148.42
3	北京大学	48 106	380	126.59
4	复旦大学	47 284	335	141.15
5	浙江大学	40 383	393	102.76
6	中国科学技术大学	32 510	277	117.36
7	南京大学	30 638	228	134.38
8	南开大学	25 647	214	119.85
9	上海交通大学	25 134	252	99.74
10	哈尔滨工业大学	22 036	228	96.65

续表

序号	机构	被引频次 / 次	论文数 / 篇	篇均被引频次 / 次
11	中山大学	20 993	172	122.05
12	厦门大学	19 858	146	136.01
13	武汉理工大学	19 084	113	168.88
14	华东理工大学	17 190	149	115.37
15	大连理工大学	15 421	131	117.72
16	华南理工大学	14 815	147	100.78
17	福州大学	14 729	121	121.73
18	武汉大学	14 581	170	85.77
19	苏州大学	14 531	130	111.78
20	华中科技大学	13 757	183	75.17

图 2-4 主要国家 / 地区论文排名情况

主要国家 / 地区的论文篇数排名		主要国家 / 地区论文被引频次排名		主要国家 / 地区引文影响力排名	
1 欧盟	4 109 333	1 美国	59 253 242	11 英国	18.93
2 美国	3 137 496	2 欧盟	58 356 084	12 美国	18.89
3 中国	1 578 535	3 英国	15 889 257	17 加拿大	16.95
4 德国	877 095	4 德国	14 667 596	19 德国	16.72
5 英国	839 342	5 中国	14 282 590	26 法国	15.85
6 日本	759 346	6 法国	9 887 484	38 意大利	15.01
7 法国	623 626	7 日本	9 309 848	49 欧盟	14.20
8 意大利	524 023	8 加拿大	8 719 793	73 日本	12.26
9 加拿大	514 319	9 意大利	7 866 082	130 中国	9.05
10 印度	440 102	10 西班牙	6 190 306	152 印度	8.21
16 俄罗斯	280 391	23 俄罗斯	1 741 496	193 俄罗斯	6.21

说明：数据来源于 InCites，时间范围为 2006—2015 年。

我国 SCI 收录论文的学科分布情况见图 2-5，按照论文数量，化学学科发表的论文最多，为 327 228 篇，占所有学科领域的 20.73%；农业科学发表的论文最少，为 35 287 篇，占所有学科领域的 2.24%。

图 2-5　我国 SCI 收录论文的学科分布情况

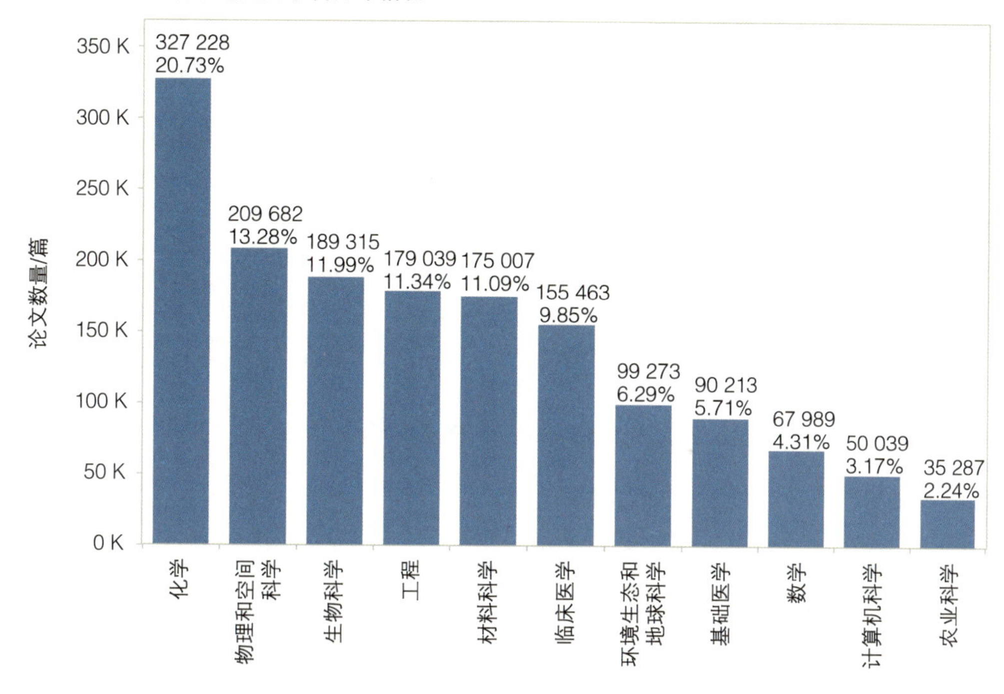

（二）目标国家对比分析

1. 论文数量发展趋势对比分析

目标国家 / 地区科学与工程学科论文数量发展趋势见图 2-6。可以看出，2006 年至 2015 年目标国家 / 地区科学与工程学科论文数量整体处于增长趋势，欧盟、美国、中国分别位于目标国家 / 地区中论文数量的前 3 位。中国论文数量从 2006 年的 79 316 篇增长到 2015 年的 273 043 篇，逐渐缩小了与美国的差距。

图 2-6　目标国家 / 地区科学与工程学科论文数量发展趋势

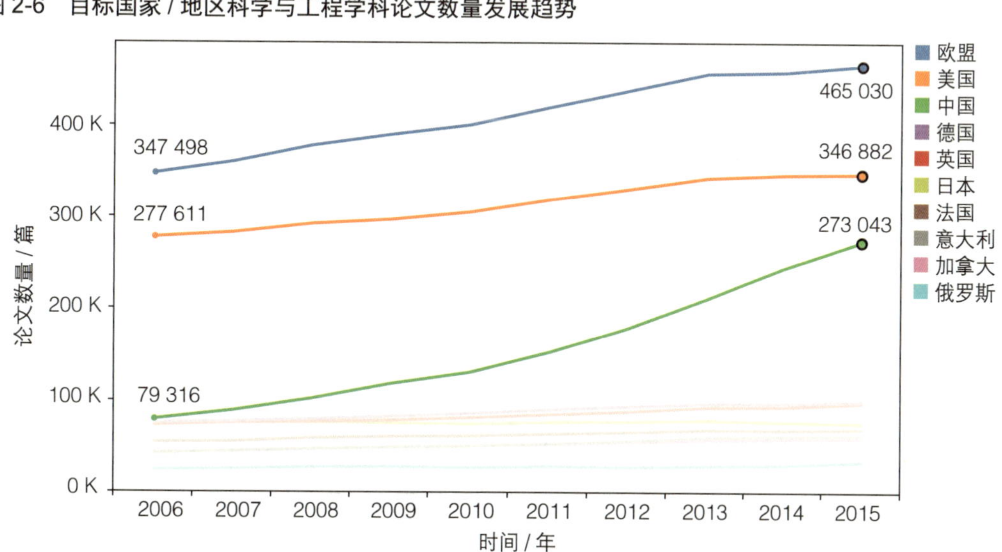

图 2-7 计算了目标国家 / 地区科学与工程学科在 2010—2015 年度论文数量年增长率，可以更清楚地看出不同国家的发展态势。中国处于高速发展阶段，年均增长率在 15% 以上，增长速度明显高于其他国家 / 地区；美国、英国、德国、加拿大、法国、意大利、欧盟论文数量年均增长率在 2% ~ 4%，属于缓慢增长阶段；日本论文数量呈现下降趋势，年均负增长 2%；俄罗斯论文数量波动较大，年均增长率 4% 左右，但 2010 年和 2012 年出现负增长，2015 年的增长率达到 11%，仅次于中国。

图 2-7 论文数量年增长率（2010—2015 年）

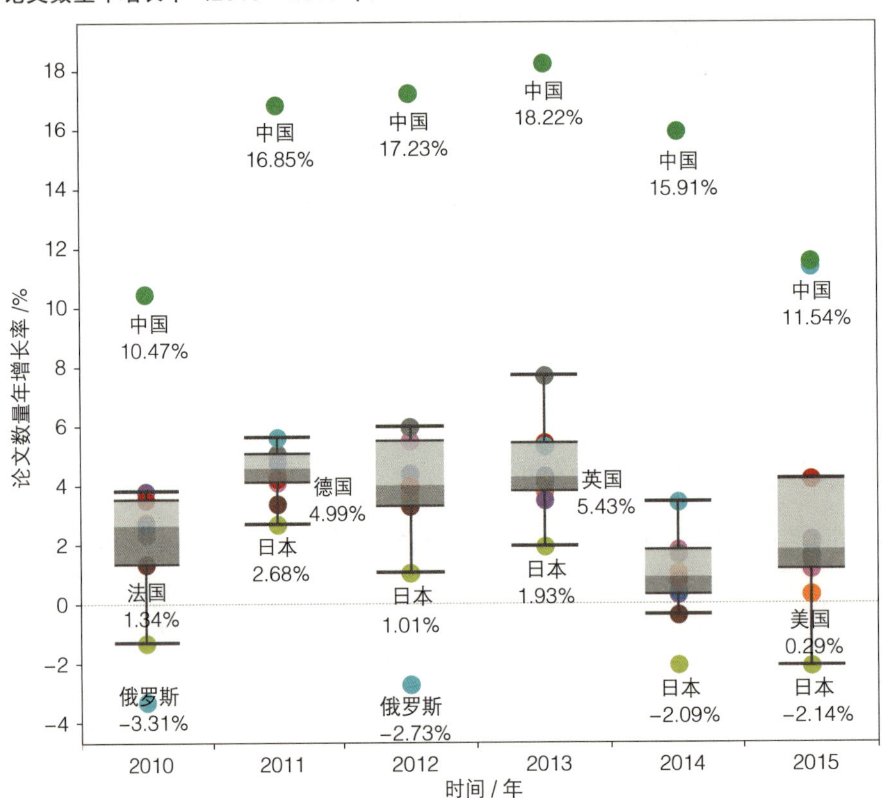

2. 论文引用份额对比分析

目标国家 / 地区 2006—2015 年科学与工程学科论文引用份额发展趋势见图 2-8。

从图 2-8 可以看出，2006—2015 年欧盟论文引用份额基本保持稳定，而美国则出现持续下降，从 2006 年的 43.43% 下降到 2015 年的 34.69%；与之相反，中国论文引文份额持续提升，由 2006 年的 5.86% 提升到 2015 年的 20.21%。日本、英国、德国、法国等其他七国论文引用份额也呈现下降趋势。

3. 论文影响力对比分析

图 2-9 以 2014 年的引文影响力、相对于全球平均水平的影响力、论文被引百分比和平均百分位四个指标，将目标国家 / 地区论文影响力与全球平均值进行对比分析。

图 2-8　论文引用份额发展趋势

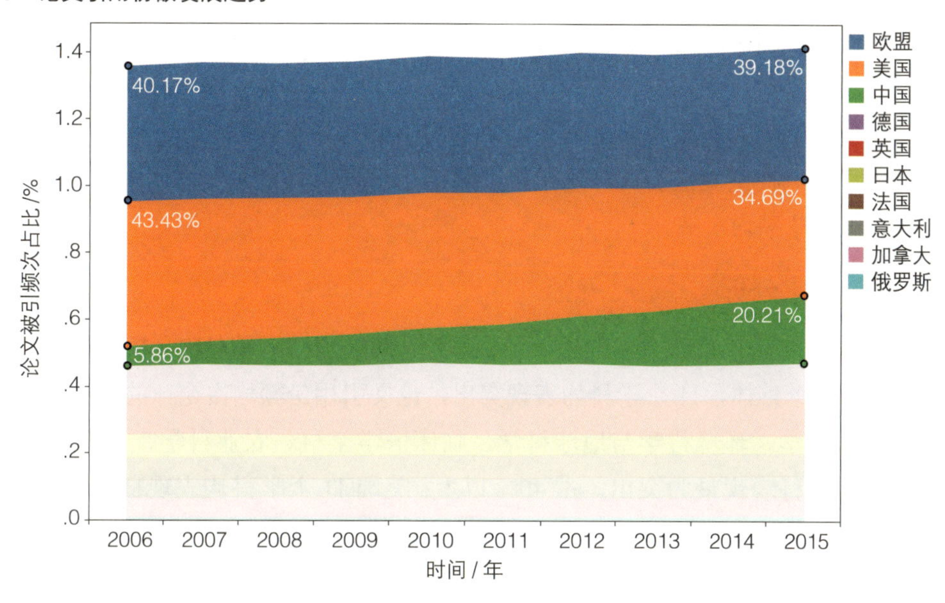

图 2-9　全球与目标国家 / 地区论文影响力指标（2014 年）

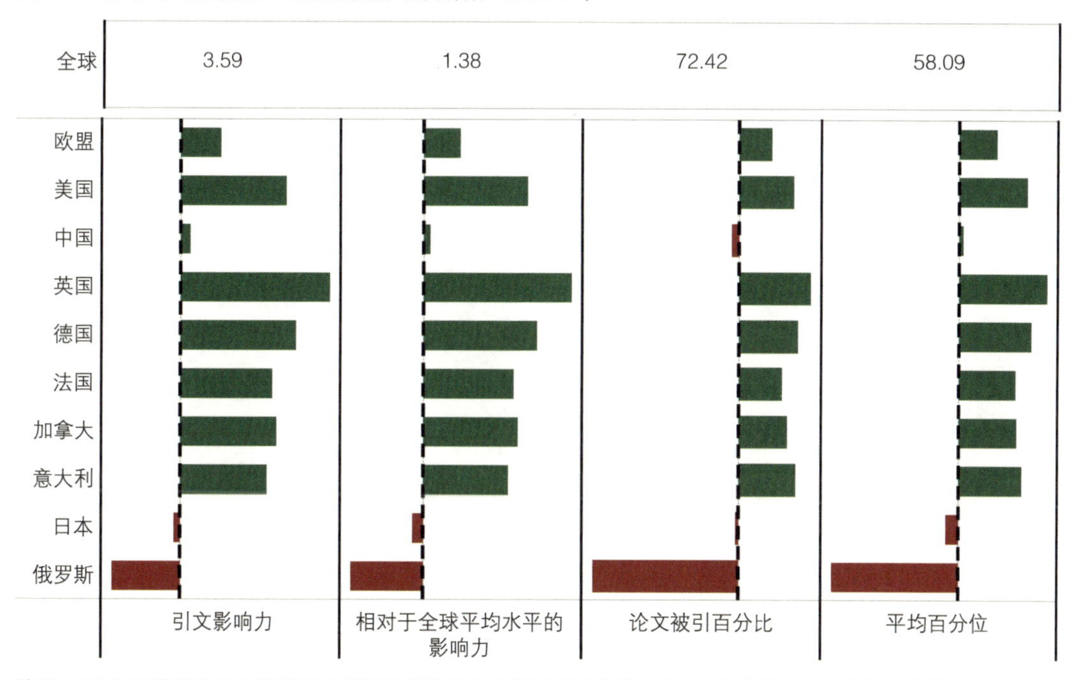

说明：图中以虚线代表的全球影响力指标为基准展示目标国家论文影响力。红色表示目标国家影响力指标低于全球，绿色表示目标国家影响力指标高于全球。由于平均百分位数值越大，表示论文质量越低，为与前三个指标保持一致，这里在显示上采用倒序处理。

可以看到，欧盟、美国、英国、德国、加拿大和意大利的四个影响力指标均显示高于全球平均水平，表明这些国家的论文质量表现良好，其中英国、美国明显高于全球平

均水平和其他国家 / 地区。与之相反，日本和俄罗斯的四个影响力指标均低于全球平均水平，表明这两个国家的论文质量表现不佳，特别是俄罗斯的论文质量明显低于全球平均水平。

中国在引文影响力、相对于全球平均水平的影响力和平均百分位三个指标上略高于全球平均水平，但在论文被引百分比指标上略低于全球平均水平，表明中国的论文质量接近或略高于全球平均水平。

4. 学科对比分析

图 2-10 以论文引用份额为参数进行目标国家 / 地区间的学科对比分析，如图 2-10 所示，欧盟作为一个整体，11 个学科均表现突出，论文引用份额均占全球的 30% 以上，其中物理和空间科学、环境科学与地球科学、临床医学学科、农业科学、数学、生物学、基础医学 7 个学科表现最为突出，占 40% 以上；美国 11 个学科均表现良好，其中生物学、临床医学、基础医学 3 个学科表现尤为突出，论文引用份额超过欧盟，位居全球首位；中国学科表现欠均衡，其中材料科学表现最为突出，其次为化学、工程和数学；而基础医学、临床医学表现相对较差；在其他国家中，德国的物理和空间科学，英国的生物学、环境科学与地球科学、基础医学和临床医学的表现较突出。

图 2-10 全球与目标国家 / 地区论文影响力指标（2014 年）

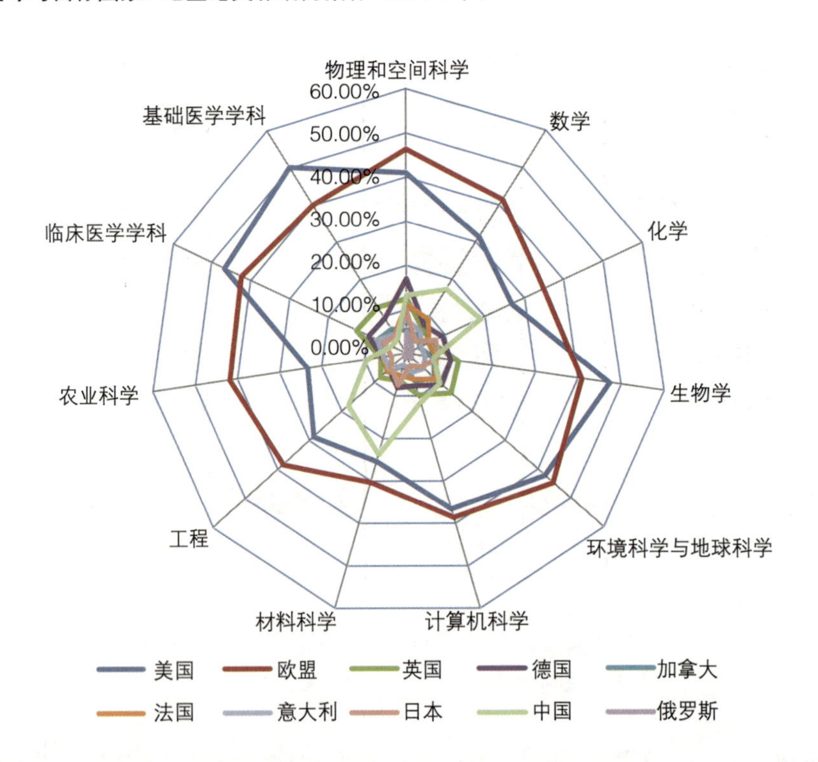

5. 发展态势矩阵分析

图 2-11 是基于 2010 年和 2014 年两个年度的论文数量年增长率和被引频次份额两个指标构建的矩阵图，对目标国家 / 地区所处的竞争态势进行发展态势矩阵分析。矩阵图中被引频次份额的区间分隔线取经验值 20%，论文数量年增长率的区间分隔线取参照国家平均增长率。不同颜色代表不同国家，线条由细变粗表示从 2010 年到 2014 年各国位置的变化情况。

图 2-11 “论文数量年增长率—被引频次份额”矩阵图

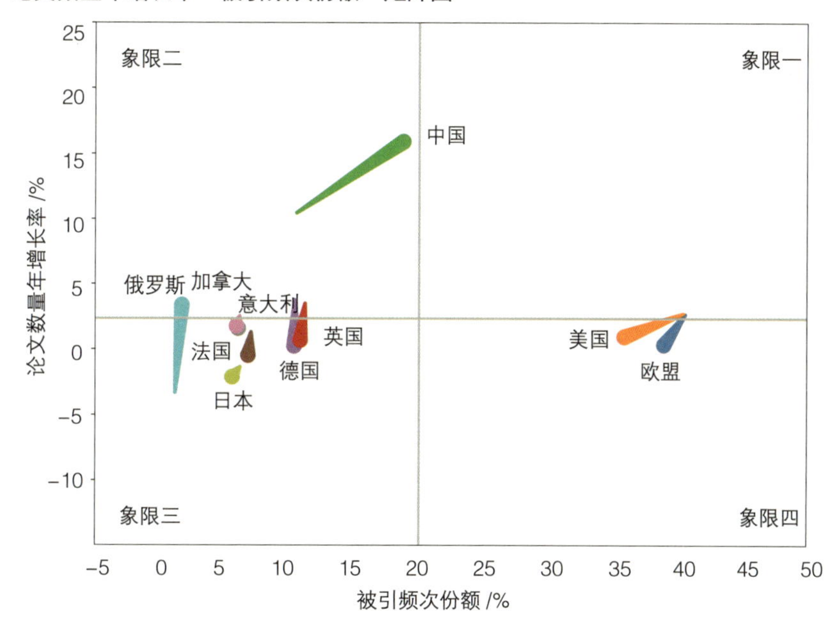

说明：被引频次份额的区间分隔线取经验值 20%，论文数量年增长率的区间分隔线取目标国家平均增长率。不同颜色代表不同国家，线条由细变粗，表示从 2010 年到 2014 年各国位置的变化情况。

矩阵图中第一象限的特征是被引频次份额且论文数量年增长率均较高，代表处于优势竞争地位，第二象限的特征是论文数量年增长率较高但被引频次份额较低，代表具有发展潜力和机会，可能进入第一象限，但也有可能跌入第三象限；第三象限的特征是论文数量年增长率和被引频次份额均较低，代表是细分领域的竞争者；第四象限的特征是论文数量年增长率较低但被引频次份额较高，代表处于稳定成熟发展阶段，但面临被竞争者超越或自身竞争实力衰退的威胁。

可以看出，中国从 2010 年处于第四象限中心到 2014 年接近第一象限边界，表示中国科学与工程学科近年来依靠论文数量的高速增长，引用份额不断提升，有望在短期内进入领先国家行列。美国、欧盟处于第一象限，表示尽管由于近年来论文数量增长缓慢导致引用份额逐渐下降，但依然处于领先者的行列。

处于第二象限的俄罗斯具有一定的发展潜力，如能保持较高的增长速度，未来可能对处于第三象限的国家等发起挑战。第三象限中的德国、英国、加拿大、意大利、法国、日本在论文增长速度上处于低速甚至负增长状态，对领先者难以构成威胁，更多面临来自俄罗斯等新兴经济体国家和内部的竞争。

6. 顶级论文对比分析

目标国家 / 地区顶级论文（包括高被引论文和热点论文）数量和百分比见图 2-12。

图 2-12 目标国家 / 地区顶级论文数量和百分比

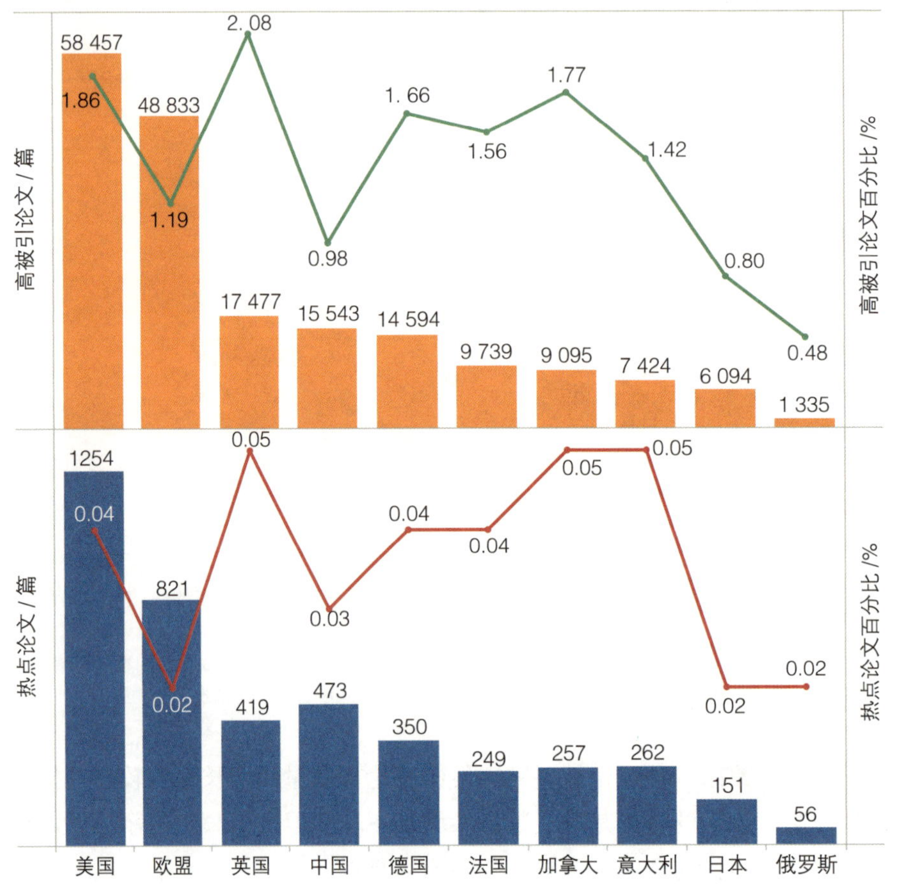

在高被引论文方面，美国以 58 457 篇居于目标国家 / 地区的首位，中国在美国、欧盟、英国之后，有 15 543 篇高被引论文。英国的高被引论文百分比最高，占英国科学与工程学科论文的 2.08%。美国、英国、德国、法国、加拿大和意大利的高被引论文百分比均超过 1% 的期望值，而中国、日本和俄罗斯则低于 1% 的期望值。

在热点论文方面，美国以 1 254 篇居于目标国家 / 地区的首位，中国在美国、欧盟之后有 473 篇，占中国科学与工程学科论文总量的 0.03%。

7. 高影响力机构对比分析

图 2-13 是对科学与工程学科进入全球 ESI 排名，即被引频次排名全球前 1% 的机构按照类型和目标国家 / 地区的分布统计情况。

图 2-13　ESI 全球前 1% 的机构

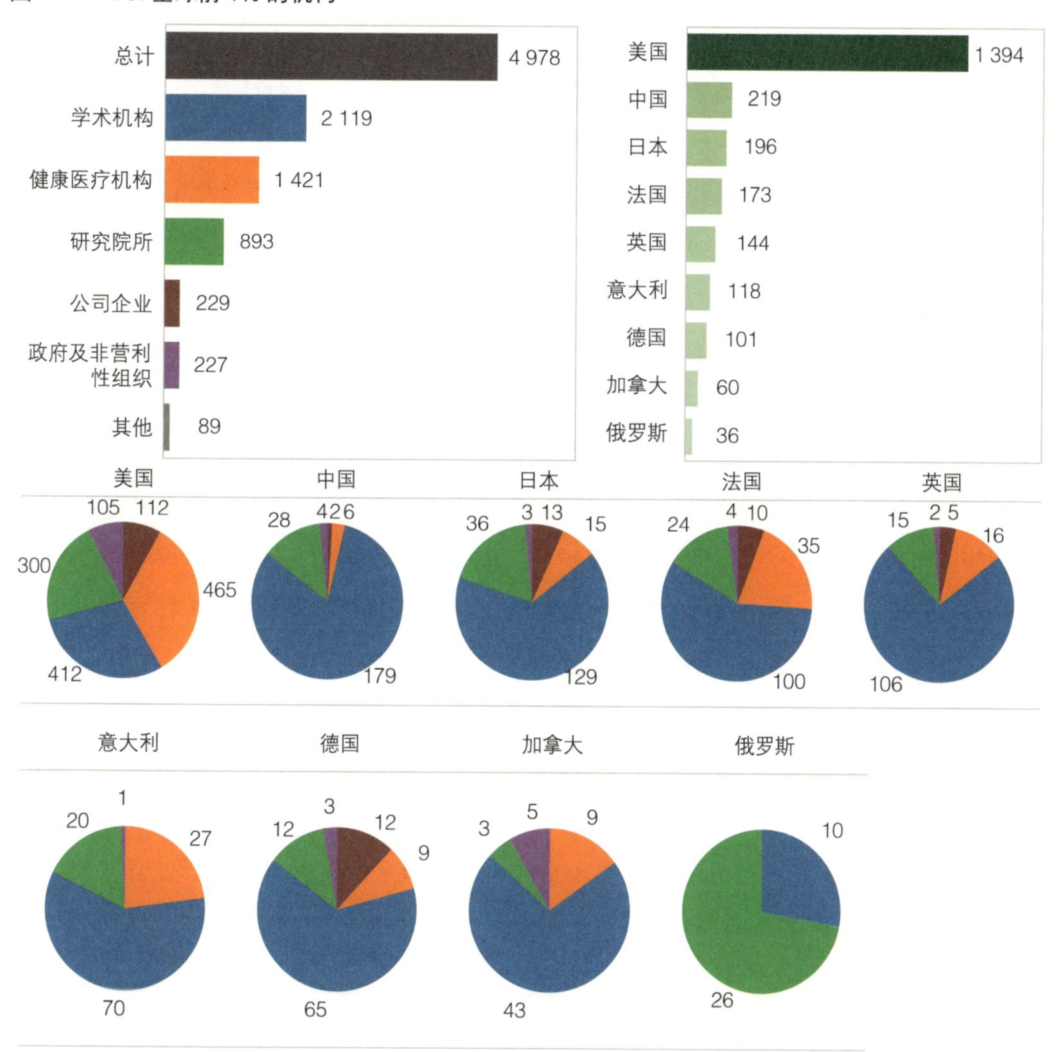

全球科学与工程学科进入 ESI 的机构共有 4 978 家，美国进入 ESI 的机构数量高达 1 394 个，处于全球领先的位置，中国以 219 家机构位于美国之后。

全球科学与工程学科进入 ESI 的机构大多集中在学术机构，除此以外，还涵盖研究院所、健康医疗机构、公司企业、政府及非营利性组织，以及其他机构类型。

中国科学与工程学科进入 ESI 的 219 家机构包括 179 家学术机构、28 家研究院所、6 家健康医疗机构、4 家政府及非营利性组织、2 家公司企业。

8. 中国高影响力机构

按照被引频次统计，中国进入 ESI 的前 20 家机构见表 2-5 所示。

表 2-5 按照被引频次中国进入 ESI 的前 20 家机构

位次	机构	被引频次/篇	论文数量/篇	高被引论文/篇	国际合作论文/篇	引文影响力	h 指数
1	中国科学院	3 299 274 ●	263 933 ●	4 090 ●	58 878 ●	15.68	328 ●
2	北京大学	665 889	49 708	911	15 088	15.97	208
3	清华大学	611 771	50 631	919	11 805	15.02	202
4	浙江大学	609 994	59 833	647	12 298	12.97	165
5	上海交通大学	551 778	55 189	590	11 727	12.87	174
6	复旦大学	468.881	38 010	602	9 590	15.58	176
7	中国科学技术大学	403 538	28 845	569	7 418	16.44 ●	166
8	南京大学	395 838	32 870	450	7 005	14.56	155
9	中山大学	368 761	32 767	392	7 013	14.21	152
10	中国科学院大学	291 407	33 710	407	5 325	10.62	123
11	山东大学	285 007	30 753	262	5 922	11.75	124
12	吉林大学	268 044	26 250	230	4 706	11.89	125
13	四川大学	265 669	31 425	205	4 538	10.72	115
14	华中科技大学	262 948	31 004	300	5 931	10.91	114
15	南开大学	241 696	16 770	308	3 236	16.29	140
16	武汉大学	236 107	21 264	274	4 234	13.21	119
17	哈尔滨工业大学	229 871	27 965	358	4 969	10.91	122
18	大连理工大学	211 238	21 199	218	3 951	12.54	123
19	西安交通大学	199 814	25 400	222	5 187	10.26	105
20	中国医学科学院北京协和医学院	184 282	16 376	189	3 372	14.45	122

说明：数据来自 InCites，因为统计规则和范围不同，导致与 ESI 中的数据可能有不同。圆点表示本机构在当前指标排名第 1 位。

中国科学院在被引频次、论文数量、高被引论文、国际合作论文、*h* 指数等多项指标上都位居中国进入 ESI 的前 20 家机构首位。北京大学则位居中国学术型机构被引频次排名的首位。中国科学技术大学在引文影响力指标上位居 20 家机构的首位。

（三）我国论文合作情况分析

1. 论文合作发展趋势

图 2-14 是中国国际合作论文和横向合作论文数量和百分比的发展趋势。

图 2-14　中国国际合作论文与横向合作论文数量和百分比的发展趋势

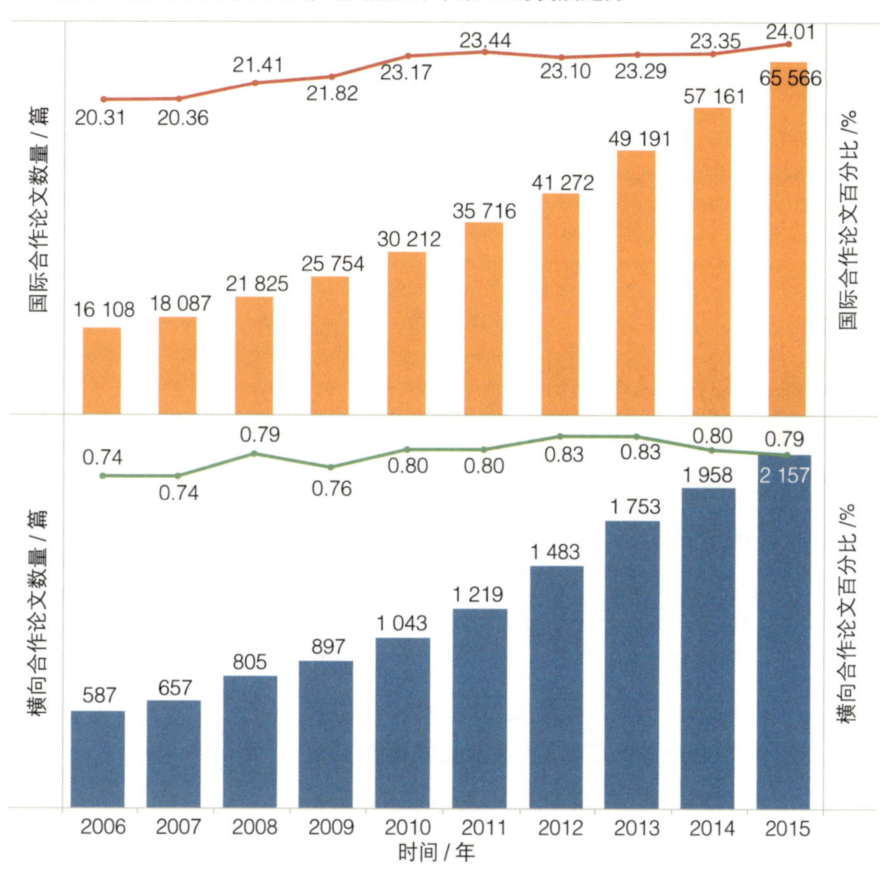

2006—2015 年，我国科学与工程学科国际合作论文数量和百分比呈逐步上升趋势，从 2006 年的 16 108 篇（20.31%）增长到 2015 年的 65 566 篇（24.01%）。相比之下，我国科学与工程学科横向合作论文数量逐年增长，2015 年横向合作论文达到 2 157 篇，但横向合作论文百分比呈波动趋势，2012 年和 2013 年横向合作论文占比最高为 0.83%，2015 年横向合作论文百分比下降到 0.79%。

2. 主要合作国家 / 地区和发展趋势

图 2-15 给出了与我国在科学与工程学科合作论文排名前 10 位的国家 / 地区和合作论文发展趋势。美国是与中国合作论文数量最多的国家，国际合作论文数量达到 163 402 篇，并且合作论文数量呈快速增长趋势，从 2006 年的 6 135 篇增长到 2015 年的 31 589 篇。与中国合作的亚洲国家或地区主要包括日本、韩国、新加坡、中国台湾。

图 2-15　中国主要合作国家 / 地区和发展趋势

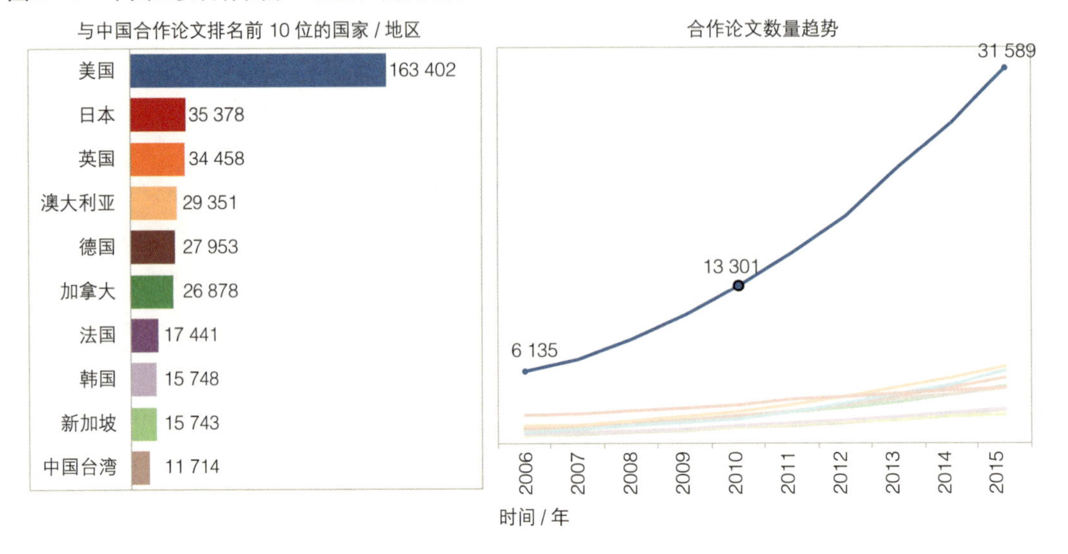

3. 中国国际合作论文的收益分析

图 2-16 是基于论文百分位指标对中国国际合作论文的收益进行分析。可以看到，科学与工程学科中国国际合作论文的平均百分位低于中国所有论文，即中国国际合作论文的平均水平高于整体平均水平，这也说明中国科学与工程学科从国际合作中获得收益。

图 2-16　基于论文百分位的中国国际合作论文分析

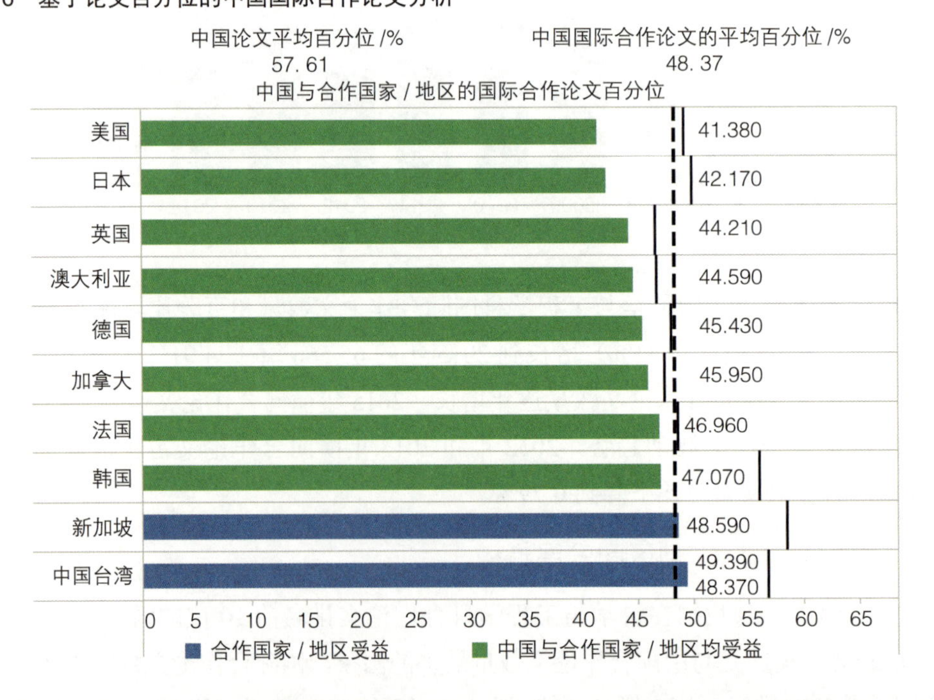

说明：图中条状图数值是中国与合作国家 / 地区的国际合作论文百分位，短实线代表与中国合作国家 / 地区的论文百分位，长虚线为中国国际合作论文百分位。条状图的颜色代表中国与合作国家 / 地区的合作受益情况。

进一步将中国主要合作国家的国际合作论文百分位指标与中国国际合作论文百分位和合作国家论文百分位进行比较，如图 2-16 所示，可以得到以下结果：

（1）中国与德国、法国、新加坡、英国、澳大利亚、美国、加拿大、中国台湾的合作提升了合作双方的论文水平，即中国与合作国家 / 地区均从国际合作中获得收益；

（2）中国与日本、韩国的合作提升了合作国家的论文水平，但拉低了中国国际合作论文的水平，即仅合作国家从国际合作中获得收益。

鉴于以上分析结果可以发现，在科学与工程学科领域，在某种程度上应更多鼓励中国与德国、法国、新加坡、英国、澳大利亚、美国、加拿大、中国台湾等国家 / 地区开展国际合作。

（四）我国高被引论文表现分析

1. 高被引论文合著分析

图 2-17 是中国科学与工程学科高被引论文的平均合著者和平均合著机构统计。

图 2-17　中国高被引论文合著分析

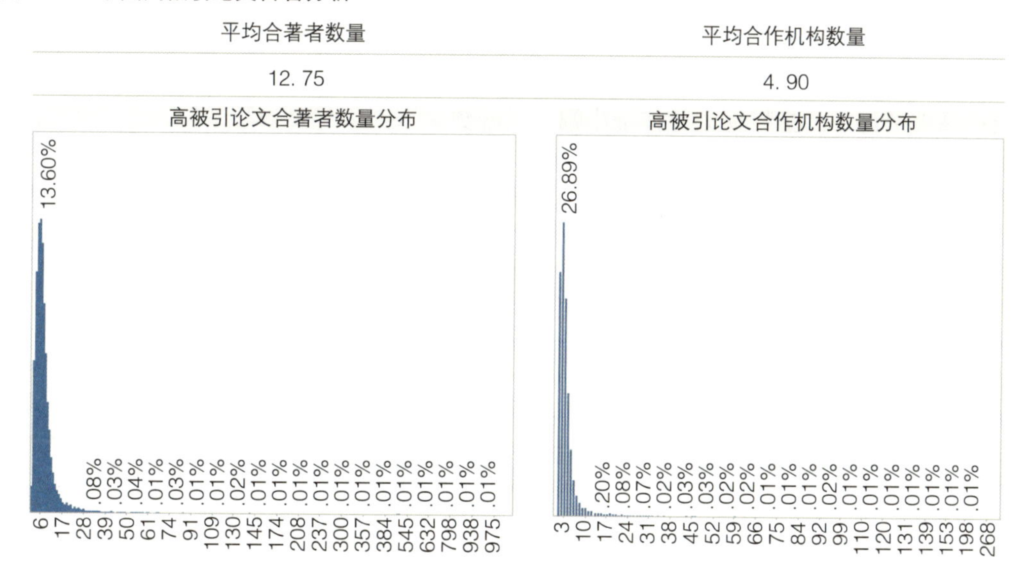

中国科学与工程学科高被引论文的篇均作者数量为 12.75，论文作者分布主要集中在 3 ～ 6 人，作者数量最高达到 1 185 人。中国科学与工程学科高被引论文的篇均机构数量为 4.9，合作机构数量主要集中在 1 ～ 3 家，合作机构数量最高达到 585 家。

2. 高被引论文主导性分析

高被引论文代表了一个国家在高水平研究成果方面的产出能力，在高水平论文方面做出主要贡献的国家被认为对论文产出具有主导性，可以用高被引论文中中国作者担任第一作者的论文数量占中国高水平论文的百分比来计算主导率。主导率越高，则说明中国作者在高水平研究中的主导性越强，可以认为中国处于主导地位。图 2-18 是第一作者为中国的高被引论文数量和发展趋势。

图 2-18 第一作者为中国的高被引论文数量和发展趋势

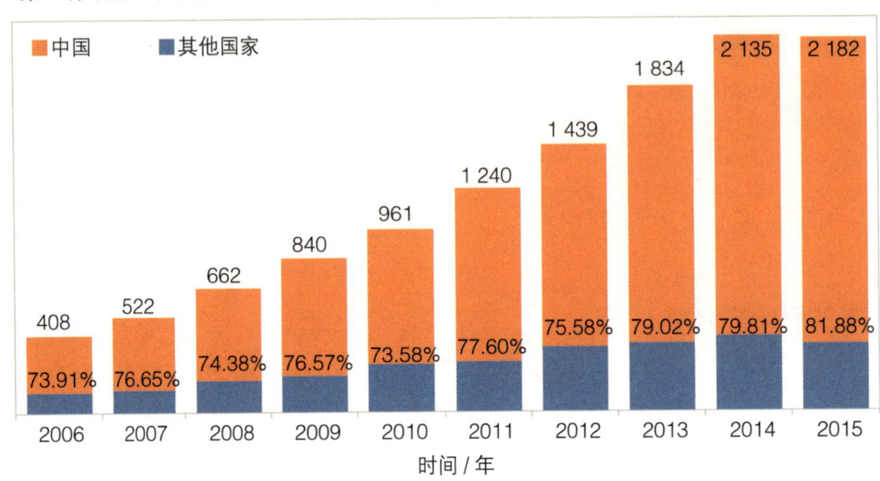

可以看到，第一作者为中国的高被引论文总计有 12 223 篇，占中国高被引论文总量的 77.91%，说明中国在高被引论文中主导性较强。从发展趋势上看，中国在科学与工程学科的高被引论文的主导性上整体呈小幅增长趋势。

3. 高被引论文来源机构

表 2-6 是统计第一作者为中国的高被引论文按照被引频次排名前 20 位的机构。

中国科学院的科学与工程学科在高被引论文被引频次和论文篇数上排名首位，武汉理工大学篇均被引频次最高。

表 2-6 按照第一作者统计中国发表高被引论文被引频次排名前 20 位的机构

位次	机构	被引频次 / 次	论文数 / 篇	篇均被引频次 / 次
1	中国科学院	274 916●	2 092●	131.41
2	清华大学	69 608	469	148.42
3	北京大学	48 106	380	126.59
4	复旦大学	47 284	335	141.15
5	浙江大学	40 383	393	102.76
6	中国科学技术大学	32 510	277	117.36

续表

位次	机构	被引频次 / 次	论文数 / 篇	篇均被引频次 / 次
7	南京大学	30 638	228	134.38
8	南开大学	25 647	214	119.85
9	上海交通大学	25 134	252	99.74
10	哈尔滨工业大学	22 036	228	96.65
11	中山大学	20 993	172	122.05
12	厦门大学	19 858	146	136.01
13	武汉理工大学	19 084	113	168.88 ●
14	华东理工大学	17 190	149	115.37
15	大连理工大学	15 421	131	117.72
16	华南理工大学	14 815	147	100.78
17	福州大学	14 729	121	121.73
18	武汉大学	14 581	170	85.77
19	苏州大学	14 531	130	111.78
20	华中科技大学	13 757	183	75.17

4. 高被引论文来源期刊

表 2-7 是科学与工程学科中国高被引论文按被引频次排名前 20 位的来源期刊。期刊 JOURNAL OF THE AMERICAN CHEMICAL SOCIETY 按照高被引论文被引频次和论文数量排在首位，期刊 JOURNAL OF PHYSICAL CHEMISTRY C 的期刊规范化引文影响力最高，期刊 NEW ENGLAND JOURNAL OF MEDICINE 的期刊影响因子最高。

表 2-7　中国高被引论文按被引频次排名前 20 位的来源期刊

位次	期刊	被引频次 / 次	论文数 / 篇	期刊规范化的引文影响力	期刊影响因子
1	JOURNAL OF THE AMERICAN CHEMICAL SOCIETY	107 885 ●	683 ●	3.78	13.04
2	ADVANCED MATERIALS	72 055	462	3.26	18.96
3	ANGEWANDTE CHEMIE-INTERNATIONAL EDITION	65 008	489	4.06	11.71
4	NATURE	64 058	245	1.99	38.14

续表

位次	期刊	被引频次/次	论文数/篇	期刊规范化的引文影响力	期刊影响因子
5	ACS NANO	49 743	289	4.09	13.33
6	SCIENCE	47 892	194	2.14	34.66
7	CHEMICAL COMMUNICATIONS	39 717	326	5.58	6.57
8	NANO LETTERS	36 710	244	3.45	13.78
9	PHYSICAL REVIEW LETTERS	35 280	219	5.25	7.65
10	JOURNAL OF PHYSICAL CHEMISTRY C	34 667	218	6.64	4.51
11	ADVANCED FUNCTIONAL MATERIALS	28 045	192	4.09	11.38
12	JOURNAL OF MATERIALS CHEMISTRY	27 402	179	5.19	
13	NEW ENGLAND JOURNAL OF MEDICINE	25 680	66	1.94	59.56
14	LANCET	24 547	84	2.36	44
15	JOURNAL OF POWER SOURCES	23 450	488	3.49	6.33
16	PROCEEDINGS OF THE NATIONAL ACADEWMY OF SCIENCES OF THE UNITED ST...	21 802	178	3.35	9.42
17	CHEMICAL REVIEWS	19 796	36	4.72	37.37
18	BIOMATERIALS	18 995	140	3.99	8.39
19	ENERGY & ENVIRONMENTAL SCIENCE	18 983	162	2.47	25.43
20	ANALYTICAL CHEMISTRY	18 241	133	5.91	5.89

第三节　中国专利数据统计分析

（一）专利申请受理量与授权量（2005—2014 年）

1. 三类专利的申请量和授权量

1）10 年专利申请量和授权量的年度变化趋势

对近 10 年的专利申请量和授权量情况做趋势图，得到图 2-19，由图 2-19 可知，从 2005 年至 2013 年，专利申请量和授权量均呈现逐年增长的趋势。且从 2010 年开始，专利申请量增长幅度增大。到 2014 年，专利申请量和授权量呈现小幅的减少。从 2005—2014 年，国家知识产权局共受理专利申请 13 192 929 件，其中已授权的专利申请 7 473 924 件，每年的专利申请量和授权量具体情况如表 2-8 所示。

图 2-19　2005—2014 年专利申请量和授权量的年度变化趋势

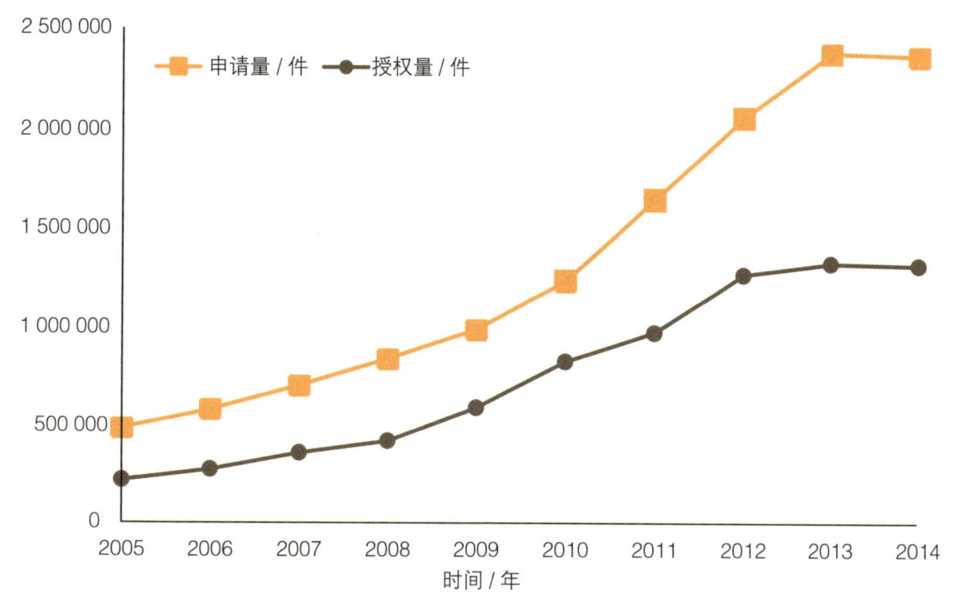

表 2-8　2005—2014 年专利申请量和授权量的年度变化趋势

年度	申请量 / 件	授权量 / 件
2005	476 264	214 003
2006	573 178	268 002
2007	693 917	351 782
2008	828 328	411 982
2009	976 686	581 992
2010	1 222 286	814 825
2011	1 633 347	960 513
2012	2 050 619	1 255 138
2013	2 377 061	1 313 000
2014	2 361 243	1 302 687
合计	13 192 929	7 473 924

2）国内专利申请量按专利类型分布

对近 10 年国内专利申请量按专利类型统计随年度变化趋势，如图 2-20 所示。从图 2-20 中可以看到，发明专利的申请量在 2012 年之前均低于实用新型和外观设计的申请量，

2012 年后，发明专利的申请量超过外观设计的申请量。实用新型的申请量在 2010 年之前也低于外观设计的，而在 2010 年后超过外观设计的申请量，领先于发明和外观设计的申请量。发明专利的申请量在近 10 年一直处于增长趋势。实用新型和外观设计的申请量在 2014 年稍有降低。按照专利类型统计近 10 年的国内专利申请具体情况，结果如表 2-9 所示。

图 2-20 2005—2014 年国内专利申请量按专利类型统计随年度变化趋势

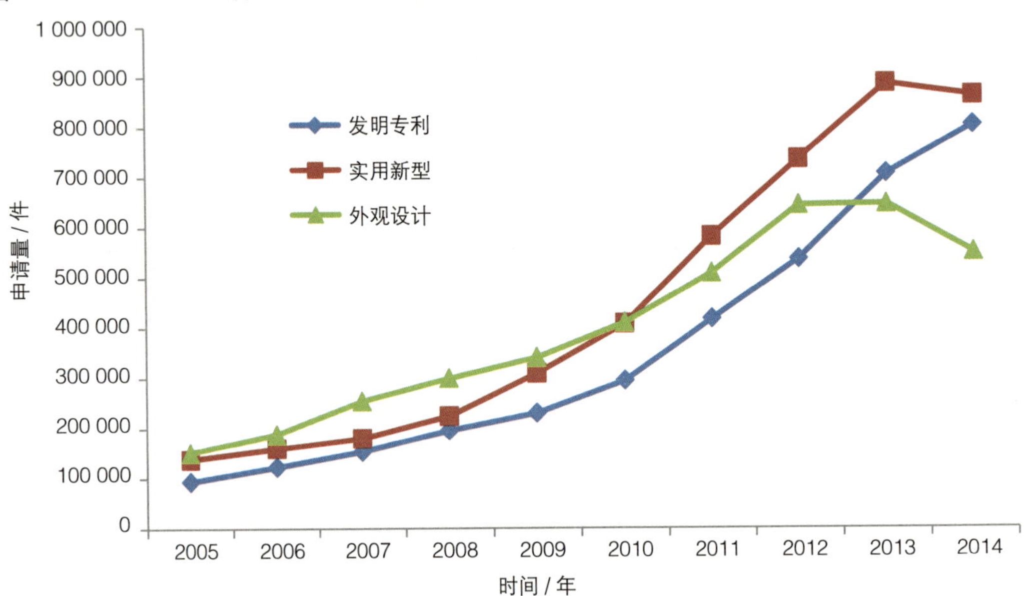

表 2-9 2005—2014 年国内专利申请量按专利类型分布

年度	发明专利 / 件	实用新型 / 件	外观设计 / 件	合计 / 件
2005	93 485	138 085	151 587	383 157
2006	122 318	159 997	188 027	470 342
2007	153 060	179 999	253 439	586 498
2008	194 579	223 945	298 620	717 144
2009	229 096	308 861	339 654	877 611
2010	293 066	407 328	409 034	1 109 428
2011	415 829	581 303	507 538	1 504 670
2012	535 313	734 437	642 401	1 912 151
2013	704 936	885 226	644 398	2 234 560
2014	801 135	861 053	548 428	2 210 616
合计	3 542 817	4 480 234	3 983 126	12 006 177

对近 10 年三种类型专利所占比例情况做饼图，如图 2-21 所示。由图 2-21 可见，在三种类型的专利申请中，发明专利、实用新型、外观设计所占比重基本相当，申请量差距较少。其中，实用新型申请量最多，申请量达 4 480 234 件。其次分别是外观设计和发明专利。

图 2-21　2005—2014 年国内专利申请按专利类型分布

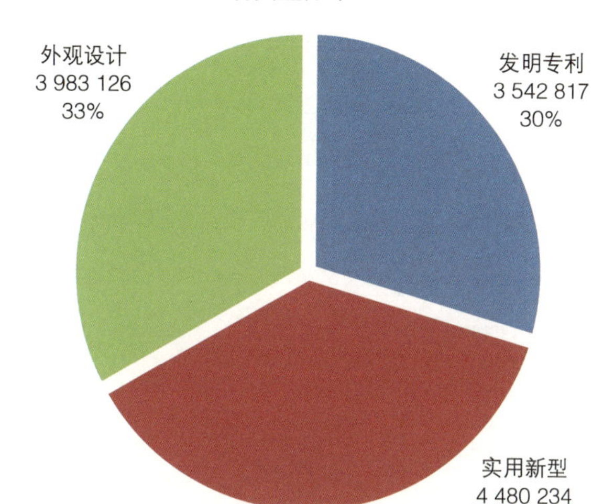

3）国内专利授权量按专利类型分布

按照专利类型统计近 10 年的国内专利授权趋势，结果如图 2-22 所示。由图 2-22 可知，发明专利授权量在近 10 年一直是三种类型专利中授权量最低的发明；实用新型的授权量也一直处于增长的趋势；外观设计的授权量在 2012 年之前一直处于增长的趋势，而从 2013 年开始，授权量开始下滑。近 10 年国内专利授权量的具体情况如表 2-10 所示。

图 2-22　2005—2014 年国内专利授权量按专利类型随年度变化趋势

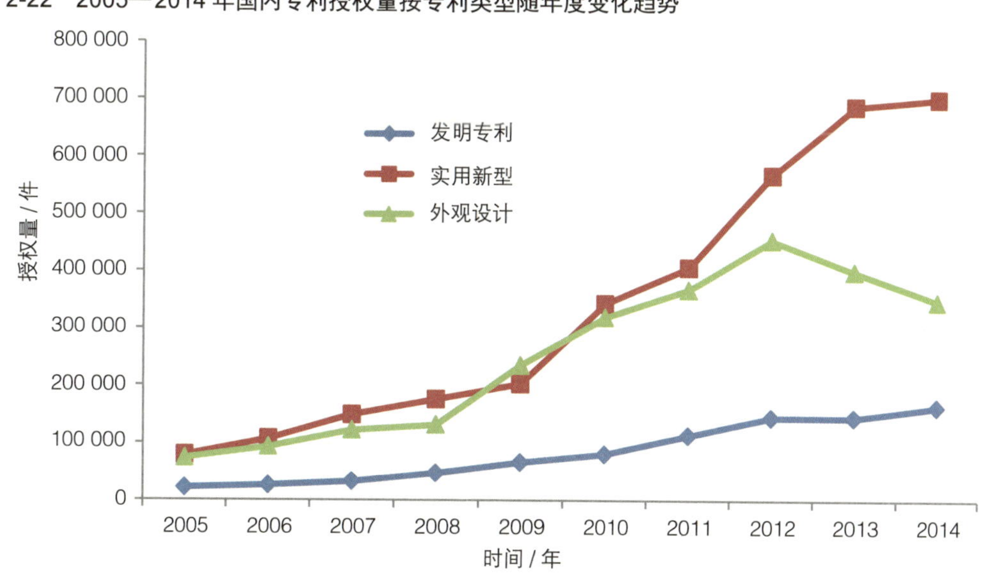

表 2-10　2005—2014 年国内专利授权量按专利类型分布

年度	发明专利 / 件	实用新型 / 件	外观设计 / 件	合计 / 件
2005	20 705	78 137	72 777	171 619
2006	25 077	106 312	92 471	223 860
2007	31 945	148 391	121 296	301 632
2008	46 590	175 169	130 647	352 406
2009	65 391	202 113	234 282	501 786
2010	79 767	342 256	318 597	740 620
2011	112 347	405 086	366 428	883 861
2012	143 847	566 750	452 629	1 163 226
2013	143 535	686 208	398 670	1 228 413
2014	162 680	699 971	346 751	1 209 402
合计	831 884	3 410 393	2 534 548	6 776 825

把近 10 年三种类型专利授权总量做饼图，如图 2-23 所示。由图 2-23 可见，在三种类型的授权专利中，实用新型授权总量最多，达 3 410 393 件，占授权总量的 50%，其次是外观设计；发明专利授权总量最低，占授权总量的 12%。

图 2-23　2005—2014 年国内授权专利按专利类型分布

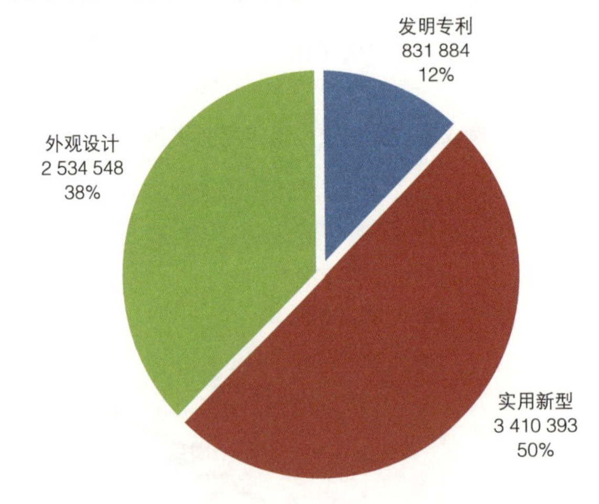

2. 发明专利的申请和授权

1）10 年发明专利的国内申请受理量和国外申请受理量

从 2005—2014 年，国家知识产权局共受理来自国内申请人的发明专利申请

3 542 817 件，来自国外申请人的发明专利申请 1 014 251 件。发明专利申请按年份统计如表 2-11 所示。在近 10 年的发明专利申请中，国内申请人申请比例达 78%，其余 22% 来自国外申请人。国内外申请人的发明专利申请情况如图 2-24 所示。

表 2-11　10 年发明专利的国内申请受理量和国外申请受理量

年份	国内申请量 / 件	国外申请量 / 件
2005	93 485	79 842
2006	122 318	88 172
2007	153 060	92 101
2008	194 579	95 259
2009	229 096	85 477
2010	293 066	98 111
2011	415 829	110 583
2012	535 313	117 464
2013	704 936	120 200
2014	801 135	127 042
合计	3 542 817	1 014 251

图 2-24　国内外申请人的发明专利申请情况

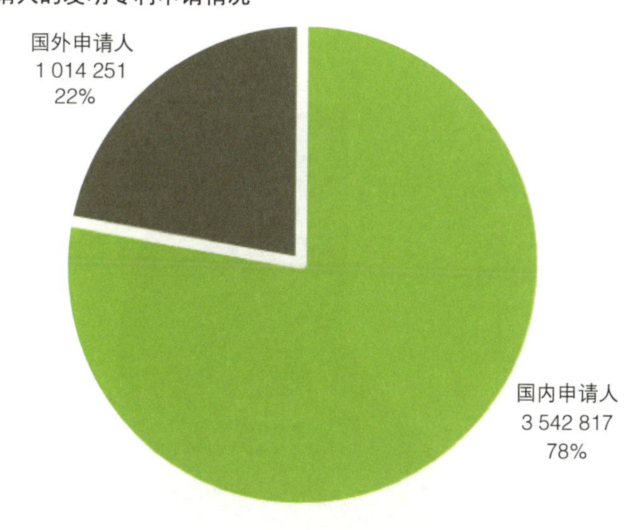

2）10 年发明专利的国内申请授权量和国外授权量

从 2005—2014 年，国家知识产权局共受理来自国内申请人的发明专利授权 831 884 件，来自国外申请人的发明专利授权 534 594 件。发明专利授权按年份统计如表 2-12 所示。

在近 10 年已授权的发明专利中，国内申请人授权专利比例达 61%，国外申请人授权专利比例达 39%。国内外申请人的发明专利授权情况如图 2-25 所示。

表 2-12 10 年发明专利的国内申请授权量和国外授权量

年份	国内授权量 / 件	国外授权量 / 件
2005	20 705	32 600
2006	25 077	32 709
2007	31 945	36 003
2008	46 590	47 116
2009	65 391	63 098
2010	79 767	55 343
2011	112 347	59 766
2012	143 847	73 258
2013	143 535	64 153
2014	162 680	70 548
合计	831 884	534 594

图 2-25 国内外申请人的发明专利授权情况

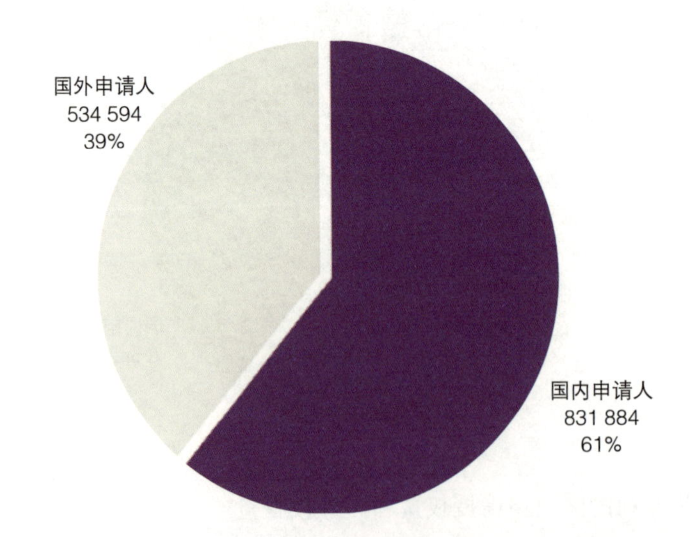

3. 国外发明专利申请和授权的国家分布

1）国外发明专利申请的国家分布

统计2005—2014年在我国提交的国外发明专利申请的国家分布，专利申请量排在前10位的统计结果如表2-13所示。从表2-13中可知，近10年来自国外发明专利的申请量排在前10位的国家分别为日本、美国、德国、韩国、法国、荷兰、瑞士、英国、瑞典、意大利。最多的是日本，共357 248件，其次是美国，共255 051件，再次是德国，共100 186件。

表2-13 2005—2014年在我国提交的国外发明专利申请的国家分布

国家和地区	发明专利申请量/件
合计	1 014 251
日本	357 248
美国	255 051
德国	100 186
韩国	86 400
法国	35 282
荷兰	31 165
瑞士	25 556
英国	17 242
瑞典	16 267
意大利	12 025

2）国外发明专利授权的国家分布

统计2005—2014年在我国提交的国外发明专利授权国家分布的情况，专利授权量排在前10位的如表2-14所示。从表2-14中可知，近10年来自国外发明专利的授权量排在前10位的国家分别为日本、美国、德国、韩国、法国、荷兰、瑞士、瑞典、英国、意大利。授权量最多的是日本，共222 286件；其次是美国，共113 910件；再次是德国，共48 035件。

表2-14 2005—2014年在我国提交的国外发明专利授权国家分布

国家和地区	发明专利授权量/件
合计	534 594
日本	222 286

续表

国家和地区	发明专利授权量 / 件
美国	113 910
德国	48 035
韩国	43 807
法国	19 112
荷兰	16 500
瑞士	13 125
瑞典	8 751
英国	8 242
意大利	6 623

（二）发明专利申请和授权的技术领域分布

1. 2014 年发明专利国内外申请量按技术领域分布

2014 年发明专利国内外申请量按技术领域分布结果如表 2-15 所示。其中技术领域按照 IPC 大类列出。从表 2-15 中可知，在这些技术领域中，除了超微技术（B82）和照相术、电影术、电刻术（G03）的国外发明专利申请量超过国内发明专利申请量外，其他技术领域的发明专利申请量均是国内领先。

表 2-15 2014 年发明专利国内外申请量按技术领域分布结果（按 IPC 大类）

IPC 分类		小计 / 件	国内 / 件	国外 / 件
合计		845 938	725 315	120 623
A 部		169 718	155 275	14 443
A01	农、林、牧、渔	26 739	25 578	1 161
A21	烘烤、食用面团	3 433	3 371	62
A22	屠宰、加工	350	319	31
A23	食品、食物及处理	41 112	40 310	802
A24	烟类及用品	1 370	1 156	214
A41	服装	4 383	4 275	108

续表

IPC 分类		小计 / 件	国内 / 件	国外 / 件
A42	帽类制品	343	312	31
A43	鞋类	1 496	1 318	178
A44	男用服饰用品、珠宝	639	505	134
A45	手携及旅行用品	2 679	2 424	255
A46	刷类制品	446	365	81
A47	家具、家庭日用品或设备	14 968	13 869	1 099
A61	医学、兽医学、卫生学	65 753	56 400	9 353
A62	救生、消防	1 440	1 327	113
A63	运动、游戏、娱乐活动	3 494	3 028	466
A99	本部其他类目中不包括的技术主题	1 073	718	355
B 部		137 537	118 472	19 065
B01	物理或化学的方法功能装置	17 340	15 433	1 907
B02	破碎、研磨、粉碎	1 784	1 667	117
B03	分选、分离	1 289	1 239	50
B04	离心装置、离心机	345	284	61
B05	喷射、雾化	3 005	2 570	435
B06	机械震动的产生或传递	116	82	34
B07	固体分离、分选	1 533	1 465	68
B08	清洁	2 096	1 998	98
B09	固体废料的处理	912	882	30
B21	金属加工、冲裁	7 864	7 441	423
B22	铸造、粉末冶金	4 704	4 346	358
B23	机床、其他金属加工	16 784	15 400	1 384
B24	磨削、抛光	3 455	3 168	287
B25	简单工具	4 547	3 980	567
B26	手工切割工具；切断	1 936	1 758	178
B27	木材加工、保存；钉钉机	1 659	1 586	73

续表

IPC 分类		小计 / 件	国内 / 件	国外 / 件
B28	加工水泥、黏土和石料	1 804	1 691	113
B29	塑料制品的加工	8 054	6 824	1 230
B30	压力机	727	662	65
B31	纸品制作、纸的加工	663	609	54
B32	叠层产品	4 563	3 804	759
B41	印刷、打字机印刷机	3 219	2 102	1 117
B42	装订、图册、文件夹	500	436	64
B43	绘图具、办公附属用品	1 371	1 340	31
B44	装饰艺术	780	737	43
B60	一般车辆	13 803	8 811	4 992
B61	铁路	1 417	1 225	192
B62	无轨陆用车辆	5 241	4 150	1 091
B63	船舶、船只、有关的设备	1 903	1 674	229
B64	飞行器、航空、宇宙航行	1 847	1 412	435
B65	输送、包装、存贮、搬运	15 813	14 099	1 714
B66	卷扬、提升、牵引	5 198	4 602	596
B67	液体的贮运	672	575	97
B68	鞍具、室内装潢	59	53	6
B81	微观结构技术	426	314	112
B82	超微技术	108	53	55
C 部		140 351	124 048	16 303
C01	无机化学	6 399	5 760	639
C02	水、废污水、泥浆的处理	8 703	8 348	355
C03	玻璃、矿棉和渣棉	2 836	2 254	582
C04	水泥、陶瓷等、隔音材料	8 625	8 257	368
C05	肥料及制造	6 434	6 396	38
C06	炸药、火柴	185	179	6

续表

IPC 分类		小计 / 件	国内 / 件	国外 / 件
C07	有机化学	19 503	15 641	3 862
C08	有机高分子化合物	24 305	20 718	3 587
C09	染料、涂料、抛光剂等	17 548	15 711	1 837
C10	石油、煤气及炼焦工业	5 422	4 721	701
C11	动植物油、脂类	3 225	2 975	250
C12	生化、酒、醋、酶、遗传工程	17 506	15 643	1 863
C13	糖或淀粉工业	120	103	17
C14	大小原皮、毛皮、皮革	290	282	8
C21	黑色冶金	2 945	2 711	234
C22	冶金学、合金或有色合金	8 022	7 330	692
C23	金属加工涂料、防腐防锈	5 082	4 252	830
C25	电解电泳方法及设备	2 176	1 877	299
C30	晶体生长	973	850	123
C40	组合技术	52	40	12
D 部		14 628	13 148	1 480
D01	线、纤维、纺纱	2 717	2 481	236
D02	纺纱、整经或络经	647	592	55
D03	织造	1386	1299	87
D04	编带、花边、针织、整理	1 280	1 096	184
D05	缝纫、绣花、簇绒	873	795	78
D06	织物等的处理、洗涤	5 922	5 368	554
D07	绳、除电缆外的缆绳	167	141	26
D21	造纸、纤维素的生产	1 636	1 376	260
E 部		30 902	28 691	2 211
E01	道路、铁路和桥梁的建筑	3 593	3 442	151
E02	水利工程、基础、运土	4 684	4 284	400
E03	给水、排水	2 005	1 856	149

续表

IPC 分类		小计 / 件	国内 / 件	国外 / 件
E04	建筑物	9 877	9 543	334
E05	锁、钥匙、门窗、保险箱	2 455	2 043	412
E06	一般门、窗、百叶窗、梯子	1 992	1 855	137
E21	钻井、采矿	6 296	5 668	628
F 部		64 637	53 014	11 623
F01	一般机器、发动机、蒸汽机	3 295	2 006	1 289
F02	内燃机等	4 597	2 582	2 015
F03	液力机械和其他发动机	2 403	2 024	379
F04	液体变容机械、泵	4 918	3 889	1 029
F15	液压调节器、液压技术	1 756	1 531	225
F16	工程元件或部件	18 311	14 794	3 517
F17	气体或液体的贮藏或分配	968	849	119
F21	照明	6 637	5 783	854
F22	蒸汽的产生	546	501	45
F23	燃烧设备、燃烧技术	2 368	2 083	285
F24	采暖、炉灶、通风	9 256	8 557	699
F25	制冷气体的液化和固化	3 593	2 947	646
F26	干燥	1 424	1 365	59
F27	炉、窑、灶、罐	1 447	1 361	86
F28	一般热交换	2 006	1 692	314
F41	武器	650	607	43
F42	弹药、爆破	462	443	19
G 部		152 672	128 622	24 050
G01	测量、测试	52 781	47 206	5 575
G02	光学技术	9 118	6 424	2 694
G03	照相术、电影术、电刻术	3 581	1 693	1 888
G04	测时技术	730	533	197

续表

IPC 分类		小计 / 件	国内 / 件	国外 / 件
G05	控制、调节技术	9 739	8 810	929
G06	计算、推算、计数技术	57 660	48 061	9 599
G07	核算装置	3 302	2 935	367
G08	信号装置	5 344	4 932	412
G09	教育、密码、显示、广告等	5 984	5 108	876
G10	乐器、声学	1 586	1 125	461
G11	信息的存储	2 109	1 202	907
G12	仪器的零部件	58	57	1
G21	核物理、核工程	680	536	144
H 部		135 493	104 045	31 448
H01	基本电器元件	44 991	32 630	12 361
H02	电力的发电、变电或配电	25 559	21 414	4 145
H03	基本电子电路	4 077	2 876	1 201
H04	电信技术	53 664	41 644	12 020
H05	其他类不包括的电技术	7 202	5 481	1 721

统计发明专利国内申请量前 10 位的技术领域如图 2-26 所示，发明专利国外申请量前 10 位的技术领域如图 2-27 所示。由图 2-26 可知，在发明专利国内申请量中，医学、兽医学、卫生学（A61）技术领域申请的发明专利量最多，达 56 400 件；其次是计算、推算、计数（G06）技术领域，申请量达 48 061 件；申请量排在第 3 位的为测量、测试（G01）技术领域，申请量达 47 206 件。

由图 2-27 可知，在发明专利国外申请量中，基本电器元件（H01）领域申请的专利最多，达 12 361 件；其次是电信技术领域（H04）领域，申请量达 12 020 件，排在第 3 位的为计算、推算、计数技术（A06）领域，申请量达 9 599 件。在国内和国外的发明专利申请量中，排名前 10 位的技术领域有重叠的技术领域共 7 个，它们分别是：医学、兽医学、卫生学（A61）；计算、推算、计数技术（G06）；测量、测试（G01）；电信技术（H04）；基本电器元件（H01）；电力的发电、变电或配电（H02）；有机高分子化合物（C08）。

图 2-26 发明专利国内申请量前 10 位的技术领域（IPC 大类）

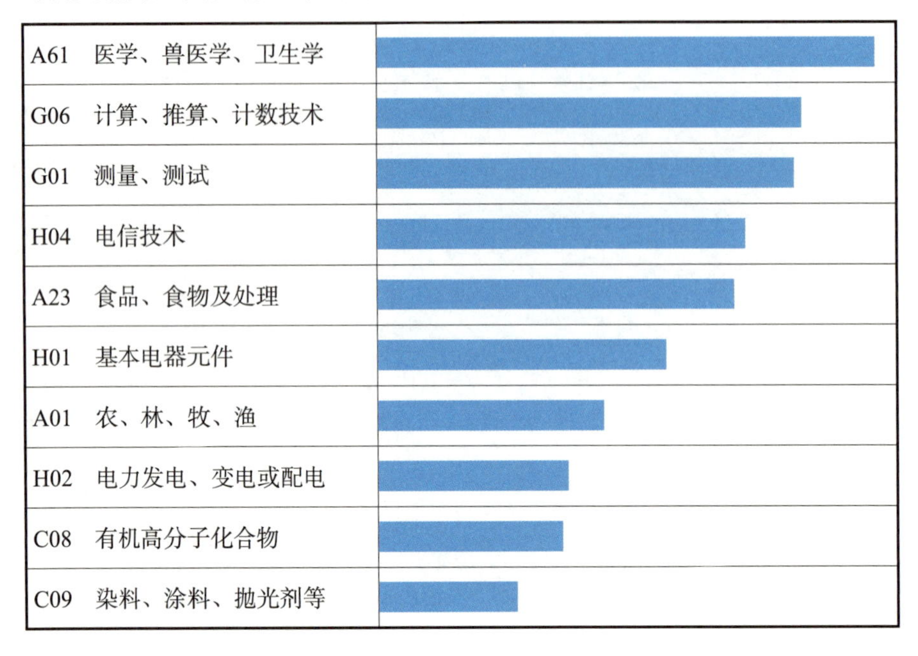

图 2-27 发明专利国外申请量前 10 位的技术领域（IPC 大类）

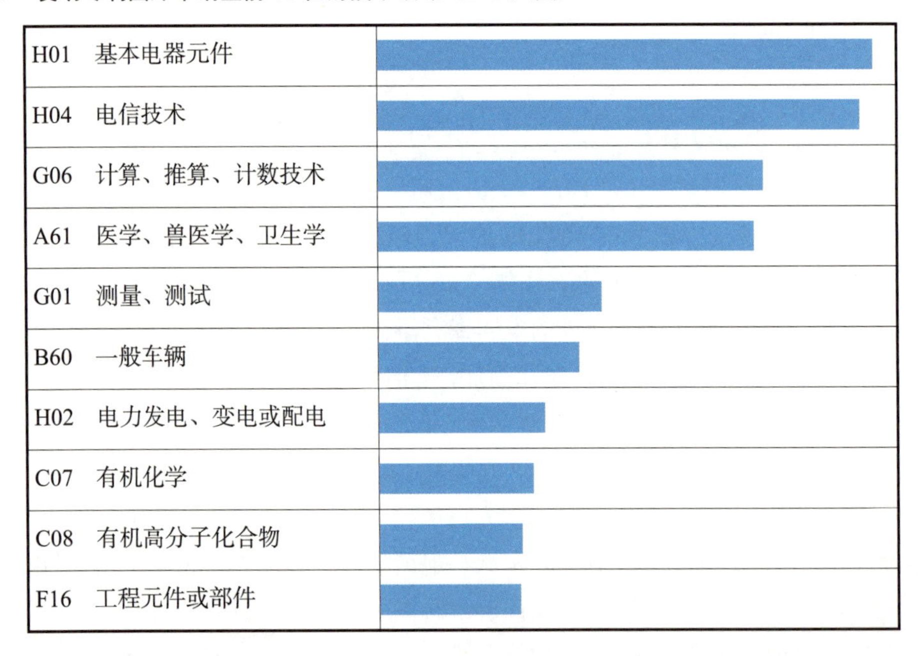

2. 发明专利国内授权量在各技术领域发明专利授权量中所占的比重

按照 IPC 不同部分别统计 2005—2014 年发明专利国内授权量在各技术领域中的授权比例。结果如下：

1）A 部（农业）

统计 A 部（农业）中各技术领域发明专利国内外授权情况，如表 2-16 所示。由表 2-16 可知，在帽类制品（A42），鞋类（A43），男用服饰用品、珠宝（A44），手携及旅行用品（A45），刷类制品（A46）技术领域，发明专利国外授权量高于发明专利国内授权量。其他技术领域均是发明专利国内授权量较高。

表 2-16 A 部中各技术邻域发明专利国内外授权情况

IPC 分类		小计 / 件	国内 / 件	国外 / 件	国内发明专利所占比重 /%
A 部		178 289	126 929	51 360	71
A01	农、林、牧、渔	24 301	20 476	3 825	84
A21	烘烤、食用面团	1 228	948	280	77
A22	屠宰、加工	286	203	83	71
A23	食品、食物及处理	27 854	25 081	2 773	90
A24	烟类及用品	2 335	1 761	574	75
A41	服装	1 248	720	528	58
A42	帽类制品	162	65	97	40
A43	鞋类	1 135	552	583	49
A44	男用服饰用品、珠宝	1 082	393	689	36
A45	手携及旅行用品	1 436	563	873	39
A46	刷类制品	457	121	336	26
A47	家具、家庭日用品或设备	11 143	5 855	5 288	53
A61	医学、兽医学、卫生学	99 477	66 732	32 745	67
A62	救生、消防	1 695	1 196	499	71
A63	运动、游戏、娱乐活动	4 450	2 263	2 187	51
A99	本部其他类目中不包括的技术主题	3	3	0	100

2）B 部（作业、运输）

统计 B 部（作业、运输）中各技术领域发明专利国内外授权情况，如表 2-17 所示。由表 2-17 可知，在一般车辆（B60），无轨陆用车辆（B62），飞行器、航空、宇宙航行（B64），输送、包装、存贮、搬运（B65），液体的贮运（B67）等技术领域，发明专利国外授权量高于发明专利国内授权量，其他技术领域均是发明专利国内授权量较多。

表 2-17 B 部中各技术领域发明专利国内外授权情况

IPC 分类		小计 / 件	国内 / 件	国外 / 件	国内发明专利所占比重 /%
B 部		188 445	108 767	79 678	58
B01	物理或化学的方法功能装置	30 861	22 627	8 234	73
B02	破碎、研磨、粉碎	1 801	1 245	556	69
B03	分选、分离	1 682	1 414	268	84
B04	离心装置、离心机	580	305	275	53
B05	喷射、雾化	4 466	2 240	2 226	5
B06	机械震动的产生或传递	320	172	148	54
B07	固体分离、分选	1 077	826	251	77
B08	清洁	1 868	1 326	542	71
B09	固体废料的处理	1 537	1 374	163	89
B21	金属加工、冲裁	9 620	7 366	2 254	77
B22	铸造、粉末冶金	7 546	5 704	1 842	76
B23	机床、其他金属加工	19 412	13 822	5 590	71
B24	磨削、抛光	4 035	2 683	1 352	66
B25	简单工具	5 169	3 052	2 117	59
B26	手工切割工具、切断	1 812	844	968	47
B27	木材加工、保存、钉钉机	2 226	1 789	437	8
B28	加工水泥、黏土和石料	2 759	2 286	473	83
B29	塑料制品的加工	10 911	5 587	5 324	51
B30	压力机	816	576	240	71
B31	纸品制作、纸的加工	850	588	262	69
B32	叠层产品	4 954	2 173	2 781	44
B41	印刷、打字机、印刷机	10 549	2 591	7 958	25
B42	装订、图册、文件夹	773	269	504	35
B43	绘图具、办公附属用品	590	263	327	45

续表

IPC 分类		小计 / 件	国内 / 件	国外 / 件	国内发明专利所占比重 /%
B44	装饰艺术	855	751	104	88
B60	一般车辆	20 531	6 573	13 958	32
B61	铁路	1 953	1 257	696	64
B62	无轨陆用车辆	8 314	3 529	4 785	42
B63	船舶、船只、有关的设备	2 128	1 402	726	66
B64	飞行器、航空、宇宙航行	1 982	943	1 039	48
B65	输送、包装、存贮、搬运	17 181	8 137	9 044	47
B66	卷扬、提升、牵引	6 910	3 617	3 293	52
B67	液体的贮运	1 000	458	542	46
B68	鞍具、室内装潢	66	44	22	67
B81	微观结构技术	771	520	251	67
B82	超微技术	540	414	126	77

3）C 部（化学、冶金）

统计 C 部（化学、冶金）中各技术领域发明专利国内外授权情况，如表 2-18 所示。由表 2-18 可知，在 C 部中，各技术领域的发明专利国内授权量均高于发明专利国外授权量。

表 2-18　C 部中各技术领域发明专利国内外授权情况

IPC 分类		小计 / 件	国内 / 件	国外 / 件	国内发明专利所占比重 /%
C 部		263 846	189 133	74 713	72
C01	无机化学	15 757	13 173	2 584	84
C02	水、废污水、泥浆的处理	13 467	12 077	1 390	90
C03	玻璃、矿棉和渣棉	5 668	3 141	2 527	55
C04	水泥、陶瓷等、隔音材料	13 377	11 813	1 564	88
C05	肥料及制造	4 597	4 469	128	97
C06	炸药、火柴	482	408	74	85

续表

IPC 分类		小计 / 件	国内 / 件	国外 / 件	国内发明专利所占比重 /%
C07	有机化学	55 098	34 869	20 229	63
C08	有机高分子化合物	45 549	26 638	18 911	58
C09	染料、涂料、抛光剂等	22 449	15 281	7 168	68
C10	石油、煤气及炼焦工业	11 013	8 645	2 368	78
C11	动植物油、脂类	3 779	2 337	1 442	62
C12	生化、酒、醋、酶、遗传工程	35 359	28 550	6 809	81
C13	糖或淀粉工业	245	203	42	83
C14	大小原皮、毛皮、皮革	446	342	104	77
C21	黑色冶金	5 770	4 729	1 041	82
C22	冶金学、合金或有色合金	13 787	11 145	2 642	81
C23	金属加工涂料、防腐防锈	10 170	6 323	3 847	62
C25	电解电泳方法及设备	4 417	3 161	1 256	72
C30	晶体生长	2 338	1 761	577	75
C40	组合技术	78	68	10	87

4）D 部（纺织、造纸）

统计 D 部（纺织、造纸）中各技术领域发明专利国内外授权情况，如表 2-19 所示。由表 2-19 可知，在 D 部中，在缝纫、绣花、簇绒（D05）技术领域的发明专利国外授权量高于发明专利国内授权量。其他技术领域均是发明专利国内授权量较高。

表 2-19　D 部中各技术领域发明专利国内外授权情况

IPC 分类		小计 / 件	国内 / 件	国外 / 件	国内发明专利所占比重 /%
D 部		25 202	15 390	9 812	61
D01	线、纤维、纺纱	5 397	3 574	1 823	66
D02	纺纱、整经或络经	841	545	296	65
D03	织造	1 849	1 078	771	58
D04	编带、花边、针织、整理	2 646	1 323	1 323	50

续表

IPC 分类		小计 / 件	国内 / 件	国外 / 件	国内发明专利所占比重 /%
D05	缝纫、绣花、簇绒	1 782	682	1 100	38
D06	织物等的处理、洗涤	8 421	5 561	2 860	66
D07	绳、除电缆外的缆绳	278	141	137	51
D21	造纸、纤维素的生产	3 988	2 486	1 502	62

5）E 部（固定建筑物）

统计 E 部（固定建筑物）中各技术领域发明专利国内外授权情况，如表 2-20 所示。由表 2-20 可知，在 E 部中，各技术领域的发明专利国内授权量均高于发明专利国外授权量。

表 2-20　E 部中各技术领域发明专利国内外授权情况

IPC 分类		小计 / 件	国内 / 件	国外 / 件	国内发明专利所占比重 /%
E 部		38 202	29 964	8 238	78
E01	道路，铁路和桥梁的建筑	4 146	3 429	717	83
E02	水利工程、基础、运土	6 051	4 962	1 089	82
E03	给水、排水	2 174	1 564	610	72
E04	建筑物	11 243	9 647	1 596	86
E05	锁、钥匙、门窗、保险箱	4 212	2 301	1 911	55
E06	一般门、窗、百叶窗、梯子	1 846	1 236	610	67
E21	钻井、采矿	8 530	6 825	1 705	80

6）F 部（机械工程、照明、加热）

统计 F 部（机械工程、照明、加热）中各技术领域发明专利国内外授权情况，如表 2-21 所示。由表 2-21 可知，在 F 部中，一般机器、发动机、蒸汽机（F01），内燃机等（F04），液体变容机械、泵（F02），工程元件或部件（F16）技术领域的发明专利国外授权量高于发明专利国内授权量，其他技术领域的发明专利国内授权量均高于发明专利国外授权量。

表 2-21 F 部中各技术领域发明专利国内外授权情况

IPC 分类		小计 / 件	国内 / 件	国外 / 件	国内发明专利所占比重 /%
F 部		95 302	49 948	45 354	52
F01	一般机器、发动机、蒸汽机	6 418	1 735	4 683	27
F02	内燃机等	10 749	2 986	7 763	28
F03	液力机械和其他发动机	3 707	2 350	1 357	63
F04	液体变容机械、泵	8 082	3 980	4 102	49
F15	液压调节器、液压技术	1 890	1 161	729	61
F16	工程元件或部件	25 617	12 134	13 483	47
F17	气体或液体的贮藏或分配	1 228	832	396	68
F21	照明	6 342	4 373	1 969	69
F22	蒸汽的产生	867	675	192	78
F23	燃烧设备、燃烧技术	3 904	2 612	1 292	67
F24	采暖、炉灶、通风	11 032	7 423	3 609	67
F25	制冷气体的液化和固化	7 651	3 944	3 707	52
F26	干燥	1 367	1 113	254	81
F27	炉、窑、灶、罐	2 001	1 638	363	82
F28	一般热交换	3 208	2 012	1 196	63
F41	武器	527	377	150	72
F42	弹药、爆破	712	603	109	85

7）G 部（物理）

统计 G 部（物理）中各技术领域发明专利国内外授权情况，如表 2-22 所示。由表 2-22 可知，在 G 部中，光学技术（G02），照相术、电影术、电刻术（G03），核算装置（G07），信息的存储（G11）等技术领域发明专利国外授权量均高于发明专利国内授权量。

表 2-22 G 部中各技术领域发明专利国内外授权情况

IPC 分类		小计 / 件	国内 / 件	国外 / 件	国内发明专利所占比重 /%
G 部		260 940	143 582	117 358	55%
G01	测量、测试	78 910	57 818	21 092	73%

续表

IPC 分类		小计 / 件	国内 / 件	国外 / 件	国内发明专利所占比重 /%
G02	光学技术	31 920	13 741	18 179	43%
G03	照相术、电影术、电刻术	18 860	4 424	14 436	23%
G04	测时技术	1 255	324	931	26%
G05	控制、调节技术	11 183	7 788	3 395	70%
G06	计算、推算、计数技术	71 999	40 775	31 224	57%
G07	核算装置	3 511	1 740	1 771	50%
G08	信号装置	4 934	3 563	1 371	72%
G09	教育、密码、显示、广告等	13 597	6 313	7 284	46%
G10	乐器、声学	4 855	1 831	3 024	38%
G11	信息的存储	18 292	4 246	14 046	23%
G12	仪器的零部件	409	294	115	72%
G21	核物理、核工程	1 215	725	490	60%

8）H 部（电学）

统计 H 部（电学）中各技术领域发明专利国内外授权情况，如表 2-23 所示。由表 2-23 可知，在 H 部中，基本电器元件（H01），基本电子电路（H03）领域都是发明专利国外授权量较多。而电力的发电、变电或配电（H02），电信技术（H04）则是发明专利国内授权量高于发明专利国外授权量。

表 2-23　H 部中各技术领域发明专利国内外授权情况

IPC 分类		小计 / 件	国内 / 件	国外 / 件	国内发明专利所占比重 /%
H 部		316 252	168 171	148 081	53
H01	基本电器元件	110 857	49 430	61 427	45
H02	电力的发电、变电或配电	32 210	19 241	12 969	60
H03	基本电子电路	11 807	5 305	6 502	45
H04	电信技术	14 692	86 997	59 495	59
H05	其他类不包括的电技术	14 886	7 198	7 688	48

统计2005—2014年发明专利国内外授权量在IPC各部所占比例，结果如图2-28所示。从图2-28中可知，在IPC的8个部中，发明专利国内授权量所占比重均高于发明专利国外授权量所占比重。发明专利国内授权量在E部（固定建筑物）相对于发明专利国外授权量所占比重最大，发明专利国内授权量比重达78%；而在F部（机械工程、照明、加热）则是发明专利国外授权量所占比重最高的领域，发明专利国外授权量比重达48%，几乎与发明专利国内授权量持平。

图2-28　发明专利国外申请量排名前10位的技术领域（IPC大类）

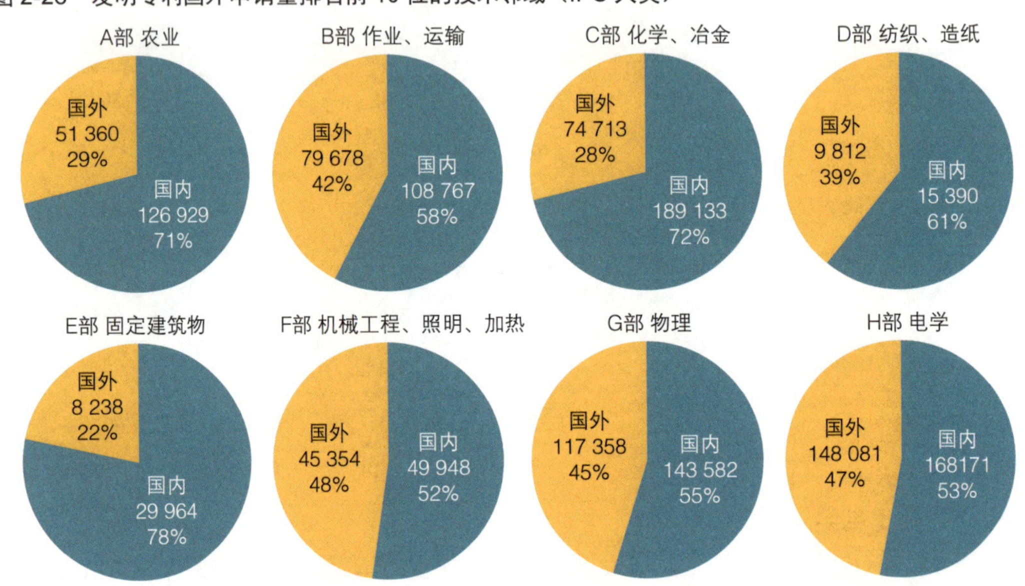

（三）职务和非职务发明专利的申请和授权

1. 2014年国内职务和非职务发明专利申请量分布情况

统计2014年国内职务和非职务发明专利申请量分布情况，如图2-29所示。其中，国内职务发明专利申请量总共648 023件，占发明专利总申请量的81%；非职务发明专利申请量153 112件，占发明专利总申请量的19%。对于职务发明专利申请量按照机构类型进行统计，其中企业发明专利申请量共484 747件，占发明专利总申请量的61%；科研单位发明专利申请量39 625件，占发明专利总申请量的5%；大专院校发明专利申请量111 993件，占发明专利总申请量的14%；机关团体发明专利申请量11 658件，占发明专利总申请量的1%。因此，在国内的发明专利申请中，主要是来自企业的申请；其次是非职务发明专利申请，即个人申请；大专院校的发明专利申请量排在第3位。

图 2-29　2014 年国内职务和非职务发明专利申请量分布情况

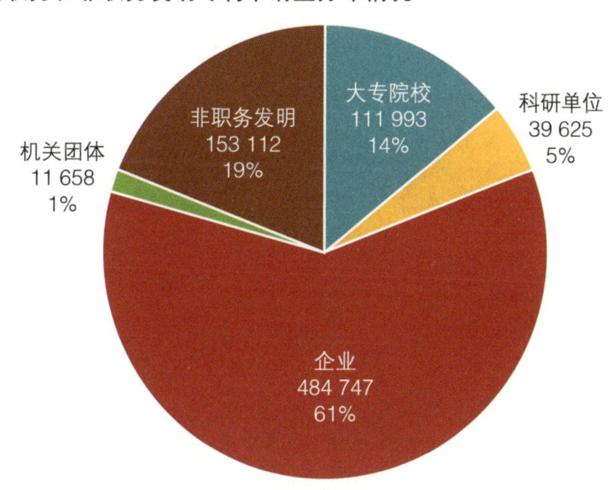

统计2014年国内职务和非职务发明专利申请量按地区分布情况，结果如表2-24所示。由表 2-24 中可知，对于职务发明专利，2014 年江苏省来自大专院校、企业以及机关团体的发明专利申请量均排在全国第 1 位；对于非职务发明专利，2014 年也是江苏省排在第 1 位；而对于职务发明专利中的科研单位，则是来自北京的发明专利申请量排在第 1 位。2014 年，大专院校发明专利申请量排名前 10 位的地区分别为：江苏、北京、南京、浙江、上海、陕西、山东、西安、杭州、广东。科研单位发明专利申请量排名前 10 位的省市分别为：北京、江苏、上海、广东、山东、辽宁、四川、广州、陕西、西安。企业发明专利申请量排名前 10 位的地区分别为：江苏、广东、北京、山东、安徽、浙江、深圳、青岛、上海、四川。机关团体发明专利申请量排名前 10 位的地区分别为：江苏、湖北、山东、安徽、北京、上海、广东、青岛、河南、浙江。

表 2-24　2014 年国内职务和非职务发明专利申请量按地区分布情况

地区	职务发明专利					非职务发明专利 / 件
	合计 / 件	大专院校 / 件	科研单位 / 件	企业 / 件	机关团体 / 件	
全国总计	648 023	111 993	39 625	484 747	11 658	153 112
北京	73 016	11 639	10 472	50 020	885	5 113
天津	22 621	3 898	893	17 509	321	770
河北	6 009	1 376	400	4 156	77	2 323
山西	3 808	1 074	456	2 220	58	2 299
内蒙古	1 389	329	155	890	15	535
辽宁	12 405	4 052	1 731	6 550	72	6 012
吉林	4 313	2 105	981	1 192	35	975
黑龙江	12 231	4 527	533	7 045	126	1 237

续表

地区	职务发明专利					非职务发明专利 / 件
	合计 / 件	大专院校 / 件	科研单位 / 件	企业 / 件	机关团体 / 件	
上海	36 366	8 025	3 084	24 404	853	2 767
江苏	119 022	17 221	3 418	96 778	1 605	27 638
浙江	42 602	8 488	1 574	32 116	424	9 804
安徽	38 486	2 674	1 061	33 792	959	11 474
福建	10 041	2 467	529	6 913	132	2 488
江西	3 637	1 209	203	2 207	18	1 051
山东	52 212	6 307	2176	42 521	1 208	25 086
河南	14 218	3 272	593	9 638	715	5 428
湖北	18 225	5 082	944	10 612	1 587	4 311
湖南	11 671	3 570	358	7 596	147	2 803
广东	62 598	5 086	2825	53 897	790	12 549
广西	12 406	3 550	681	7 789	386	9 831
海南	701	166	176	355	4	268
重庆	16 819	2 203	581	13 667	368	2 599
四川	24 758	4 196	1 678	18 688	196	5 168
贵州	6 041	620	314	4 916	191	2 162
云南	4 035	1 046	606	2 247	136	697
西藏	89	2	11	73	3	3
陕西	21 706	6 508	1 606	13 503	89	2 693
甘肃	2 331	654	580	1 049	48	2 655
青海	552	38	211	302	1	108
宁夏	2 030	87	33	1 884	26	153
新疆	1 735	285	305	1 096	49	625
香港	777	124	0	648	5	132
澳门	33	2	0	31	0	4
台湾	9 140	111	457	8 443	129	1 351
广州	12 121	3 673	1 625	6 511	312	2 474
长春	3 484	1 796	945	726	17	422
武汉	10 906	4 199	727	5 924	56	965
南京	19 986	8 530	1 376	9 766	314	8 064
杭州	13 723	5 882	589	7 149	103	1 077

续表

地区	职务发明专利					非职务发明专利 / 件
	合计 / 件	大专院校 / 件	科研单位 / 件	企业 / 件	机关团体 / 件	
西安	20 250	6 164	1 578	12 449	59	1 133
济南	9 262	2 365	636	5 939	322	3 277
沈阳	5 553	1 968	842	2 711	32	3 410
成都	18 922	3 683	1 122	13 972	145	3 174
大连	4 134	1 499	849	1 760	26	1 095
厦门	3 294	735	131	2 382	46	513
哈尔滨	11 019	4 203	465	6 226	125	610
深圳	28 314	771	918	26 478	147	2 783
青岛	29 577	2 258	1 218	25 340	761	10 402
宁波	10 303	899	478	8 878	48	2 655
新疆兵团	305	158	57	87	3	70

2. 2014年国外职务和非职务发明专利申请量按国别分布情况

统计2014年国外职务和非职务发明专利申请量按国别分布情况，主要国家如表2-25所示。从表2-25中可知，2014年国外在中国的发明专利申请量中，主要是以职务发明专利申请量为主，非职务发明专利申请量较少。职务发明专利申请量最多的为日本，其次为美国、德国、韩国、法国。非职务发明专利申请量最多的为美国，其次为韩国、法国、日本、德国、加拿大。

表2-25 2014年国外职务和非职务发明专利申请量按国别分布情况

国家	职务发明专利申请量 / 件	非职务发明专利申请量 / 件
总计	124 362	2 680
日本	40 281	179
美国	33 247	716
德国	13 442	155
韩国	10 896	632
法国	4 393	182
瑞士	3 303	35
荷兰	2 913	11

续表

国家	职务发明专利申请量 / 件	非职务发明专利申请量 / 件
英国	1 987	63
瑞典	2 002	18
开曼群岛	1 534	0
意大利	1 263	98
芬兰	1 158	7
加拿大	890	119
奥地利	913	31
丹麦	840	7
澳大利亚	586	78
比利时	648	9
以色列	618	38
新加坡	549	25
西班牙	311	29
印度	234	33
卢森堡	236	4
挪威	214	9
爱尔兰	205	5
沙特阿拉伯	206	1

3. 2005—2014 年国内职务和非职务发明专利授权量

统计近 10 年国内职务和非职务发明专利授权量情况，如表 2-26 所示，并按照职务和非职务发明专利授权量在总的发明专利授权量中所占比例做饼图，如图 2-30 所示。从表 2-26 中可知，近 10 年来，国内职务和非职务发明专利授权量均呈现增长的趋势。从图 2-30 中可以看到，近 10 年国内职务发明专利授权量总共 707 074 件，占发明

图 2-30　2005—2014 年国内职务和非职务发明专利授权量情况

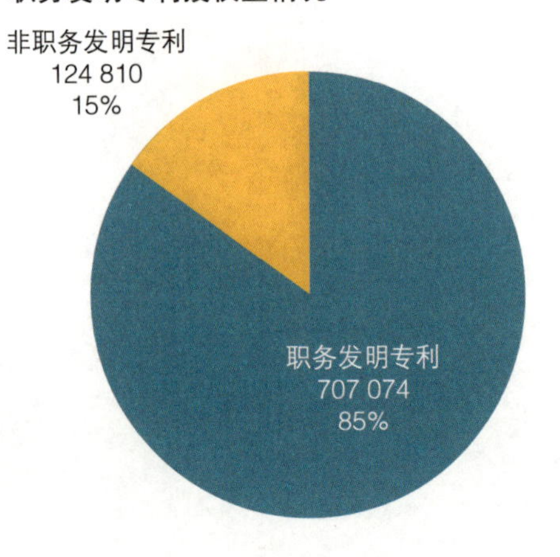

专利授权总量的 85%；非职务发明专利授权量 124 810 件，占发明专利授权总量的 15%。

表 2-26　2005—2014 年国内职务和非职务发明专利授权量按年度分布情况

年份	职务发明专利授权量 / 件	非职务发明专利授权量 / 件
2005	14 761	5 944
2006	18 400	6 677
2007	24 488	7 457
2008	36 956	9 634
2009	52 265	13 126
2010	66 149	13 618
2011	95 069	17 278
2012	125 954	17 893
2013	126 860	16 675
2014	146 172	16 508
合计	707 074	124 810
折线图		

（四）职务发明专利申请和授权的机构分布

1. 2014 年发明专利申请量居前 10 位的国内外企业

统计 2014 年发明专利申请量居前 10 位的国内企业如图 2-31 所示。从图 2-31 中可以看出，国家电网公司发明专利申请量以绝对领先的优势处于第 1 位，发明专利申请量达到 10 091 件；其次是华为技术有限公司，申请量为 4 119 件；排在第 3 位的为中国石油化工股份有限公司，申请量为 4 073 件。排在第一位的国家电网公司与排在第 2 位的华为技术有限公司发明专利申请量相差 5 972 件，足以说明 2014 年国家电网公司在我国知识产权储备上的优势地位。从图 2-31 中还可以看出，排名前 10 位的国内企业主要涉及通信、互联网以及石油化工领域。表 2-27 中也列出了排名前 10 位的国内企业的发明专利申请量情况。

图 2-31　2014 年发明专利申请量居前 10 位的国内企业

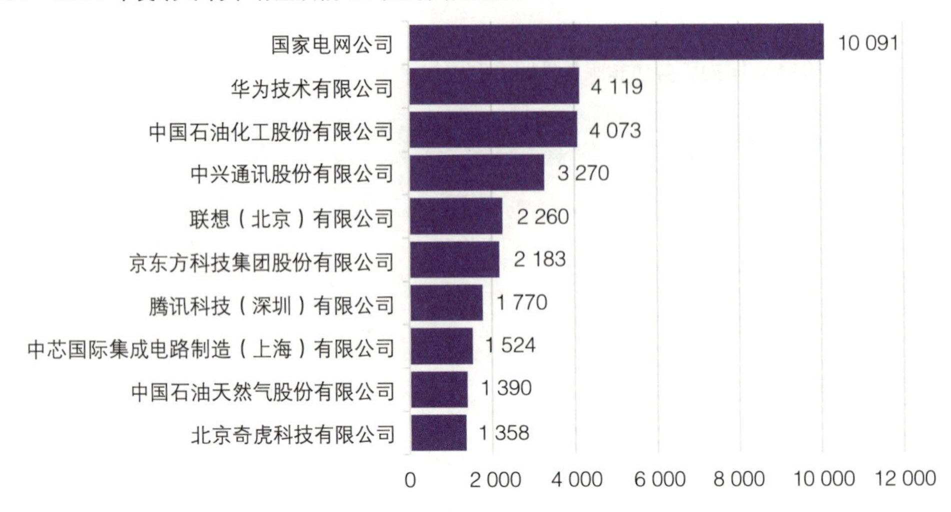

表 2-27　2014 年发明专利申请量居前 10 位的国内企业

排名	申请人名称	发明专利申请量 / 件
1	国家电网公司	10 091
2	华为技术有限公司	4 119
3	中国石油化工股份有限公司	4 073
4	中兴通讯股份有限公司	3 270
5	联想（北京）有限公司	2 260
6	京东方科技集团股份有限公司	2 183
7	腾讯科技（深圳）有限公司	1 770
8	中芯国际集成电路制造（上海）有限公司	1 524
9	中国石油天然气股份有限公司	1 390
10	北京奇虎科技有限公司	1 358

统计 2014 年发明专利申请量居前 10 位的国外企业如图 2-32 所示。从图 2-32 中可以看出，国外企业的申请量呈现比较均匀的阶梯分布。罗伯特•博世有限公司的发明专利申请量在 2014 年处于第 1 位，达到 1 726 件。罗伯特•博世有限公司是德国最大的工业企业之一，是从事汽车技术、工业技术和消费品及建筑技术的产业。发明专利申请量排在第 2 位的为高通股份有限公司，达 1 665 件，与排在第 1 位的罗伯特•博世有限公司差距不大。排在前 10 位的国外公司发明专利申请量均在 1 000 件以上，说明国外的企业比较关注中国的市场，并且已在中国储备了相应的知识产权。同时，从图 2-32 还可以看出，这些国外企业主要涉及电子通信、汽车制造等领域。表 2-28 中也列出了排名前 10

位的国外企业的发明专利申请量情况。

图 2-32　2014 年发明专利申请量居前 10 位的国外企业

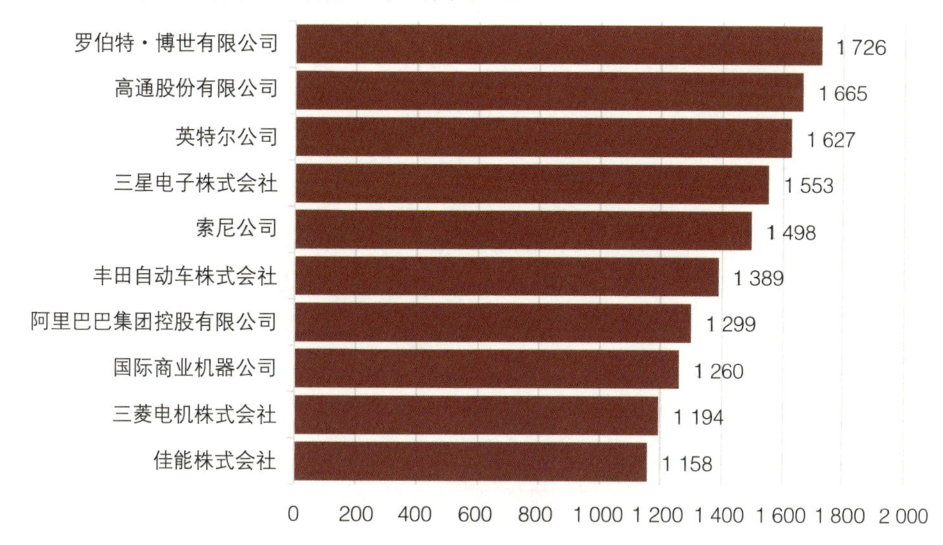

表 2-28　2014 年发明专利申请量居前 10 位的国外企业

排名	申请人名称	发明专利申请量 / 件
1	罗伯特·博世有限公司	1 726
2	高通股份有限公司	1 665
3	英特尔公司	1 627
4	三星电子株式会社	1 553
5	索尼公司	1 498
6	丰田自动车株式会社	1 389
7	阿里巴巴集团控股有限公司	1 299
8	国际商业机器公司	1 260
9	三菱电机株式会社	1 194
10	佳能株式会社	1 158

2. 2014 年发明专利授权量居前 10 位的国内外企业

统计 2014 年发明专利授权量居前 10 位的国内企业排名如图 2-33 所示。从图 2-33 中可以看出，在 2014 年授权的专利中，来自国内的华为技术有限公司、中兴通讯股份有限公司、中国石油化工股份有限公司的授权量比较领先，排名靠前。而在 2014 年发明专利申请量排在第一位的国家电网公司在 2014 年的授权量则排在第 8 位。另外，像鸿富锦精密工业（深圳）有限公司、海洋王照明科技股份有限公司、深圳市华星光电技术有限公司、杭州华三通信技术有限公司并未出现在 2014 年发明专利申请量排名前 10 位中，而出现在 2014 年发明专利授权量排名前 10 位中。说明这几家企业的研发和创新能力也较为突出。表 2-29 中也列出了排名前 10 位的国内企业的发明专利授权量情况。

图 2-33 2014 年发明专利授权量居前 10 位的国内企业

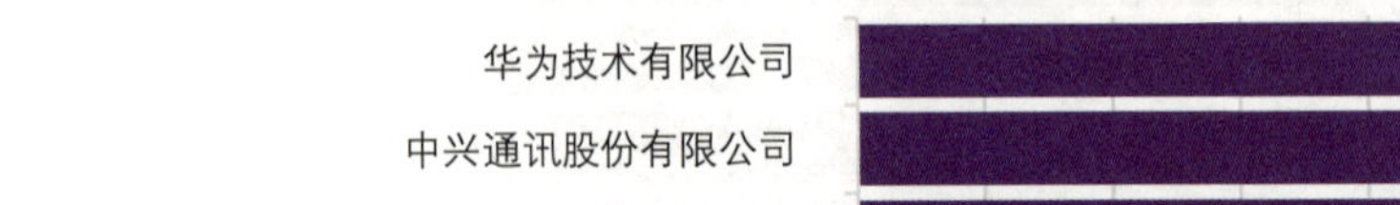

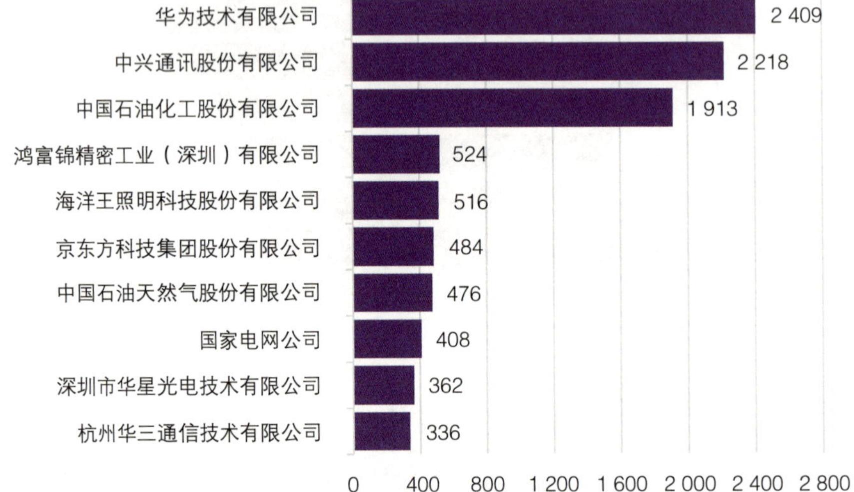

表 2-29 2014 年发明专利授权量居前 10 位的国内企业

排名	专利权人名称	发明专利授权量 / 件
1	华为技术有限公司	2 409
2	中兴通讯股份有限公司	2 218
3	中国石油化工股份有限公司	1 913
4	鸿富锦精密工业（深圳）有限公司	524
5	海洋王照明科技股份有限公司	516
6	京东方科技集团股份有限公司	484
7	中国石油天然气股份有限公司	476
8	国家电网公司	408
9	深圳市华星光电技术有限公司	362
10	杭州华三通信技术有限公司	336

统计 2014 年发明专利授权量居前 10 位的国外企业排名如图 2-34 所示。从图 2-34 中可以看出，在 2014 年授权的发明专利中，松下电器产业株式会社的授权量排在第 1 位，达 1192 件。然而松下电器产业株式会社在 2014 年的发明专利申请量并没有排在前 10 位。授权量排在前 10 位的夏普株式会社、皇家飞利浦电子股份有限公司、LG 电子株式会社、通用电气公司也均没有出现在 2014 年申请量排名前 10 的位置。说明这些企业在 2014 年前已经向中国布局了一定的知识产权。表 2-30 中也列出了排名前 10 位的国外企业的发明专利授权量情况。

图 2-34　2014 年发明专利授权量居前 10 位的国外企业

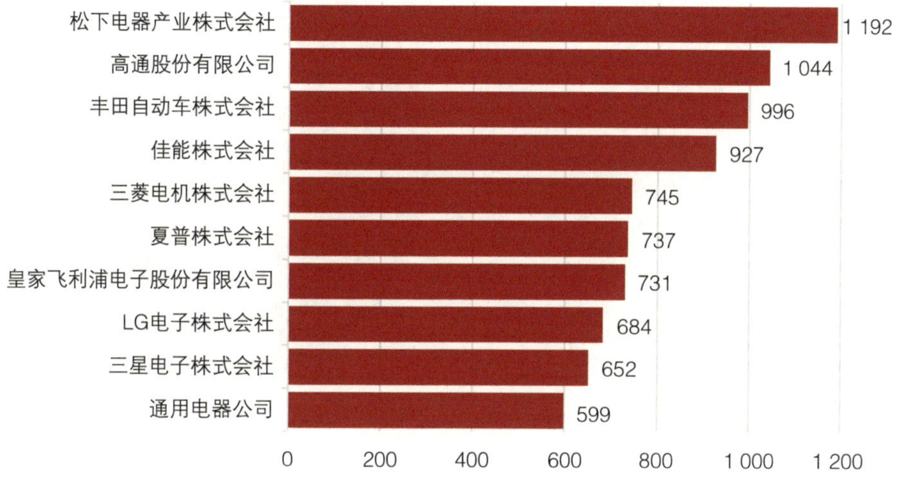

表 2-30　2014 年发明专利授权量居前 10 位的国外企业

排名	专利权人名称	发明专利授权量 / 件
1	松下电器产业株式会社	1 192
2	高通股份有限公司	1 044
3	丰田自动车株式会社	996
4	佳能株式会社	927
5	三菱电机株式会社	745
6	夏普株式会社	737
7	皇家飞利浦电子股份有限公司	731
8	LG 电子株式会社	684
9	三星电子株式会社	652
10	通用电气公司	599

3. 2005—2014 年国内职务发明专利授权量按机构类型分布

统计近 10 年国内职务发明专利授权量情况，如图 2-35 所示。其中，国内职务发明专利授权量总共 707 074 件。对于职务发明专利授权量按照机构类型进行统计，其中企业发明专利授权总量共 433 026 件，占发明专利授权总量的 52%；科研单位发明专利授权总量 70 293 件，占发明专利授权总量的 9%；大专院校发明专利授权总量共 194 621 件，占发明专利授权总量的 23%；机关团体发明专利授权总量 9 134 件，占发明专利授权总量的 1%。因此，在近 10 年的职务发明专利授权量中，来自企业的发明专利授权量所占比重最大；其次是大专院校的发明专利授权量；非职务发明专利授权量排在第 3 位。表 2-31 是国内职务发明专利授权量年度分布情况。从表 2-31 中可知，企业和大专院校在近 10 年的发明专利授权量中均较多。

图 2-35 2005—2014 年国内职务发明专利授权量按机构类型分布

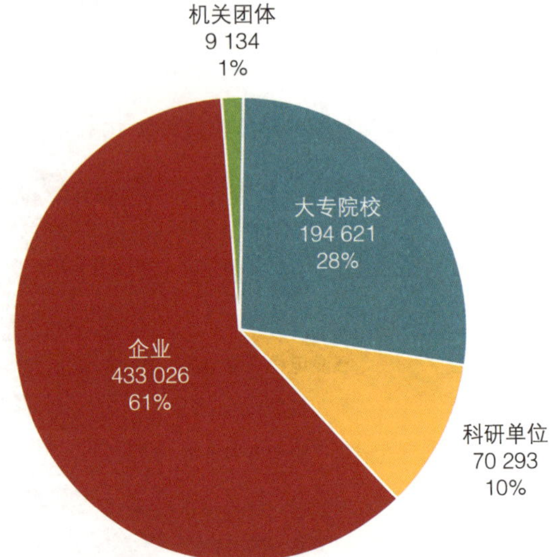

表 2-31 2005—2014 年国内职务发明专利授权量年度分布

年份	总计	大专院校	科研单位	企业	机关团体
2005	14 761	4 453	2 423	7 712	173
2006	18 400	6 198	2 553	9 433	216
2007	24 488	8 214	3 173	12 851	250
2008	36 956	10 266	3 945	22 493	252
2009	52 265	14 391	5 299	32 160	415
2010	66 149	19 036	6 557	40 049	507
2011	95 069	26 616	9 238	58 364	851
2012	125 954	33 821	11 248	78 651	2 234
2013	126 860	33 309	12 284	79 439	1 828
2014	146 172	38 317	13 573	91 874	2 408
合计	707 074	194 621	70 293	433 026	9 134

（五）有效专利

1. 有效专利按专利类型的分布

截至2014年年底，我国有效专利总计情况如表2-32所示，其中，有效专利是指截至报告期末专利权处于维持有效状态的专利数量。由表2-32可知，截至2014年年底，我国有效专利量共计4 642 506件，其中国内有效专利量4 032 362件，占总量的86.9%；国外有效专利量610 144件，占总量的13.1%。

将国内外有效专利按照专利类型作图，得到图2-36。由图2-36可知，国内有效专利主要以实用新型为主，占国内有效专利总量的56%。科技含量和创造水平较高的发明专利的有效量仅占总量的18%；而国外在华的有效专利则主要是发明专利，占国外有效专利总量的80%，外观设计专利的有效量占总量的16%，实用新型专利的有效量仅占总量的4%。

表2-32　2014年国内外三种专利有效状况总累计表

按国内外分组	合计		发明专利		实用新型		外观设计	
	有效量/件	构成/%	有效量/件	构成/%	有效量/件	构成/%	有效量/件	构成/%
合计	4 642 506	100.0	1 196 497	100.0	2 291 326	100.0	1 154 683	100.0
国内	4 032 362	86.9	708 690	59.2	2 265 224	98.9	1 058 448	91.7
国外	610 144	13.1	487 807	40.8	26 102	1.1	96 235	8.3

图2-36　2014年国内外三种有效专利分布图

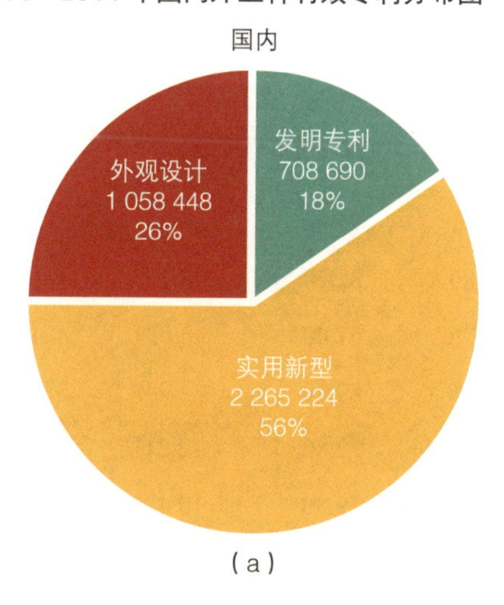

(a)

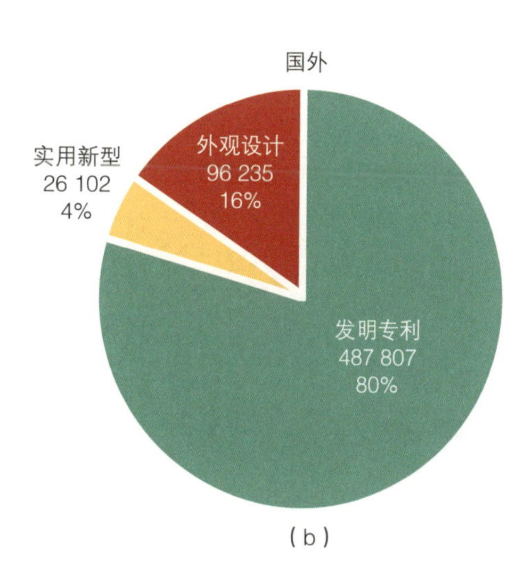

(b)

2. 有效发明专利的技术领域分布

按世界知识产权组织（WIPO）最新修订的《技术领域分类标准》(2011 年 8 月更新)，在 35 个技术领域中，国内在食品化学、药品、材料冶金等 21 个领域占据优势，但在如光学、半导体、计算机技术等高新技术领域，国外所占比例仍超过国内，如表 2-33 所示。

表 2-33 截至 2014 年年底我国有效发明专利技术领域分布

技术领域		有效量 / 件	国内		国外	
			有效总量 / 件	比例 /%	有效量 / 件	比例 /%
合计		1 196 497	708 690	59.20	487 807	40.80
I	电气工程					
1	电机、电气装置、电能★	83 430	43 146	51.70	40 284	48.30
2	音像技术	52 038	19 701	37.90	32 337	62.10
3	电信	38 861	19 375	49.90	19 486	50.10
4	数字通信★	80 263	54 991	68.50	25 272	31.50
5	基础通信程序	10 936	4 837	44.20	6 099	55.80
6	计算机技术★	70 401	37 893	53.80	32 508	46.20
7	计算机技术管理方法★	726	406	55.90	320	44.10
8	半导体	46 639	19 696	42.20	26 943	57.80
II	仪器					
9	光学	48 147	17 091	35.50	31 056	64.50
10	测量★	64 154	45 482	70.90	18 672	29.10
11	生物材料分析★	4 543	3 078	67.80	1 465	32.20
12	控制★	17 866	11 799	66.00	6 067	34.00
13	医学技术	31 697	13 007	41.00	18 690	59.00
III	化工					
14	有机精细化学★	45 320	27 506	60.70	17 814	39.30
15	生物技术★	33 272	25 571	76.90	7 701	23.10
16	药品（含中药）★	45 839	37 680	82.20	8 159	17.80
17	高分子化学、聚合物★	37 307	21 276	57.00	16 031	43.00
18	食品化学★	27 469	24 526	89.30	2 943	10.70
19	基础材料化学★	44 842	32 631	72.80	12 211	27.20
20	材料、冶金★	50 482	40 050	79.30	10 432	20.70
21	表面加工技术、涂层★	20 711	11 868	57.30	8 843	42.70

续表

技术领域		有效量 / 件	国内		国外	
			有效总量 / 件	比例 /%	有效量 / 件	比例 /%
22	显微结构和纳米技术★	1 042	730	70.10	312	29.90
23	化学工程★	34 000	23 674	69.60	10 326	30.40
24	环境技术★	21 771	16 563	76.10	5 208	23.90
IV	机械工程					
25	装卸	24 542	11 992	48.90	12 550	51.10
26	机器工具★	36 934	25 202	68.20	11 732	31.80
27	发动机、泵、涡轮机	25 165	9 396	37.30	15 769	62.70
28	纺织和造纸机器	28 208	13 699	48.60	14 509	51.40
29	其他特殊机械★	31 840	20 807	65.30	11 033	34.70
30	热工过程和器具★	20 131	12 613	62.70	7 518	37.30
31	机器零件	25 675	12 079	47.00	13 596	53.00
32	运输	30 857	11 422	37.00	19 435	63.00
V	其他领域					
33	家具、游戏	12 582	6 087	48.40	6 495	51.60
34	其他消费品	16 200	7 565	46.70	8 635	53.30
35	土木工程★	32 606	25 251	77.40	7 355	22.60

注：标★的是国内有效发明专利占优势的领域。

（六）发明专利申请量和授权量的国际比较

1. 我国在国外及港澳台地区的发明专利申请量和授权量

统计 2005—2014 年，我国在国外及港澳台地区发明专利申请量和授权量情况，将近 10 年的申请量和授权量情况做年度趋势图，如图 2-37 所示。从趋势图 2-37 可知，我国在国外及港澳台地区的发明专利申请量在 2011 年后有较大的增长；发明专利授权量在 2012 后有较大增长。具体统计结果如表 2-34 所示。近 10 年，我国在国外及港澳台地区的申请量达 101 485 件，授权量达 28 709 件。

2. PCT 国际申请

从 2005—2014 年，我国的 PCT 年度申请情况如图 2-38 所示[①]。从图 2-38 可知，近

① 数据来源：http://www.wipo.int/ipstats/en/statistics/country_profile/#S.

10 年我国的 PCT 申请总体呈现增长的趋势。2010 年前，PCT 申请量增长较为平稳；而从 2010 年开始，我国的 PCT 申请量增长幅度变大。2014 年，我国的 PCT 申请量已达 25 539 件，说明我国向国外布局的知识产权量近 10 年不断壮大。

图 2-37　我国在国外及港澳台地区发明专利申请量和授权量年度趋势图

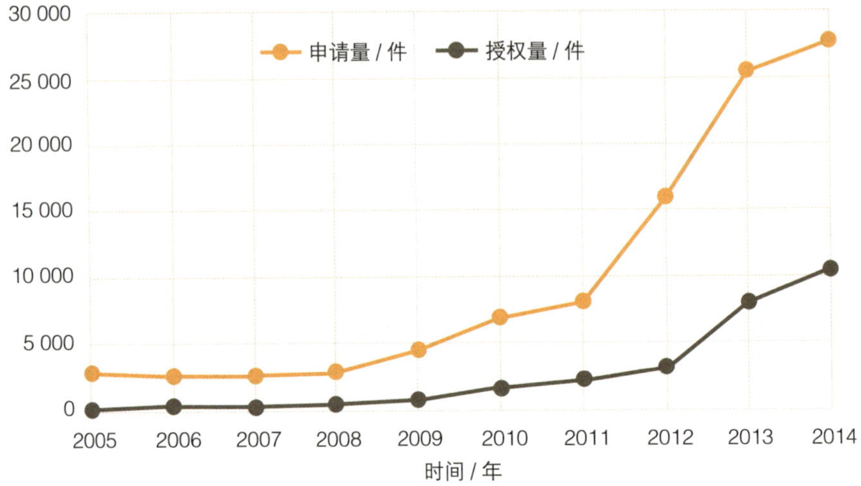

表 2-34　我国在国外及港澳台地区发明专利申请量和授权量情况

年份	申请量 / 件	授权量 / 件
2005	3 012	237
2006	2 767	432
2007	2 804	392
2008	3 025	552
2009	4 688	903
2010	7 092	1 686
2011	8 238	2 383
2012	16 145	3 307
2013	25 712	8 214
2014	28 002	10 603
合计	101 485	28 709

图 2-38　我国的 PCT 年度申请情况

年份	申请量 / 件
2005	2 503
2006	3 930
2007	5 455
2008	6 119
2009	7 896
2010	12 300
2011	16 398
2012	18 620
2013	21 514
2014	25 539

3. 三方专利

根据经济合作与发展组织（Organization for Economic Co-operation and Development，OECD）的数据[①]，统计我国三方专利的数量。2005—2013 年我国三方专利申请趋势如图 2-39 所示，具体三方专利数据如表 2-35 所示。从图 2-39 可知，我国在三方专利的申请上近几年均呈现逐年上升的趋势。

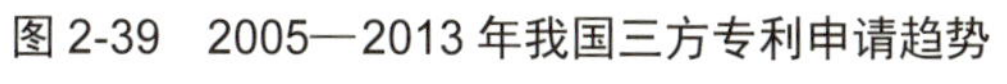
图 2-39　2005—2013 年我国三方专利申请趋势

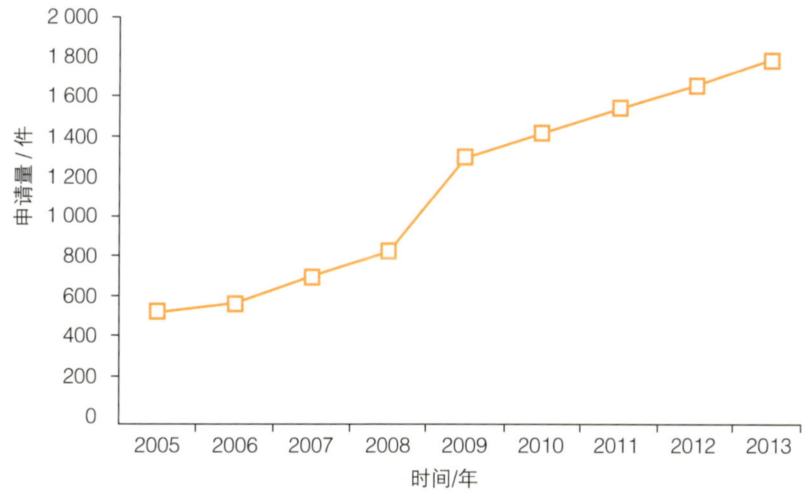

① 数据来源：https://data.oecd.org/rd/triadic-patent-families.htm.

表 2-35　2005—2013 年我国三方专利申请情况

年份	三方专利量 / 件
2005	521.64
2006	565.42
2007	695.16
2008	826.18
2009	1 297.44
2010	1 417.07
2011	1 541.87
2012	1 657.44
2013	1 785.04

第四节　专利国际对比分析

本节以世界知识产权组织（World Intellectual Property Organization，WIPO）、经济合作与发展组织（Organization for Economic Co-operation and Development，OECD）的专利为数据源，以德文特专利分析和评估数据库（Thomson Innovation，TI）以及专利检索与分析工具（Innography）为辅助统计分析工具，对 2005—2014 年世界专利进行总体趋势分析，并对美国、英国、德国、法国、日本、意大利、加拿大、俄罗斯、中国、欧盟 28 国中的 10 个目标国家专利产出的基本情况进行比较分析。

（一）世界专利申请和授权趋势

对世界知识产权组织报告数据统计分析结果显示[①]，2005—2014 年，世界各国专利申请总量呈波动上升态势（见图 2-40），除 2009 年因金融危机等原因增长率为 −3.5% 外，其余年份均为正增长。继 2011 年世界专利申请总量突破 200 万件后，一直保持快速上升趋势，2014 年世界专利申请共计 2 680 900 件，比 2013 年同比上涨 4.5%，主要得益于中国和美国专利申请量强劲增长的推动。

2005—2014 年，世界各国常住居民共申请专利 1 286 9425 件[②]，非常住居民申请专利 7 855 209 件，除 2009 年非常住居民申请专利总量下滑外，均呈上升趋势。2005—2009 年与 2010—2014 年相比，各国常住居民专利申请量五年增长率为 44.8%，非常住居民

① 数据来源：http://www.wipo.int/ipstats/en#publications
② 非常住居民申请和授权专利可能是一件专利多国申请和授权，因此计量单位用“件次”。

专利申请量五年增长率为9.04%，主要由于近年来非常住居民专利申请总量虽有所上升，但所占专利申请总量份额逐年下降，导致五年增长率并不高（见图2-41）。

图2-40　2005—2014年世界各国专利申请趋势图

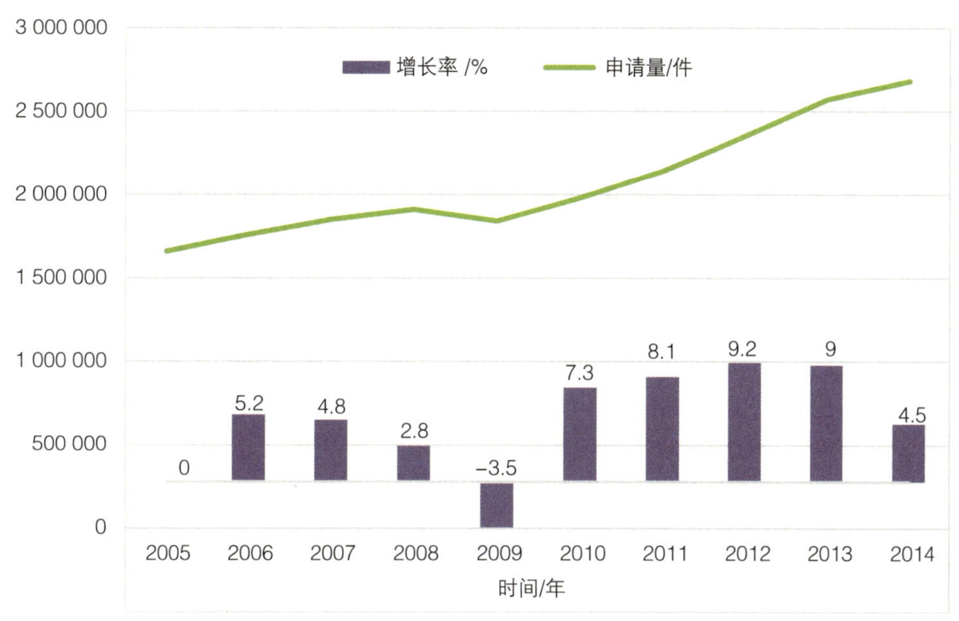

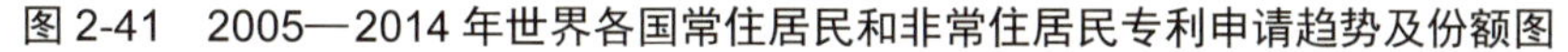

图2-41　2005—2014年世界各国常住居民和非常住居民专利申请趋势及份额图

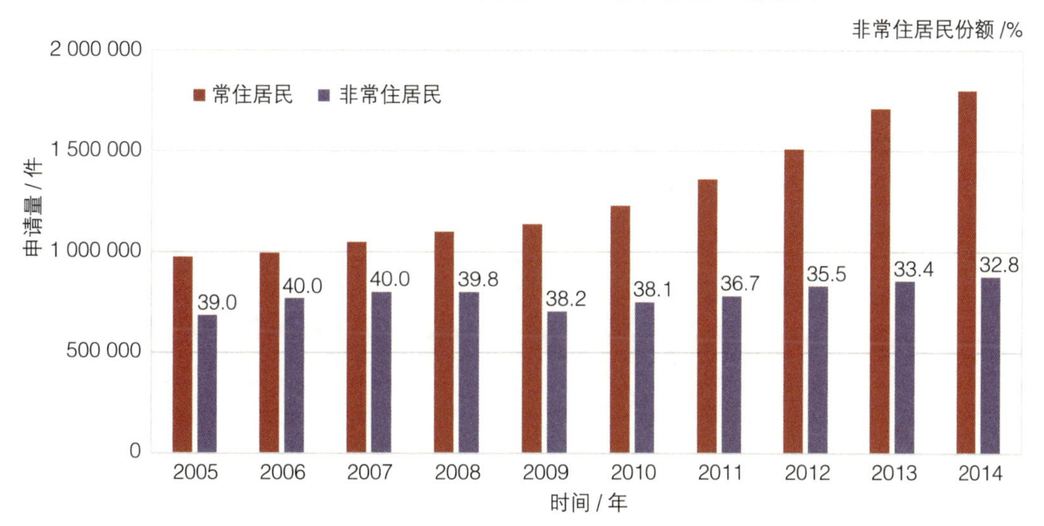

在专利授权方面，2005—2014年，整体呈阶段性上升趋势，2006年之前是快速增长阶段，年增长率高达19.2%，2007—2009年增长缓慢，2010—2012年回归快速上涨区间，增长率为12.4%、9.6%和13.6%，2013年、2014年的年增长率降为3.2%、0.3%，部分原因是中国授权量的增长放缓和日本授权量的下降（见图2-42）。

图 2-42　2005—2014 年世界各国专利授权趋势图

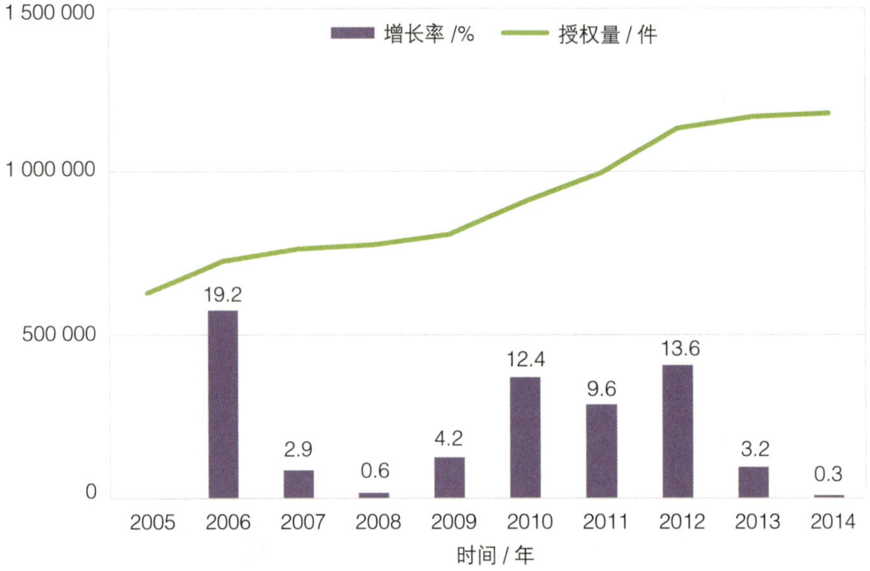

2005—2014 年，世界各国常住居民共获授权专利 539 784 件，非常住居民申请专利 3 700 668 件。常住居民获授权专利增幅明显，非常住居民获授权专利在 2009 年有所下降，其余年份均有不同程度的增幅，二者获授权专利所占份额基本稳定，维持在 40% 左右（见图 2-43）。

图 2-43　2005—2014 年世界各国常住居民和非常住居民专利授权趋势及份额图

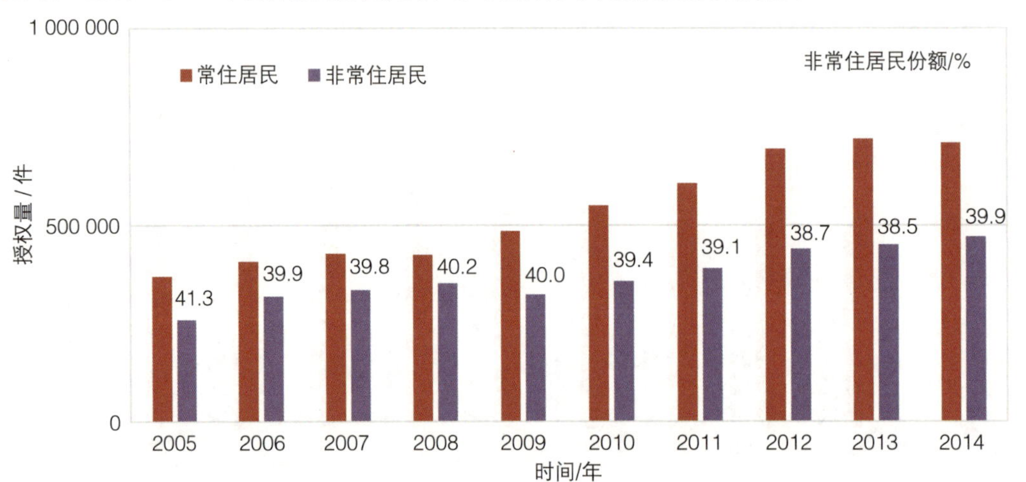

2005—2009 年与 2010—2014 年相比，各国常住居民专利授权量五年增长率为 54.9%，非常住居民专利授权量五年增长率为 32.5%（见表 2-36）。

表 2-36　世界各国常住居民和非常住居民申请和授权专利情况

时间区间	专利申请量 / 件		专利授权量 / 件	
	常住居民	非常住居民	常住居民	非常住居民
2005—2009 年	5 256 845	3 757 789	2 117 256	1 591 652
2010—2014 年	7 612 580	4 097 420	3 280 584	2 109 016
五年增长 /%	44.8	9.04	54.9	32.5

（二）主要国家专利申请和授权数量统计

1. 目标国家在本国与国外申请专利对比分析

在本国申请专利层面，2005—2014 年，专利申请总量超过 100 万件的国家有中国、日本、美国和欧盟四个，申请量分别为 3 542 817 件、3 076 307 件、2 458 934 件和 1 719 004 件。中国的国内申请量一直呈线性增长趋势，年均增长率高达 26.96%，WIPO 2015 年度《世界知识产权指标》报告指出，2014 年中国的申请量超过了紧随其后的美国和日本的总和，成为世界知识产权发展的主要推动力，紧随其后的意大利年均增长率为 12.62%。美国在 2008 年、2009 年出现短暂的波动，而后稳步回升，年均增长率为 3.57%。德国、法国、俄罗斯和欧盟 28 国十年间专利申请量相对稳定，年均增长率分别为 0.25%、1.30%、0.27% 和 1.05%，然而日本、加拿大和英国的国内专利申请量出现负增长，分别是 −3.54%、−2.32% 和 −1.34%（见图 2-44）。

图 2-44　2005—2014 年目标国家常住居民申请国内专利趋势图

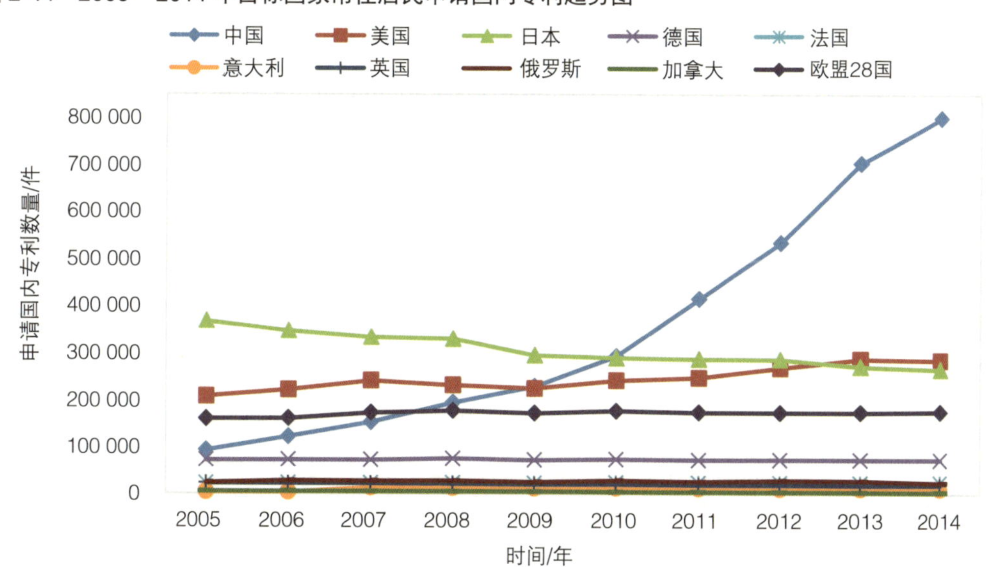

在申请国外专利层面，2005—2014 年，欧盟、美国、日本和德国是申请国外专利数

量最多的四个国家，分别为 2 703 902 件、1 950 724 件、1 825 889 件和 972 204 件，紧随其后的是法国(399 886 件)、英国(291 951 件)和加拿大(188 178 件)，中国(169 248 件)与其他国家相比差距较大，在目标国家中仅稍强于意大利（152 099 件）和俄罗斯（36 318 件）。10 个国家的国外专利申请数量整体都呈现出增长态势，其中，中国的年均增大率最高，达到 26.37%，其次是俄罗斯 7.55%、法国 4.43%，其余各国表现相对平稳，年均增长率维持在 3% 左右（见图 2-45）。

图 2-45　2005—2014 年目标国家常住居民申请国外专利趋势图

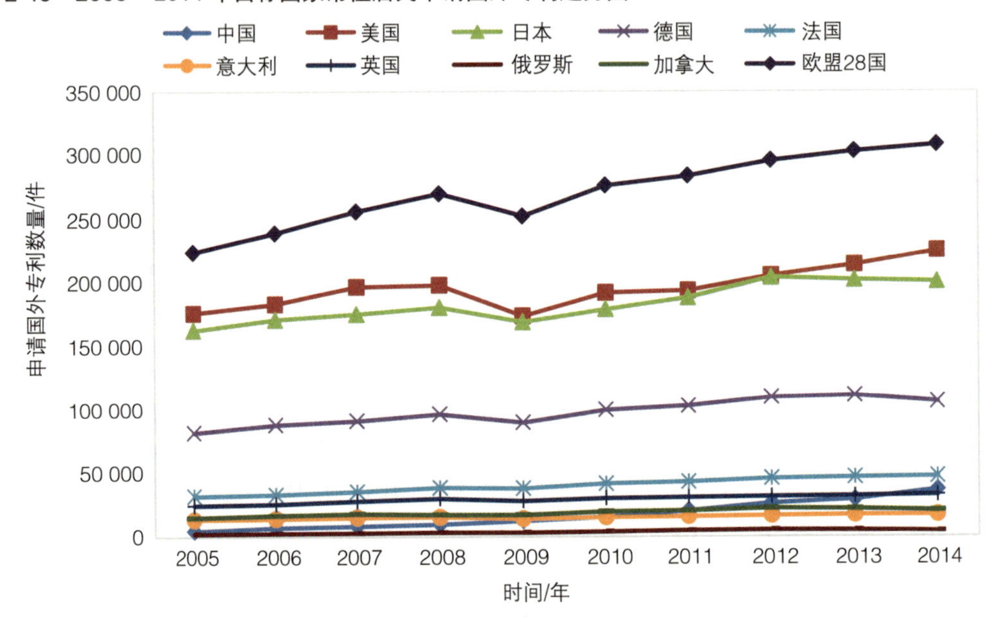

10 个目标国家中，德国、法国、意大利、英国、加拿大和欧盟的国外专利申请量明显高于国内专利申请量，加拿大的国外专利申请量是国内的 3.87 倍，表现其高度重视国际技术市场的竞争。中国近年来也十分重视国外专利申请，增幅明显，表现出全球专利布局的战略，但与发达国家相比还存在很大的差距。

2005—2009 年与 2010—2014 年相比，除美国、中国和意大利外，其他国家国外专利申请量五年增长率[①]明显高于国内，中国的国外专利申请量五年增长率远远超过世界总体水平，高达 205.77%，在专利技术竞争中表现出了出色的活跃度。其余目标国家中俄罗斯、法国、加拿大、欧盟、德国、英国、日本、意大利和美国的国外专利申请量五年增长率分别为 66.57%、26.81%、24.2%、18.25%、18.37%、15.65%、13.45%、13.23% 和 11.08%，均超过世界总体水平，表现出发达国家高度重视全球经济市场的竞争以及专利海外战略性布局。

在国内专利申请量五年增长率方面，中国以 247.02% 排在第 1 位，其次是意大利

① “国外专利申请量五年增长率”与“申请国外专利五年增长率”是同一个概念，其余同。

30.46%、美国 18.09%。值得关注的是日本，英国和加拿大的国内专利申请量五年增长率为负值，结合其国外专利申请情况，可以发现其国内专利申请的放缓和海外市场专利布局的持续增长，体现出这些国家的专利技术布局更倾向于国际技术市场（见图 2-46）。

图 2-46　2005—2009 年与 2010—2014 年目标国家国内外专利申请量比较图

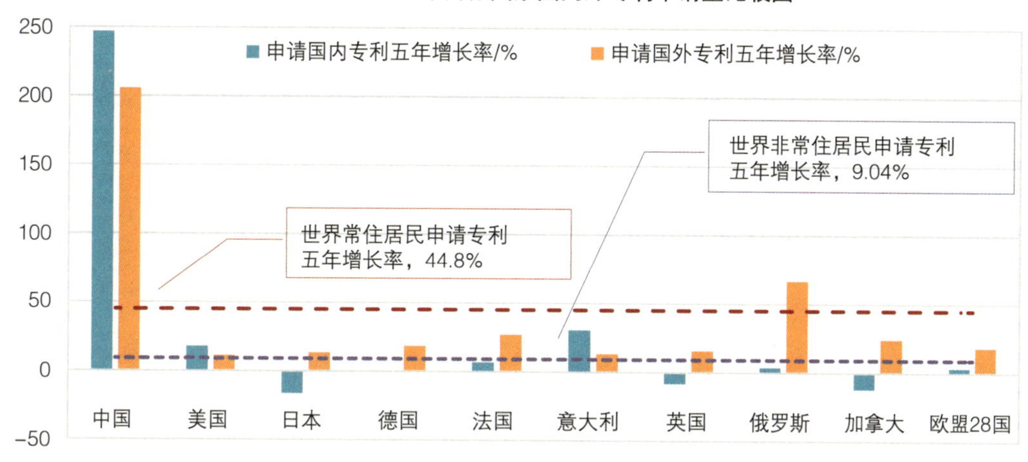

2. 目标国家在本国与国外授权专利对比分析

从本国获得的授权专利方面看，2004—2015 年，日本和美国是获得本国专利授权最多的两个国家，授权量分别是 1 712 225 件和 1 019 528 件，中国（831 845 件）排在第 3 位，2011 年后中国每年获得的授权专利量已超过美国。欧盟（697 992 件）、德国（240 409 件）、俄罗斯（215 989 件）和法国（142 037 件）分别位于第 4 位、第 5 位和第 6 位（见图 2-47）。从年均增长率来看，最高的是中国（25.7%），意大利、加拿大和美国分别是 19.3%、7.85% 和 7.6%，它们均高于世界常住居民专利授权年均增长率 7.5%，其次是日

图 2-47　2005—2014 年目标国家常住居民获国内专利授权趋势图

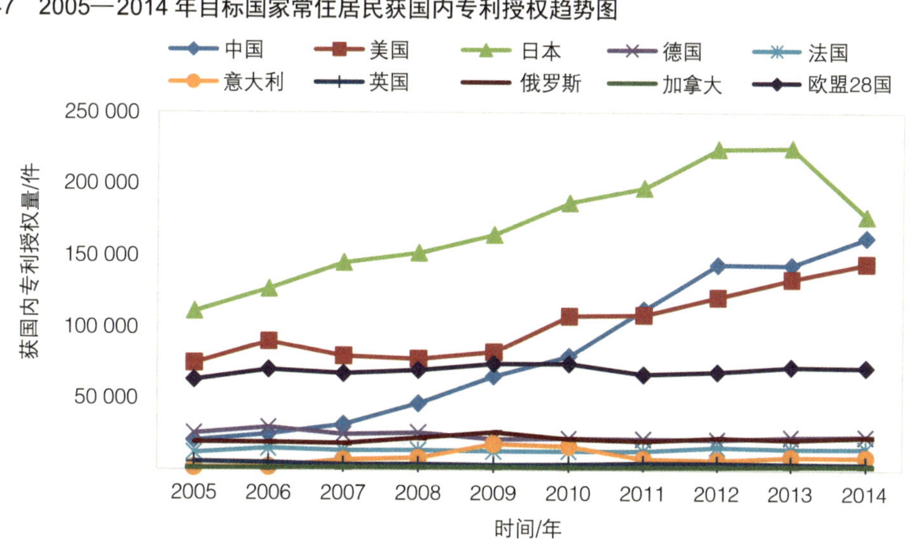

本（5.36%）、法国（2.53%）、欧盟（1.45%），然而英国和德国的年均增长率为 −3.23% 和 −0.84%，出现了负增长。

从国外获得的授权专利方面看，2005—2014 年，获得国外专利授权数量最多的国家依次是欧盟、日本、美国、德国、法国和英国，授权专利数量分别为 1 273 501 件、999 898 件、860 336 件、479 577 件、201 788 件和 128 153 件。其次是加拿大 78 076 件、意大利 76 708 件。中国 52 931 件，仅高于俄罗斯 17 631 件（见图 2-48）。年增率最快的国家是中国，高达 35.8%；俄罗斯为 9.07%，居第 2 位；加拿大为 8.93%，居第 3 位；法国为 7.23%，居第 4 位，其余国家的年均增长率低于世界非常住居民获授权专利年均增长率 6.81%（见图 2-49）。

图 2-48　2005—2014 年目标国家非常住居民获国外授权专利趋势图

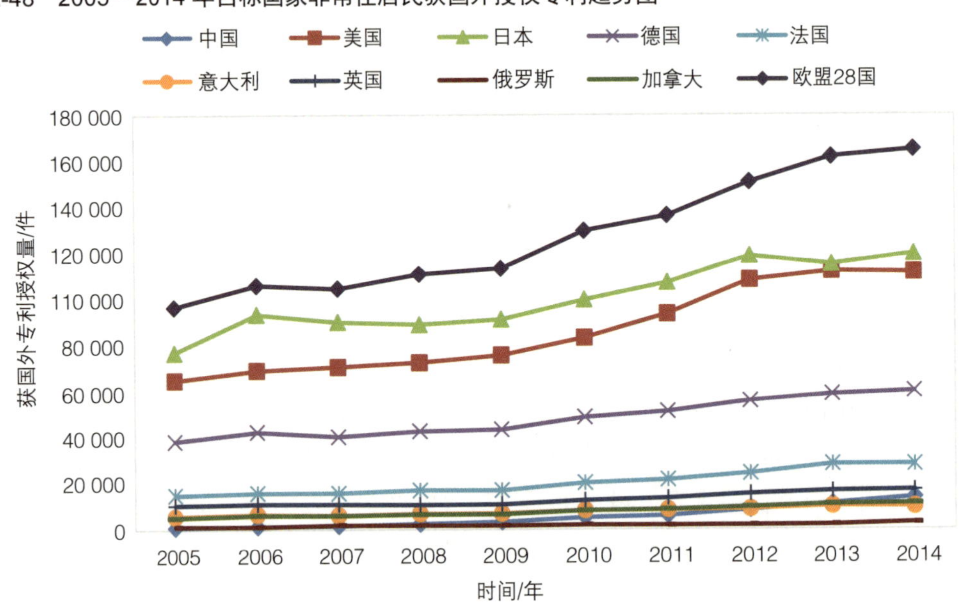

图 2-49　2005—2009 年与 2010—2014 年目标国家国内外专利授权量比较图

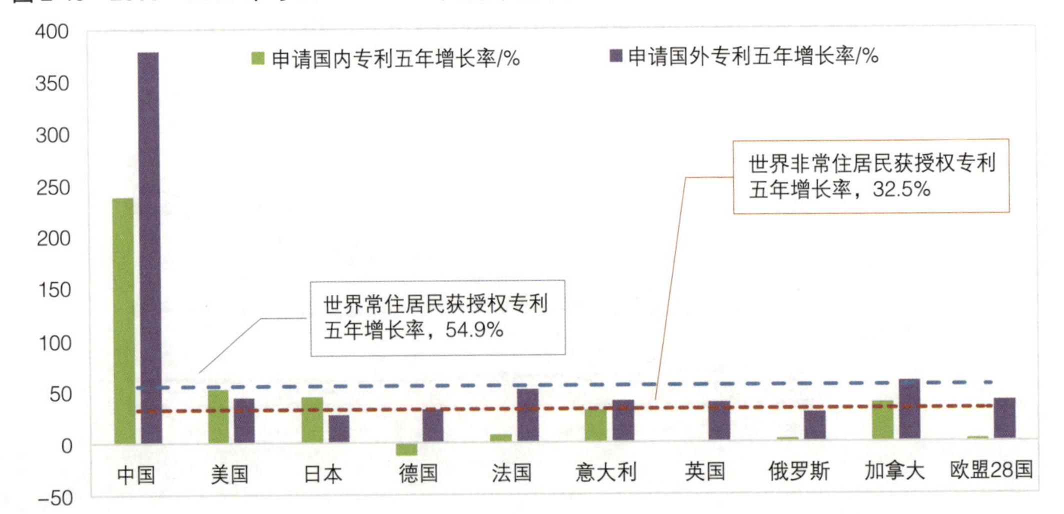

3. 主要国家专利技术水平比较分析

授权专利占申请专利数量的比例可以作为测度国家专利技术水平与竞争特点的指标之一。2005—2014 年世界各国获国内授权专利占申请专利数量比例的总体平均水平为 41.9%。意大利、俄罗斯、法国、日本和加拿大在本国获授权专利与申请专利的比例超过世界总体水平，美国和欧盟接近世界总体水平，德国、中国和英国相对较低（见图 2-50）。

图 2-50　目标国家国内外授权专利和申请专利数量比例图

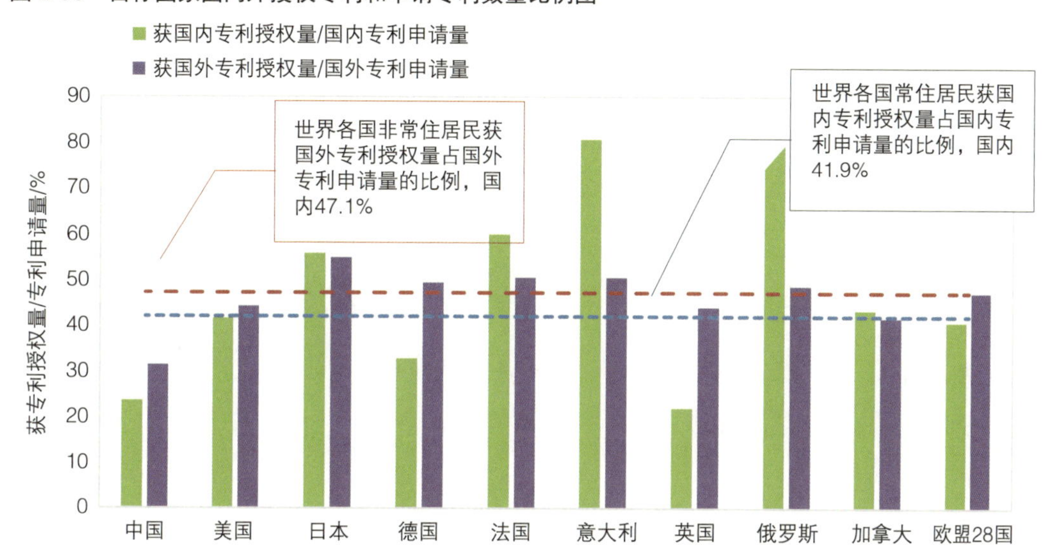

2005—2014 年世界各国获国外授权专利占申请专利数量比例的总体平均水平为 47.1%。日本、法国、意大利、德国和俄罗斯获国外专利授权量与申请量的比例均超过了世界总体水平，欧盟、美国和加拿大接近世界总体水平，中国与世界总体水平相差较多。意大利、俄罗斯和加拿大获国外授权量的比例低于获国内授权量的比例，日本二者比例基本一致，其余目标国家获国外授权量的比例均高于获国内授权量的比例，特别是德国和英国。

4. 主要国家专利申请量和授权量占世界总量的比例分析

2005—2014 年，从在本国与国外专利的申请量和授权量占世界总量的比例看，日本、美国和欧盟具有绝对优势，尤其是欧盟，在国外的专利申请量和授权量占世界总量比例居第 1 位，德国在国外的专利申请量和授权量所占比例相对较高，中国在国内的专利申请量占世界总量比例居第 1 位，授权量占世界总量的比例居第 3 位，但在国外的申请量和授权量上比例明显较低（见表 2-37）。

表 2-37　2005—2014 年各国专利申请量与授权量占世界总量的比例

国别	专利申请量占世界总量的比例 /%		专利授权量占世界总量的比例 /%	
	国内	国外	国内	国外
中国	27.5	2.2	15.4	1.4
美国	19.1	24.8	18.9	23.2
日本	23.9	23.2	31.7	27.0
德国	5.7	12.4	4.5	13.0
法国	1.8	5.1	2.6	5.5
意大利	0.9	1.9	1.6	2.1
英国	1.6	3.7	0.9	3.5
俄罗斯	2.1	0.5	4.0	0.5
加拿大	0.4	2.4	0.4	2.1
欧盟	13.4	34.4	12.9	34.4

5. 主要国家 PCT 国际申请数量和趋势分析

根据世界知识产权组织公布的 PCT 专利申请情况进行统计[①]，得到中国、八大工业国、欧盟主要国家的 PCT 申请量。2005—2014 年，美国、日本的 PCT 申请总量一直领先。中国的 PCT 申请量在近 10 年也呈现稳步增长的趋势，且在 2013 年超过德国，成为全球 PCT 申请量排名第 3 位的国家。2014 年，美国仍是 PCT 框架下专利申请总量最多的国家，达 61 492 件，同比增长 7.1%，占全球数量的 28.7%；其次是日本（42 459 件），占 19.8%；中国排在第 3 位，在 PCT 框架下共提交 2.553 9 万件专利申请，较 2013 年增长 18.7%，是全球唯一一个实现两位数增长的国家，占总量的 11.9%（见图 2-51）。

在 11 个欧盟主要国家中，荷兰和瑞典的 PCT 申请量较多，其次是芬兰（见图 2-52）。

2014 年在 PCT 申请量排名前 10 位的专利权人中，美国有三家公司入选，中国两家，日本两家，瑞典、德国和荷兰各一家。华为技术有限公司以 3 442 件专利申请量超越日本松下公司，成为 2014 年最大专利申请者；美国高通公司位列第 2 位，专利申请量为 2 409 件；中兴通讯股份有限公司以 2 179 件专利申请量位列第 3 位（见表 2-38）。此外，腾讯科技、深圳华星光电、京东方、华为终端也分别位列第 17、23、34 和 46 位。

---

① http://www.wipo.int/ipstats/en/statistics/country_profile/#S.

图 2-51　2005—2014 年目标国家 PCT 国际申请量变化趋势图

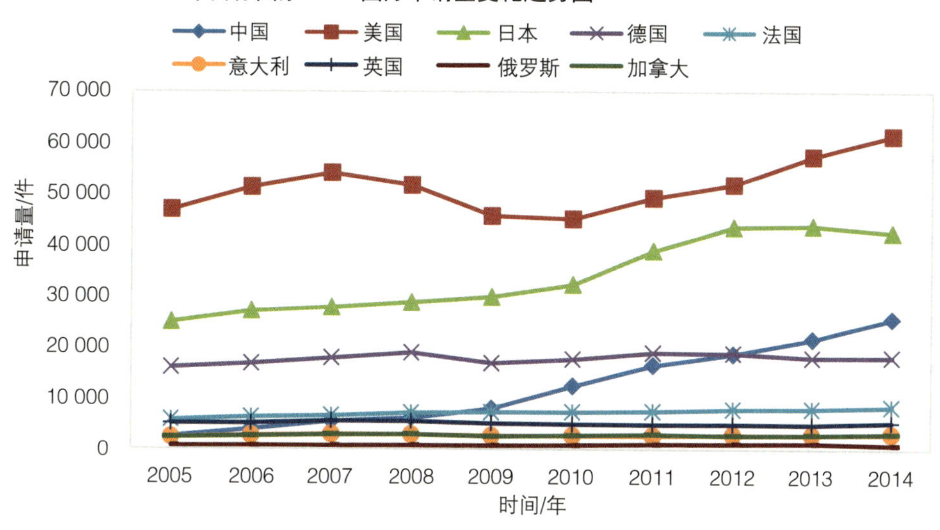

图 2-52　2005—2014 年欧盟主要国家的 PCT 年度申请趋势图

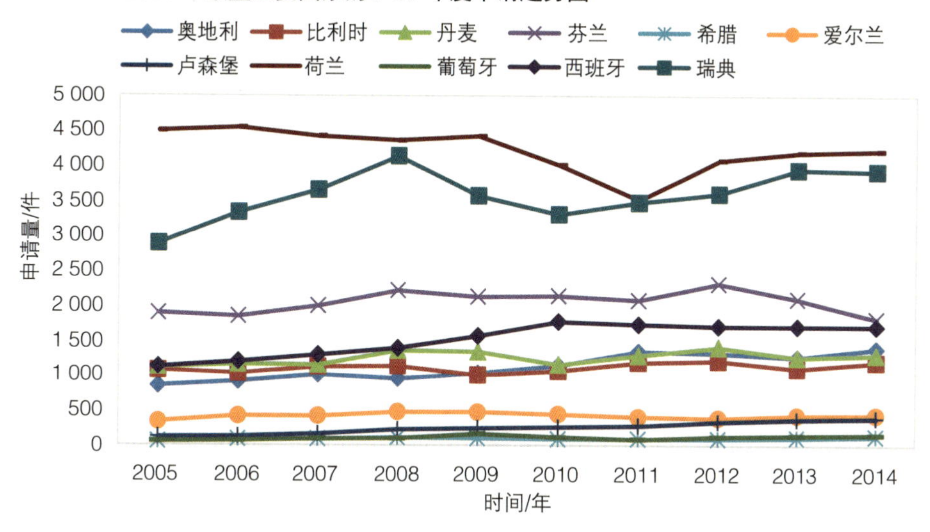

表 2-38　2014 年 PCT 申请量排名前 10 位的专利权人

排名	专利权人	申请量 / 件	所属国家
1	华为科技股份有限公司	3 442	中国
2	高通公司	2 409	美国
3	中兴通讯股份有限公司	2 179	中国
4	松下公司	1 682	日本
5	三菱电机公司	1 593	日本

续表

排名	专利权人	申请量 / 件	所属国家
6	英特尔公司	1 539	美国
7	爱立信公司 (PUBL)	1 512	瑞典
8	微软公司	1 460	美国
9	西门子有限公司	1 399	德国
10	皇家飞利浦电子公司	1 391	荷兰

6. 主要国家三方专利申请分析

三方专利是指在欧洲专利局、日本专利局和美国专利商标局同时申请的一组专利。这是由经济合作与发展组织（Organization for Economic Co-operation and Development，OECD）提出的科学可行的评价创新行为与创新能力的专利指标。根据经济合作与发展组织公开的数据[①]，统计中国、八大工业国、欧盟主要国家三方专利的数量。美国、日本的三方专利量[②]在八大工业国中处于较为明显的优势，排在第 3 位的为欧洲的德国。在八大工业国中，俄罗斯申请的三方专利量最少。中国在近几年申请的三方专利量处于逐年递增的趋势，但绝对数量不具优势（见图 2-53）。

图 2-53　2005—2013 年中国及八大工业国的三方专利申请趋势图

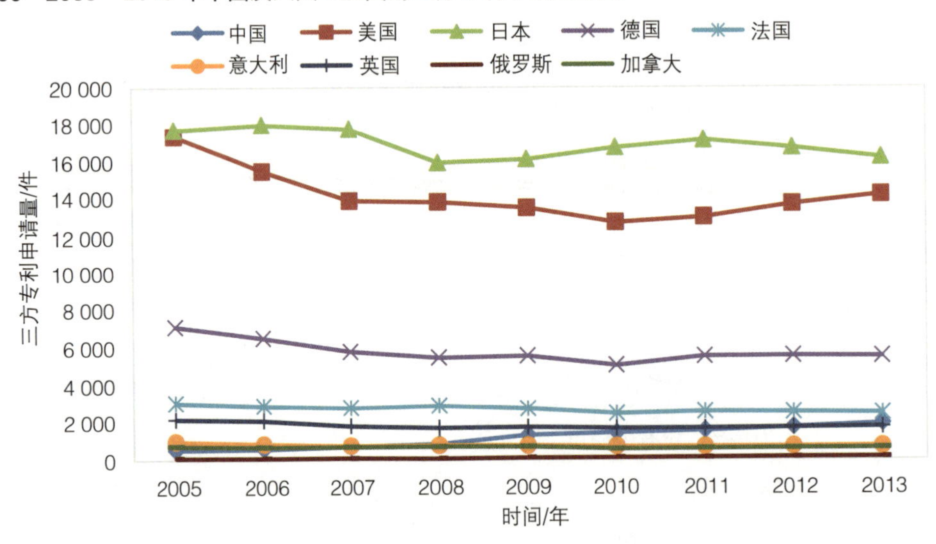

① https://data.oecd.org/rd/triadic-patent-families.htm.
② 即三方专利申请量。

欧盟主要国家中荷兰和瑞典的三方专利申请量在近几年呈现较为明显的下降趋势。其他欧盟主要国家的三方专利申请量变化不明显（见图 2-54）。

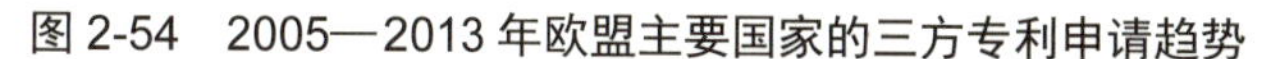

图 2-54　2005—2013 年欧盟主要国家的三方专利申请趋势

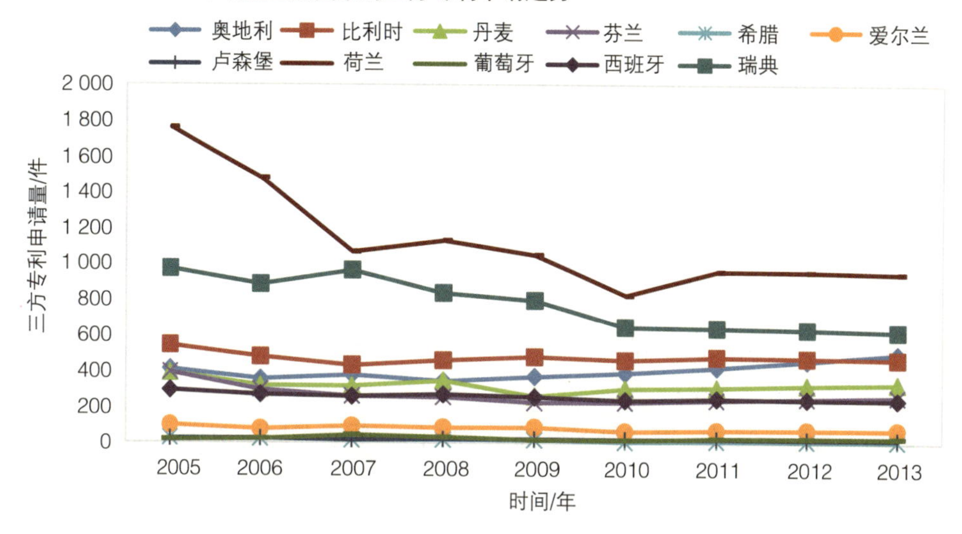

第五节　小结

本章通过对国内科技论文、国际科技论文、国内专利、国际专利进行分析，得出以下主要结论：

（一）10 年内，国内科技论文总量呈增长趋势，近 5 年保持相对平稳

2009 年以来论文的总量基本处于相对平稳的状态。

2015 年，我国国内科技论文总量近 59 万篇，较 2014 年有一定程度下降。

（二）国内基础学科科技论文所占比重整体为减少趋势，医药卫生类所占比重整体为增加趋势

基础学科所占的比重在不断减少，2014 年占比 8.55%，2015 年增加到 11.56%；

医药卫生部类自 2007 年以来所占比重呈增加趋势，到 2011 年达到了 45.74%，随后呈下降趋势，到了 2014 年减少到 36.34%，2015 年又小幅增加到 40.98%。

（三）国内科技论文的机构分布继续保持以高校为主

2015 年，高等学校发表论文 38.3 万篇，占论文总数的 64.49%；
科研机构发表论文 6.2 万篇，占 10.42%；
医疗机构发表论文 7.8 万篇，占 13.16%。

（四）10 年内，SCI 收录的国际论文在发表和引用规模上已经进入世界科技强国前列，但论文影响力表现不佳

国际论文数量为 157.85 万篇，占全球总量的 13.56%，仅次于欧盟、美国，排名全球第 3 位；

国际论文被引总频次为 1.42 亿次，占全球引用总量的 9.82%，居欧盟、美国、英国、德国之后，排名全球第 5 位；

引文影响力为 9.05 次 / 篇，排名全球第 130 位，低于美国、英国、德国、日本等传统科技强国，也低于全球平均水平。

（五）不同学科之间 SCI 收录国际论文表现存在差异，化学、材料科学和工程学科具有相对优势

从论文发表数量上看，化学学科发表论文数量最多，为 32.72 万篇，占所有学科领域论文总量的 20.73%；农业科学发表论文数量最少，为 3.52 万篇，占所有学科领域的 2.24%。

从论文被引频次上看，材料科学表现最为突出，占全球引用总量的 23.78%；其次为化学和工程学科，分别占全球引用总量的 18.91% 和 18.06%；相比之下，基础医学学科、临床医学学科表现较差。

（六）国际合作论文在数量和合作国家范围上呈增长趋势，美国是与中国合作论文最多的国家

- 国际合作论文从 2006 年的 1.61 万篇（20.31%）增长到 2015 年的 6.55 万篇（24.01%）；
- 中美国际合作论文数量达到 163 402 篇；
- 与中国合作的亚洲国家主要包括日本、韩国、新加坡、中国台湾。

（七）对比世界主要科技强国，中国科学与工程学科领域近年来依靠论文数量的高速增长，引用份额不断提升，有望在短期内进入领先国家行列

中国近十年论文数量年均增长率在 15% 以上，处于高速发展阶段；相比之下，欧美

等传统国际科技强国论文数量年均增长率在 2% ~ 4%，处于缓慢增长阶段；日本论文数量甚至呈现下降趋势，年均负增长 2%。

中国论文引文份额持续提升，由 2006 年的 5.86% 提升到 2015 年的 20.21%；同时美国论文引文份额持续下降，从 2006 年的 43.43% 下降到 2015 年的 34.69%。

（八）专利申请量和授权量均呈现逐年增长的趋势，特别是近 5 年来，专利申请量大幅增长

2012 年专利申请量超过 200 万件，专利授权量超过 100 万件。

（九）2014 年发明专利国内申请最活跃的三个技术领域是医学、兽医学、卫生学（A61），计算、推算、计数技术（G06），测量、测试（G01）

医学、兽医学、卫生学（A61）技术领域申请的发明专利量最多，达 5.64 万件；
其次是计算、推算、计数技术（G06）领域，申请量达 4.800 万件；
测量、测试（G01）技术领域排在第 3 位，申请量达 4.72 万件。

（十）2014 年发明专利申请量、授权量居前 10 位的国内企业主要涉及通信、互联网以及石油化工领域

申请量排名前 3 位的为国家电网公司、华为技术有限公司、中国石油化工股份有限公司。

授权量排名前 3 位的为华为技术有限公司、中兴通讯股份有限公司、中国石油化工股份有限公司。

（十一）中国 PCT 专利申请量呈现稳步增长的趋势，2014 年中国 PCT 专利申请量排名全球第 3 位

2014 年，中国 PCT 专利申请量为 25 539 件，居美国、日本之后，排名全球第 3 位。

第三章　物理和空间科学学科计量评估

第一节 我国物理和空间科学学科发展概况

根据2016年6月Incites最新统计数据显示，我国10年内（2006年1月1日至2015年12月31日）共有209 682篇物理和空间科学学科论文被SCI收录，占全球物理和空间科学学科论文总量的17.72%，仅次于欧盟、美国，排名全球第3位。

在10年统计期间，我国物理和空间科学学科论文被引总频次为1 925 183次，占全球引用总量的13.22%，位居欧盟、美国、德国之后，排名全球第4位。

相比论文数量和引用规模指标，我国物理和空间科学学科的论文影响力表现不佳。其中，引文影响力指标即论文篇均被引频次为9.18次，排名全球第94位，低于美国、英国、德国、法国、意大利等欧美国家和日本、韩国、印度等亚洲国家，也低于全球平均水平。我国物理和空间科学学科论文被引百分比为78.56%, 低于全球平均水平。

在论文合作方面，我国物理和空间科学学科共有49 643篇国际合作论文和881篇横向合作论文，分别占我国发表SCI论文数量的23.68%和0.42%。

中国在顶级论文上表现一般。我国物理和空间科学学科共有高被引论文1 833篇，占全球高被引论文总量的15.69%。2016年6月的InCites数据显示，我国当期共有物理和空间科学学科热点论文41篇，占全球热点论文总量的17.32%。

从论文国家分布和排名情况看，全球物理和空间科学学科较为发达的国家主要分布在北美、欧洲和亚洲。美国、德国、英国、法国、意大利、俄罗斯等欧美国家在论文总被引频次和论文数量上均进入全球前10位，加拿大在论文被引频次上进入全球前10位，中国、日本等亚洲国家在论文总被引频次和论文数量上均进入全球前10位，印度、韩国在论文数量上进入全球前10位。印度、中国、俄罗斯在引文影响力上明显低于欧美等科技发达国家，说明虽然三国在物理和空间科学学科的研究规模上已经与欧美等科技强国不相上下，但在论文质量上还有一定差距。详细概览数据和排名情况见表3-1和图3-1。

表3-1 中国概览数据

Web of Science 论文数	209 682	论文数量全球百分比	17.72
被引频次	1 925 183	被引频次全球百分比	13.22
引文影响力	9.18	论文被引百分比	78.56
国际合作论文	49 643	国际合作论文百分比	23.68
横向合作论文	881	横向合作论文百分比	0.42
高被引论文	1 833	高被引论文全球百分比	15.69
热门论文	41	热门论文全球百分比	17.32

图 3-1　主要国家 / 地区论文排名情况

主要国家 / 地区的论文篇数排名		主要国家 / 地区论文被引频次排名		主要国家 / 地区引文影响力排名	
1 欧盟	451 702	1 欧盟	6 752 380	16 美国	20.30
2 美国	294 168	2 美国	5 972 952	17 英国	19.87
3 中国	209 682	3 德国	2 472 386	19 加拿大	19.70
4 德国	135 573	4 中国	1 952 183	29 德国	18.24
5 日本	113 438	5 英国	1 820 827	40 法国	16.74
6 法国	96 658	6 法国	1 618 316	44 意大利	16.29
7 英国	91 656	7 日本	1 430 320	50 欧盟	14.95
8 俄罗斯	87 089	8 意大利	1 129 391	58 日本	12.61
9 意大利	69 338	9 西班牙	880 118	93 印度	9.20
10 印度	53 216	10 加拿大	776 837	94 中国	9.18
13 加拿大	39 429	11 俄罗斯	724 126	102 俄罗斯	8.31

说明：数据来源于 InCites，时间范围为 2006—2015 年。

第二节　目标国家对比分析

（一）论文数量发展趋势对比分析

目标国家物理和空间科学学科论文数量发展趋势见图 3-2。从图 3-2 可以看出，2006 年至 2015 年目标国家物理和空间科学学科论文数量整体处于增长趋势，欧盟、美国、中国分别位于目标国家中论文数量的前 3 位，中国 2015 年论文数量已经接近美国。

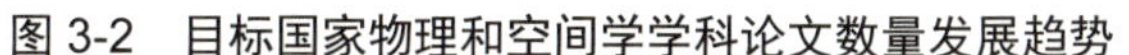

图 3-2　目标国家物理和空间学学科论文数量发展趋势

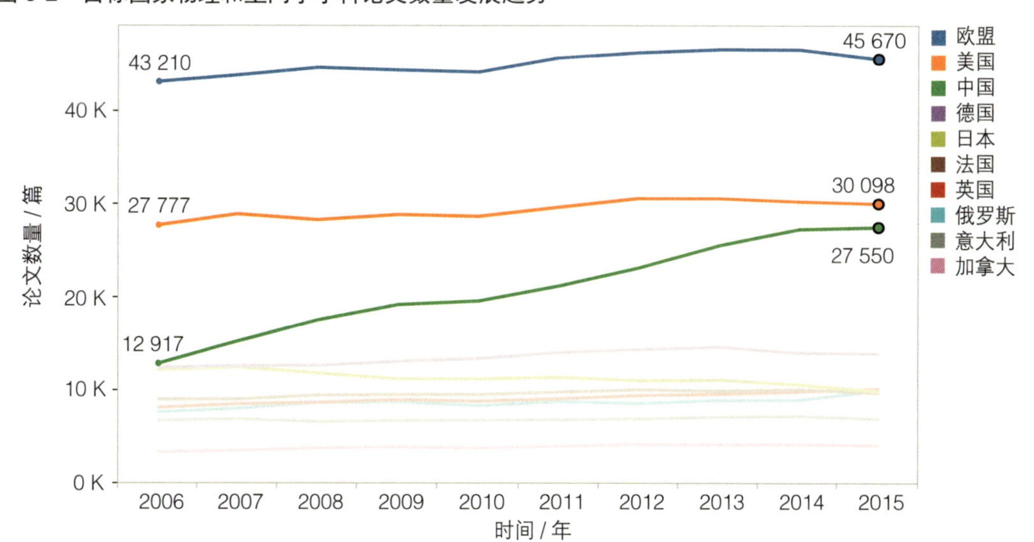

图 3-3 计算了目标国家物理和空间科学学科在 2010—2015 年度的论文数量年增长率，可以更清楚地展现出不同国家的发展态势。中国论文进入快速发展阶段，年均增长率在 6% 以上，增长速度明显高于其他国家 / 地区，但 2014 年后增长率明显放缓，2015 年的增长率为 0.72%；美国、英国、德国、加拿大、法国、意大利、欧盟论文数量年均增长率在 2% 以下，属于缓慢增长阶段，某些年份出现负增长；日本论文年均负增长率为 −3%；俄罗斯的年增长率波动较大，年均增长率为 2%，2015 年的增长率最高，达到 11.12%，明显高于其他国家 / 地区。

图 3-3　论文数量年增长率（2010—2015 年）

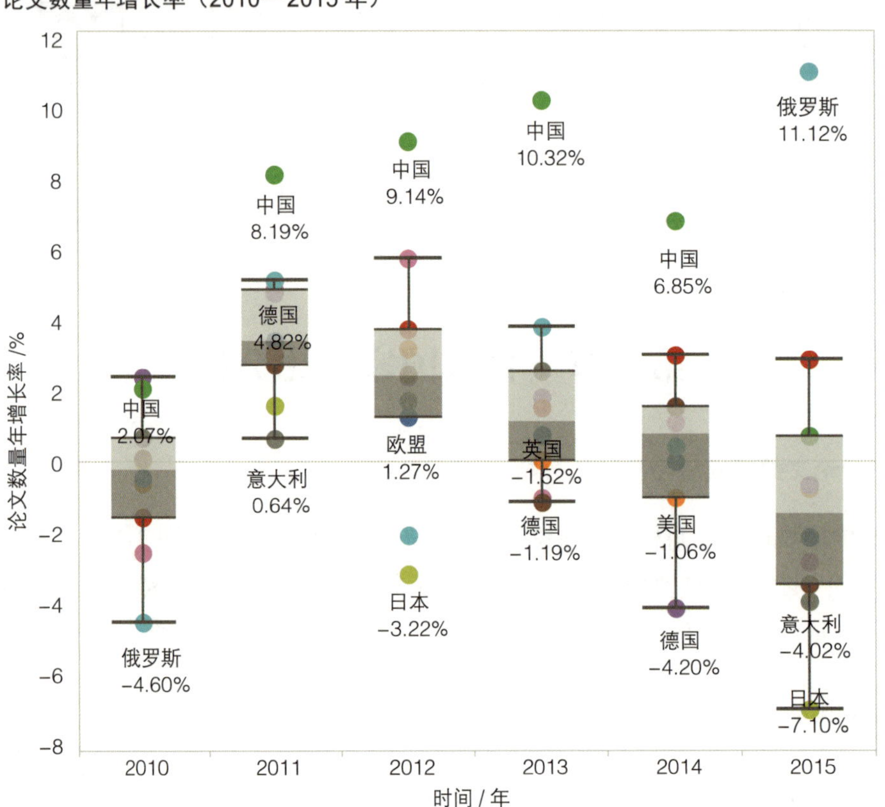

（二）论文引用份额对比分析

目标国家 2006—2015 年物理和空间科学学科论文引用份额发展趋势见图 3-4。

从图 3-4 可以看出，2006 年至 2015 年欧盟论文引用份额基本保持稳定，美国出现小幅下降，而中国的论文引用份额得到较快增长，由 2006 年的 9.25% 提升到 2015 年的 19.67%，并在 2013 年首次超过德国，论文引用份额位居欧盟和美国之后。

图 3-4 论文引用份额发展趋势

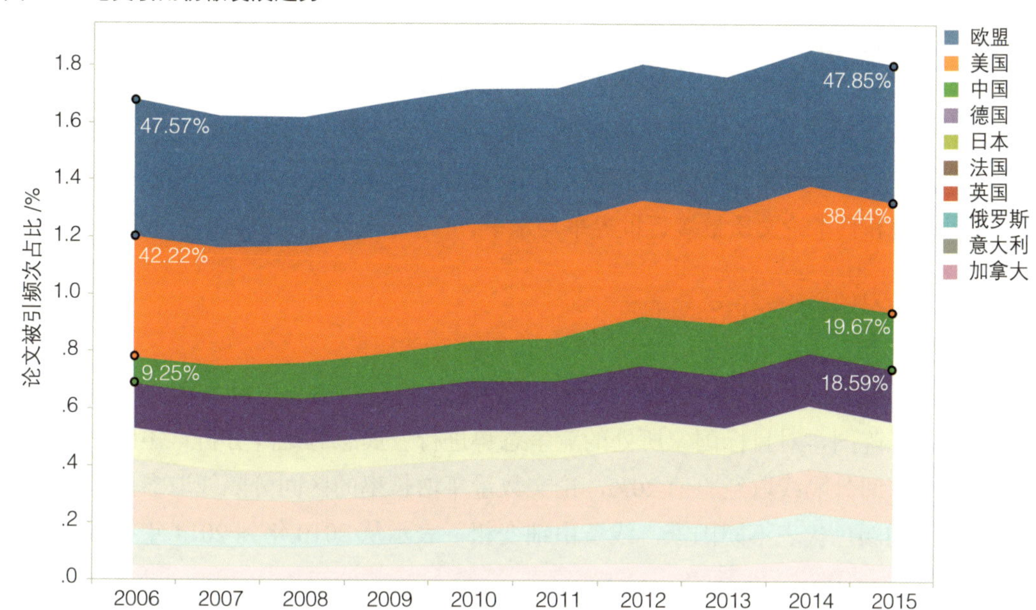

（三）论文影响力对比分析

图 3-5 以 2014 年的引文影响力、相对于全球平均水平的影响力、论文被引百分比和平均百分位四个指标，将目标国家的论文影响力与全球平均值进行对比分析。

图 3-5 全球与目标国家论文影响力指标（2014 年）

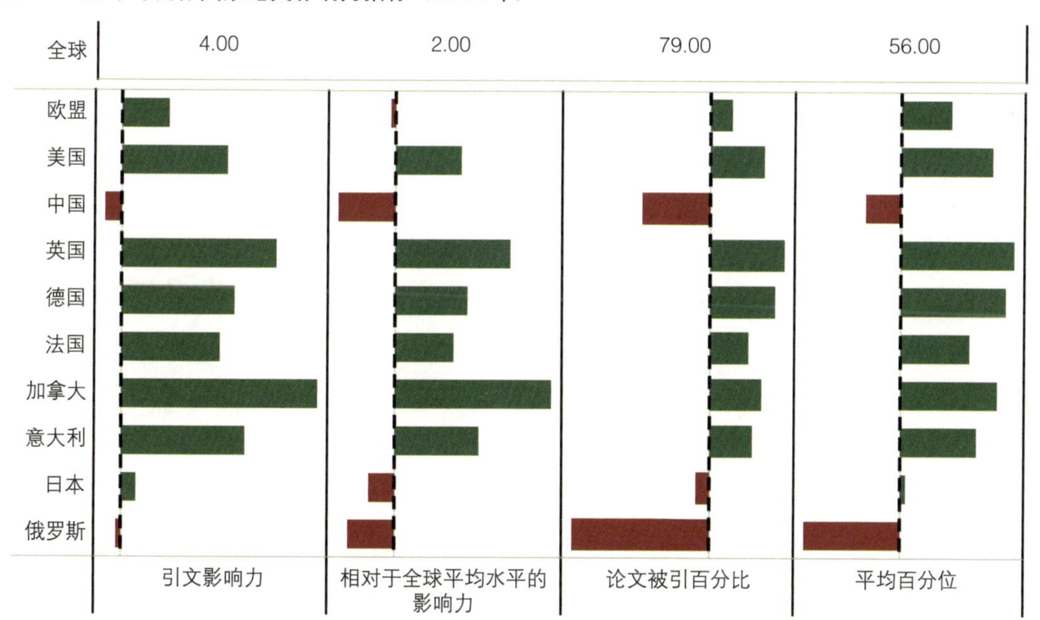

说明：图中以虚线代表的全球影响力指标为基准展示目标国家论文影响力。红色表示目标国家影响力指标低于全球，绿色表示目标国家影响力指标高于全球。由于平均百分位数值越大，表示论文质量越低，为与前三个指标保持一致，这里在显示上采用倒序处理。

可以看到，美国、英国、德国、法国、加拿大和意大利的四个影响力指标均高于全球平均水平，表明这些国家的论文质量表现良好，其中加拿大和英国明显高于全球平均水平和其他国家。与之相反，中国、俄罗斯的四个影响力指标均明显低于全球平均水平，表明其论文质量表现不佳。欧盟在相对于全球平均水平影响力指标上略低于全球平均水平，日本在相对于全球平均水平的影响力和论文被引百分比两个指标上低于全球平均水平，表明欧盟和日本论文质量接近世界平均水平。

（四）发展态势矩阵分析

图 3-6 是基于 2010 年和 2014 年两个年度的论文数量年增长率和被引频次份额两个指标构建的矩阵图，对目标国家所处的竞争态势进行发展态势矩阵分析。矩阵图中被引频次份额的区间分隔线取经验值 20%，论文数量年增长率的区间分隔线取参照国家平均增长率。不同颜色代表不同国家，线条由细变粗，表示从 2010 年到 2014 年各国位置的变化情况。

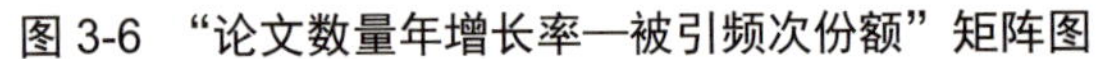

图 3-6 “论文数量年增长率—被引频次份额”矩阵图

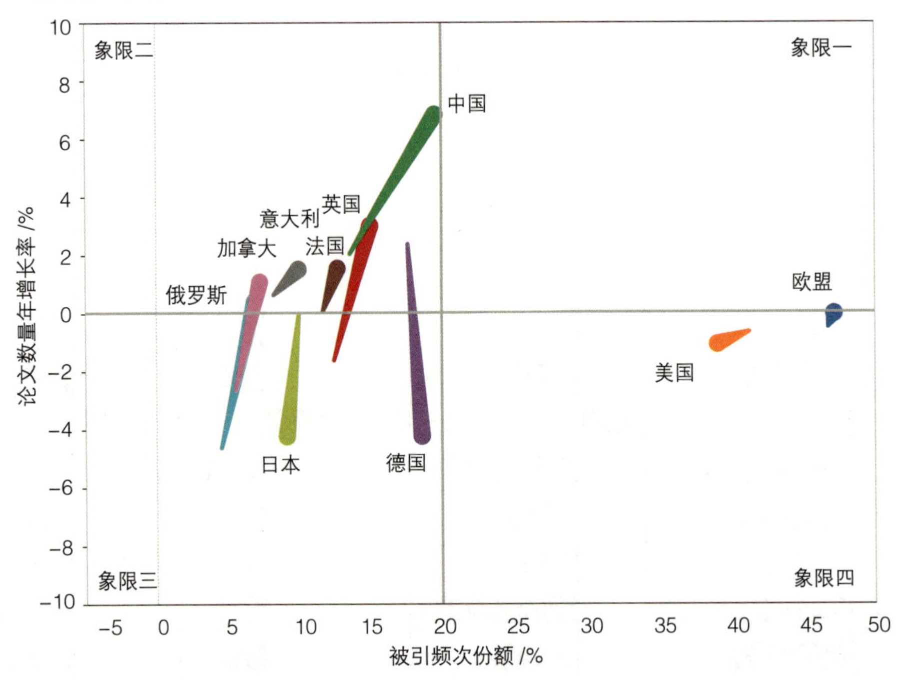

说明：被引频次份额的区间分隔线取经验值 20%，论文数量年增长率的区间分隔线取目标国家平均增长率。不同颜色代表不同国家，线条由细变粗，表示从 2010 年到 2014 年各国位置的变化情况。

矩阵图中第一象限的特征是被引频次份额且论文数量年增长率均较高，代表处于优势竞争地位，第二象限的特征是论文数量年增长率较高但被引频次份额较低，代表具有发展潜力和机会，可能进入第一象限，但也有可能跌入第三象限；第三象限的特征是论

文数量年增长率和被引频次份额均较低，代表细分领域的竞争者；第四象限的特征是论文数量年增长率较低但被引频次份额较高，代表处于稳定成熟发展阶段，但面临被竞争者超越或自身竞争实力衰退的威胁。

从图 3-6 中可以看出，中国逐渐接近第一象限，表示中国物理和空间科学学科如果能保持较高的增长速度，将有可能从有发展潜力者成为领导者。美国、欧盟始终位于第四象限与第一象限边界，表示其已经进入成熟的稳定发展期，依然占据领先者的位置。

处于第二象限的俄罗斯、加拿大、意大利、法国、英国是具有未来发展潜力的国家。相比之下，日本和德国发展速度出现负增长，特别是日本，其引用份额开始下降，在竞争中处于劣势地位。

（五）顶级论文对比分析

目标国家顶级论文（包括高被引论文和热点论文）数量和百分比见图 3-7。

图 3-7　目标国家顶级论文数量和百分比

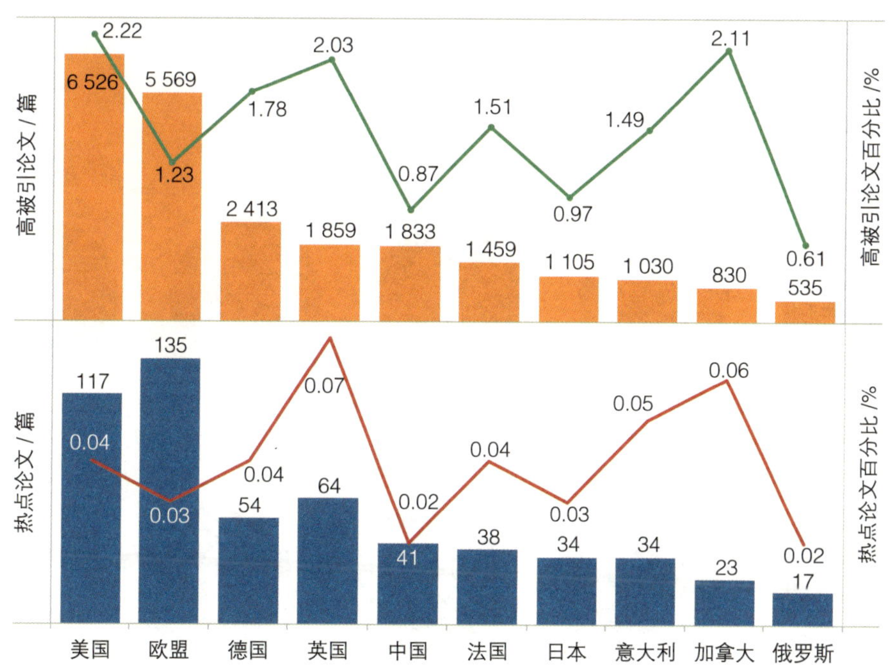

在高被引论文方面，美国以 6 526 篇居于目标国家的首位，中国位于美国、欧盟、德国、英国之后，有 1 833 篇高被引论文。美国的高被引论文百分比最高，占美国物理和空间科学学科论文的 2.22%。美国、德国、英国、法国、意大利和加拿大的高被引论文百分比均超过 1% 的期望值，而中国、日本和俄罗斯则低于 1% 的期望值。

在热点论文方面，欧盟以 135 篇居于目标国家的首位，英国的热点论文百分比最高，为 0.07%，中国以 41 篇位居欧盟、美国、德国、英国之后，热点论文占中国物理和空间科学学科论文总量的 0.02%。

（六）高影响力机构对比分析

图 3-8 是对物理和空间科学学科进入全球 ESI 的排名，即被引频次排名全球前 1% 的机构按照类型和目标国家的分布统计情况。

图 3-8 ESI 全球前 1% 机构

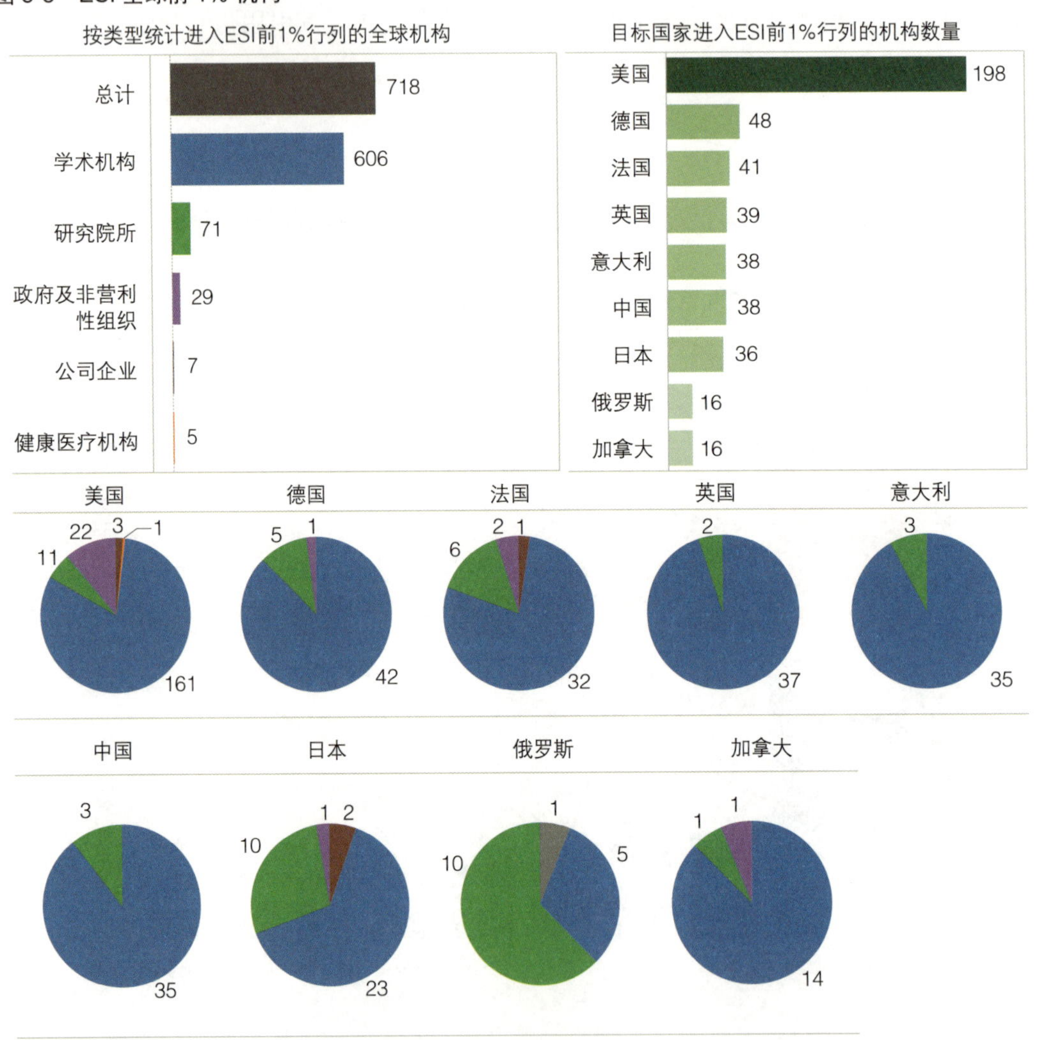

全球物理和空间科学学科进入 ESI 的机构共有 718 家，美国进入 ESI 的机构数量高达 198 个，处于全球领先的位置，中国以 38 家机构位于美国、德国、法国、英国之后。

全球物理和空间科学学科进入 ESI 的机构大多集中在学术机构。除了学术机构外，研究院所、政府及非营利性组织、公司企业、健康医疗机构均有进入。中国进入 ESI 的 38 家机构包括 35 家学术机构和 3 家研究院所。

（七）中国高影响力机构

按照被引频次统计，中国进入 ESI 的前 20 家机构见表 3-2。

表 3-2　按照被引频次中国进入 ESI 的前 20 家机构

位次	机构	被引频次/次	论文数量/篇	高被引论文/篇	国际合作论文/篇	引文影响力	h 指数
1	中国科学院	626 680●	54 132●	675●	13 795●	14. 46	190●
2	中国科学技术大学	140 884	9 843	195	3 503	16.49	125
3	北京大学	136 822	9 079	201	3 754	16.10	115
4	清华大学	128 533	9 862	193	2 846	15.43	121
5	南京大学	86 106	6 747	100	1 997	13.90	90
6	浙江大学	78 630	6 791	86	2 013	13.88	94
7	上海交通大学	57 158	5 514	77	1 617	12. 54	76
8	山东大学	56 186	4 285	76	1 334	15. 50	78
9	复旦大学	51 205	4 323	76	1 276	14.31	81
10	吉林大学	39 605	3 856	36	737	12.55	68
11	华中科技大学	38 840	5 202	29	768	9.74	60
12	南开大学	37 423	3 133	60	770	14.74	76
13	中山大学	36 599	2 773	66	841	15.87	65
14	中国科学院大学	34 969	4 735	33	815	8.64	66
15	哈尔滨工业大学	33 758	4 865	19	804	9.00	57
16	大连理工大学	30 147	3 295	20	545	11.34	64
17	西安交通大学	29 272	3 980	21	873	9.69	56
18	华中师范大学	28 194	1 849	56	806	18.51●	76
19	东南大学	27 100	2 757	31	557	12.60	65
20	北京师范大学	26 643	2 512	32	579	11.80	63

说明：数据来自 InCites，因为统计规则和范围不同，导致与 ESI 中的数据可能有不同。圆点表示本机构在当前指标排名第 1 位。

中国科学院在被引频次、论文数量、高被引论文、国际合作论文、h 指数等多项指标上都位居中国进入 ESI 的前 20 家机构首位。中国科学技术大学则位居中国学术型机构被引频次排名的首位。华中师范大学在引文影响力指标上位居 20 家机构的首位。

第三节　我国论文合作情况分析

（一）论文合作发展趋势

图 3-9 是中国国际合作论文和横向合作论文数量和百分比的发展趋势。

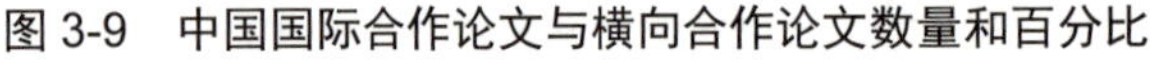
图 3-9　中国国际合作论文与横向合作论文数量和百分比

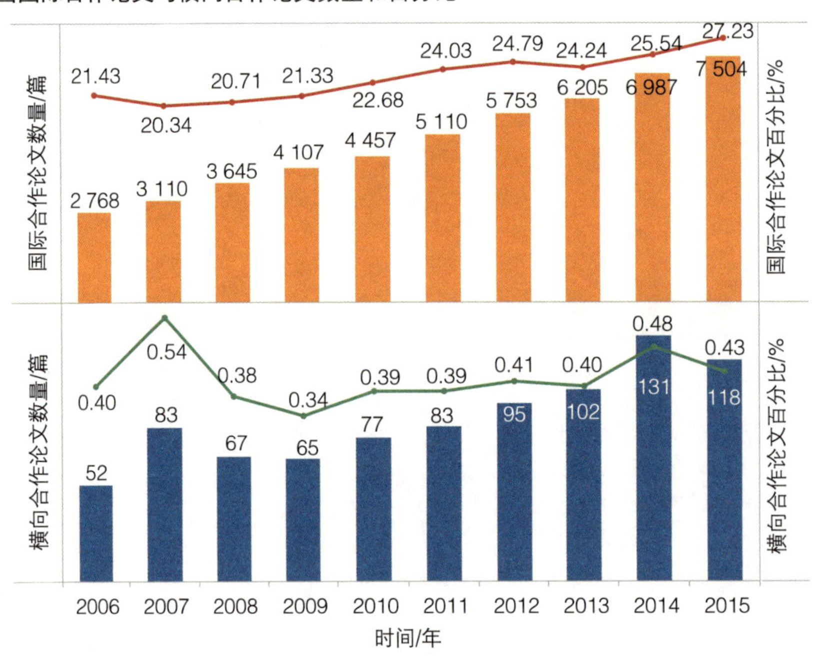

2006—2015 年，我国物理和空间科学学科国际合作论文数量和百分比呈逐步上升趋势，从 2006 年的 2 768 篇（21.43%）增长到 2015 年的 7 504 篇（27.23%）。相比之下，我国物理和空间科学学科横向合作论文在数量和百分比上呈波动趋势，2007 年横向合作论文占比最高为 0.54%，2015 年论文数量增长到 118 篇，但横向合作论文百分比下降 0.43%。

（二）主要合作国家和发展趋势

图 3-10 给出了与我国在物理和空间科学学科合作论文排名前 10 位的国家和合作论文发展趋势。美国是与中国合作论文数量最多的国家，国际合作论文数量达到 22 399 篇，并且合作论文数量呈快速增长趋势，从 2006 年的 1 157 篇增长到 2015 年的 3 637 篇。与中国合作的亚洲国家主要包括日本、韩国。

图 3-10 中国主要合作国家和发展趋势

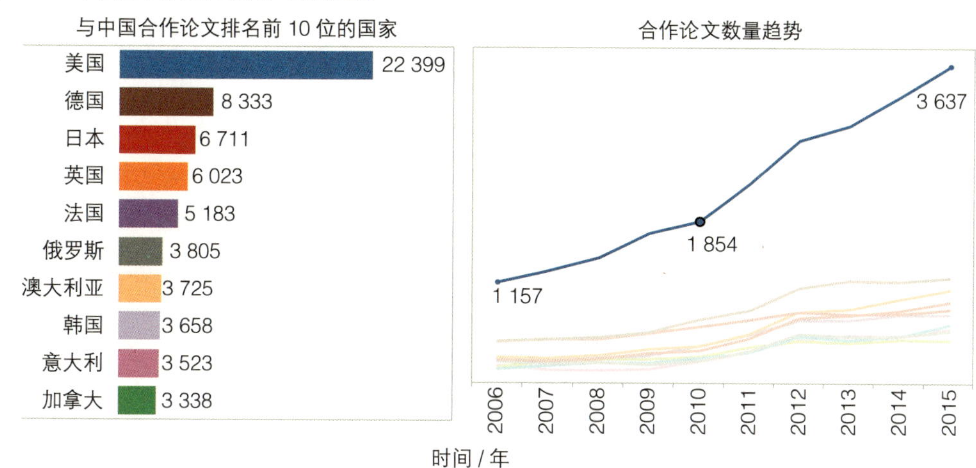

（三）中国国际合作论文的收益分析

图 3-11 是基于论文百分位指标对中国国际合作论文的收益进行分析。可以看到，物理和空间科学学科中国国际合作论文的平均百分位低于中国所有论文，即中国国际合作论文的平均水平高于整体平均水平，这也说明中国物理和空间科学学科从国际合作中获得收益。

图 3-11 基于论文百分位的中国国际合作论文分析

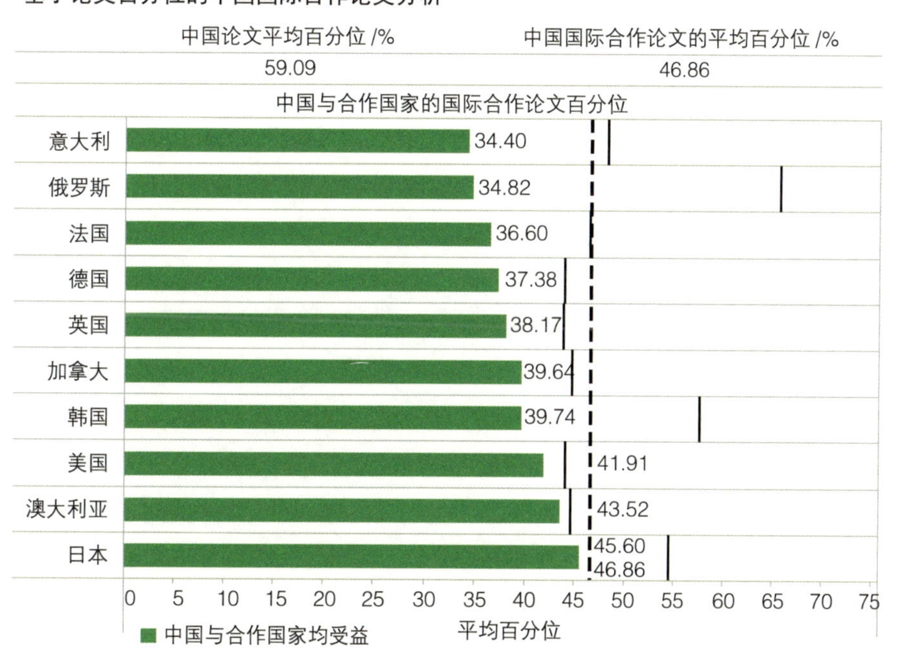

说明：图中条状图数值是中国与合作国家的国际合作论文百分位。短实线代表与中国合作国家的论文百分位，长虚线代表中国国际合作论文百分位。条状图的颜色代表中国与合作国家的合作受益情况。

进一步将中国主要合作国家的国际合作论文百分位指标与中国国际合作论文百分位和合作国家论文百分位进行比较，如图 3-11 所示，可以得到以下结果：

中国与意大利、俄罗斯、法国、德国、英国、加拿大、韩国、美国、澳大利亚、日本的合作提升了合作双方的论文水平，即中国与合作国家均从国际合作中获得收益。

鉴于以上分析结果，在物理和空间科学学科领域，在某种程度上应更多鼓励中国与意大利、俄罗斯、法国、德国、英国、加拿大、韩国、美国、澳大利亚、日本等国开展国际合作。

第四节　我国高被引论文表现分析

（一）高被引论文合著分析

图 3-12 是中国物理和空间科学学科高被引论文的平均合著者和平均合著机构统计。

图 3-12　中国高被引论文合著分析

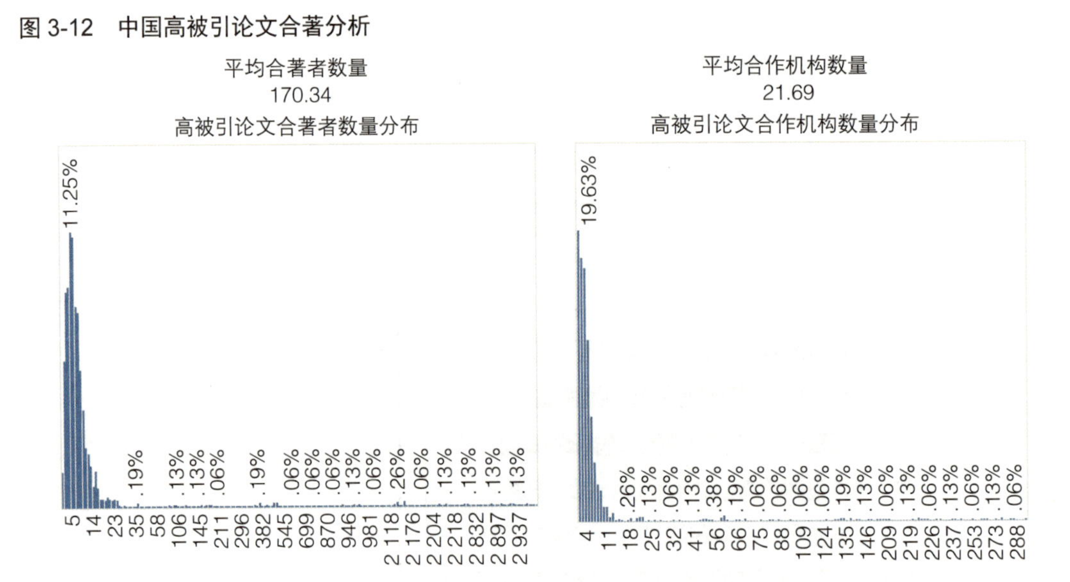

中国物理和空间科学学科高被引论文的篇均作者数量为 170.34，论文作者分布主要集中在 3 ～ 8 人，作者数量最高达到 3 060 人。中国物理和空间科学学科高被引论文的篇均机构数量为 21.69，合作机构数量主要集中在 1 ～ 4 家，合作机构数量最高达到 298 家。

（二）高被引论文主导性分析

高被引论文代表了一个国家在高水平研究成果方面的产出能力，在高水平论文方面做出主要贡献的国家被认为对论文产出具有主导性，可以用高被引论文中中国作者担任第一作者的论文数量占中国高水平论文的百分比来计算主导率。主导率越高，则说明中国作者在高水平研究中的主导性越强，可以认为中国处于主导地位。图 3-13 是第一作者为中国的高被引论文数量和发展趋势。

图 3-13　第一作者为中国的高被引论文数量和发展趋势

从图 3-13 中可以看到，第一作者为中国的高被引论文总计有 1 099 篇，占中国高被引论文总量的 62.37%，说明中国在高被引论文中主导性较弱。从发展趋势上看，中国在物理和空间科学学科高被引论文在 2007 达到最高，为 72.92%，但之后尽管论文数量持续增加，但高被引论文主导性呈下降趋势，2013 年中国作者作为第一作者的高被引论文仅占中国高被引论文的 55.42%，2014 年中国高被引论文主导性又开始提升，2015 年达到 68.75%。

（三）高被引论文来源机构

表 3-3 是统计第一作者为中国的高被引论文按照被引频次排名前 20 位的机构。

表 3-3　按照第一作者统计中国发表高被引论文被引频次排名前 20 位的机构

位次	机构	被引频次 / 次	论文数 / 篇	篇均被引频次 / 次
1	中国科学院	32 841●	229●	143.41
2	清华大学	10 204	58	175.93
3	北京大学	7 371	53	139.08
4	中国科学技术大学	6 664	51	130.67
5	浙江大学	6 368	39	163.28

续表

位次	机构	被引频次 / 次	论文数 / 篇	篇均被引频次 / 次
6	武汉理工大学	5 255	30	175.17
7	复旦大学	5 118	45	113.73
8	南开大学	4 050	33	122.73
9	华南理工大学	3 191	11	290.09
10	南京大学	3 043	22	138.32
11	吉林大学	2 834	23	123.22
12	东华大学	2 531	5	506.20●
13	山东大学	2 361	18	131.17
14	福州大学	2 192	13	168.62
15	北京师范大学	2 079	16	129.94
16	国家纳米科学中心	2 064	13	158.77
17	华中师范大学	1 890	8	236.25
18	上海交通大学	1 889	16	118.06
19	华东理工大学	1 856	11	168.73
20	厦门大学	1 543	13	118.69

中国科学院在物理和空间科学学科高被引论文被引频次和论文篇数上排名首位，东华大学篇均被引频次最高。

（四）高被引论文来源期刊

表 3-4 是中国高被引论文按被引频次排名前 20 位的来源期刊。期刊 JOURNAL OF PHYSICAL CHEMISTRY C 按照高被引论文被引频次和论文数量排在首位，期刊 NATURE PHOTONICS 的期刊规范化引文影响力和期刊影响因子最高。

表 3-4 中国高被引论文按被引频次排名前 20 位的来源期刊

位次	期刊	被引频次 / 次	论文数量 / 篇	期刊规范化引文影响力	期刊影响因子
1	JOURNAL OF PHYSICAL CHEMISTRY C	32 483●	207●	12.22	4.51
2	NANO LETTERS	17 589	133	14.45	13.78

续表

位次	期刊	被引频次/次	论文数量/篇	期刊规范化引文影响力	期刊影响因子
3	NANOSCALE	14 265	174	12.35	7.76
4	PHYSICAL REVIEW LETTERS	14 201	94	13.47	7.65
5	APPLIED PHYSICS LETTERS	10 269	60	11.63	3.14
6	PHYSICAL REVIEW B	7 817	49	13.45	3.72
7	EPL	4 651	16	19.14	1.96
8	PHYSICAL REVIEW A	3 522	25	12.11	2.77
9	NATURE COMMUNICATIONS	3 507	35	14.13	11.33
10	NATURE PHOTONICS	3 351	9	38.86●	31.17●
11	PHYSICS LETTERS A	2 578	12	12.60	1.68
12	JOURNAL OF APPLIED PHYSICS	2 518	7	12.30	2.10
13	PHYSICAL REVIEW D	2 185	20	11.68	4.51
14	PHYSICAL REVIEW E	2 035	13	11.14	2.25
15	OPTICS LETTERS	2 034	18	10.99	3.04
16	NANO RESEARCH	1 770	19	12.81	8.89
17	OPTICS EXPRESS	1 738	21	11.96	3.15
18	SCIENTIFIC REPORTS	1 422	28	13.22	5.23
19	NATURE PHYSICS	1 359	13	14.48	18.79
20	PHYSICS LETTERS B	1 352	7	11.60	4.79

第四章　数学学科计量评估

第一节　我国数学学科发展概况

根据2016年6月Incites最新统计数据显示，我国10年内（2006年1月1日至2015年12月31日）共有67 989篇数学学科论文被SCI收录，占全球数学学科论文总量的18.41%，仅次于欧盟、美国，排名全球第3位。

在10年统计期间，我国数学学科论文被引总频次为276 513次，占全球引用总量的17.32%，仅次于欧盟、美国，排名全球第3位。

相比论文数量和引用规模指标，我国数学学科的论文影响力表现不佳。其中，引文影响力指标即论文篇均被引频次为4.07次，低于美国、英国等欧美国家，也低于全球平均水平，但略高于日本和俄罗斯。我国数学学科论文被引百分比为61.1%，略低于全球平均水平。

在论文合作方面，我国数学学科共有14 446篇国际合作论文和122篇横向合作论文，分别占我国发表SCI论文数量的21.25%和0.18%。

中国在顶级论文上表现亮眼。我国数学学科共有高被引论文794篇，占全球高被引论文总量的22.47%。2016年6月的InCites数据显示，我国当期有数学学科热点论文27篇，占全球热点论文总量的36.55%。

从论文国家分布和排名情况看，全球数学学科较为发达的国家主要分布在北美、欧洲和亚洲地区。美国、法国、德国、英国、德国、法国、意大利、西班牙、加拿大等欧美国家在论文总被引频次和论文数量上均进入全球前10位，俄罗斯在论文数量上进入全球前10位。亚洲的中国、日本在论文总被引频次和论文数量上均进入全球前10位。中国、日本、俄罗斯在引文影响力上低于欧美科技领先国家，说明以上3国数学学科在论文质量上与欧美等科技强国还有一定差距。

详细概览数据和排名情况见表4-1和图4-1。

表4-1　中国概览数据

Web of Science 论文数	67 989	论文数量全球百分比	18.41
被引频次	276 513	被引频次全球百分比	17.32
引文影响力	4.07	论文被引百分比	61.51
国际合作论文	14 446	国际合作论文百分比	21.25
横向合作论文	122	横向合作论文百分比	0.18
高被引论文	794	高被引论文全球百分比	22.47
热门论文	27	热门论文全球百分比	36.55

图 4-1 主要国家 / 地区论文排名情况

主要国家 / 地区的论文篇数排名		主要国家 / 地区论文被引频次排名		主要国家 / 地区引文影响力排名	
1 欧盟	142 710	1 欧盟	662 420	17 美国	5.92
2 美国	84 416	2 美国	499 783	21 英国	5.53
3 中国	67 989	3 中国	276 513	29 加拿大	5.09
4 法国	29 567	4 法国	149 003	31 法国	5.04
5 德国	24 608	5 德国	123 161	32 意大利	5.01
6 英国	19 737	6 英国	109 244	33 德国	5.00
7 意大利	19 058	7 意大利	95 445	41 西班牙	4.69
8 俄罗斯	16 239	8 加拿大	78 617	43 欧盟	4.64
9 日本	16 015	9 西班牙	73 890	58 中国	4.07
10 西班牙	15 747	10 日本	55 565	80 日本	3.47
11 加拿大	15 442	13 俄罗斯	34 733	119 俄罗斯	2.14

说明：数据来源于 InCites，时间范围为 2006—2015 年。

第二节 目标国家对比分析

（一）论文数量发展趋势对比分析

目标国家数学学科论文数量发展趋势见图 4-2。从图 4-2 中可以看出，2006 年至 2015 年目标国家数学学科论文数量整体处于增长趋势，欧盟论文数量明显高于其他目标国家。近 10 年，中国论文数量增长较快，逐渐逼近美国，并于 2013 年首次超过美国，位居全球第 2 位，但 2015 年又被美国超过，位居全球第 3 位。

图 4-2 目标国家数学学科论文数量发展趋势

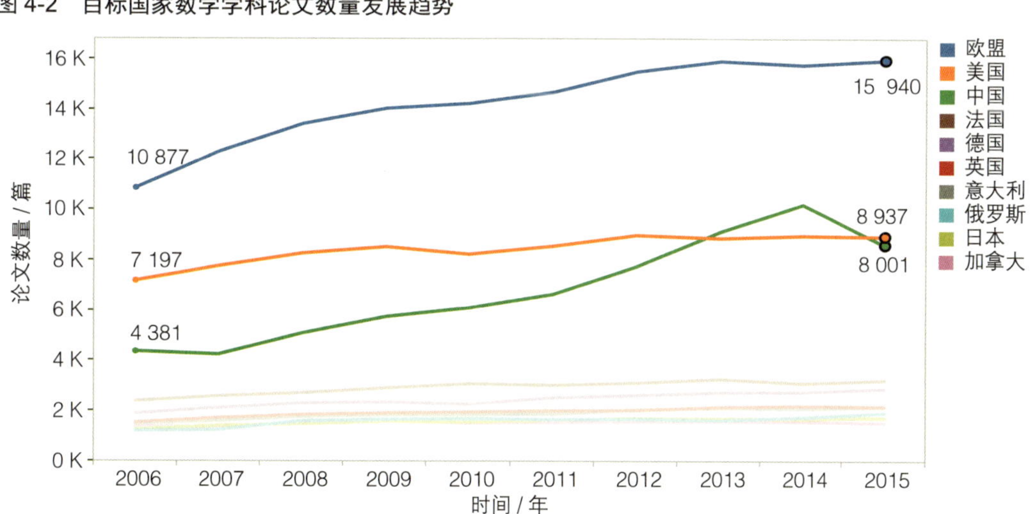

图 4-3 计算了目标国家数学学科在 2010—2015 年度论文数量年增长率，可以更清楚地展现出不同国家的发展态势。中国论文进入高速发展阶段，年均增长率在 8% 以上，增长速度明显高于其他国家，但是 2015 年出现大幅下降，增长率为 -15.78%，明显低于其他国家；美国、英国、德国、法国、意大利、欧盟的论文数量年均增长率在 1% ～ 4%，属于缓慢增长阶段；加拿大的论文数量年均增长率为 -1%，呈现负增长态势；俄罗斯的年增长率波动较大，年均增长率为 1%，2015 年的增长率最高，达到 9.59%，明显高于其他国家。

图 4-3　论文数量年增长率（2010—2015 年）

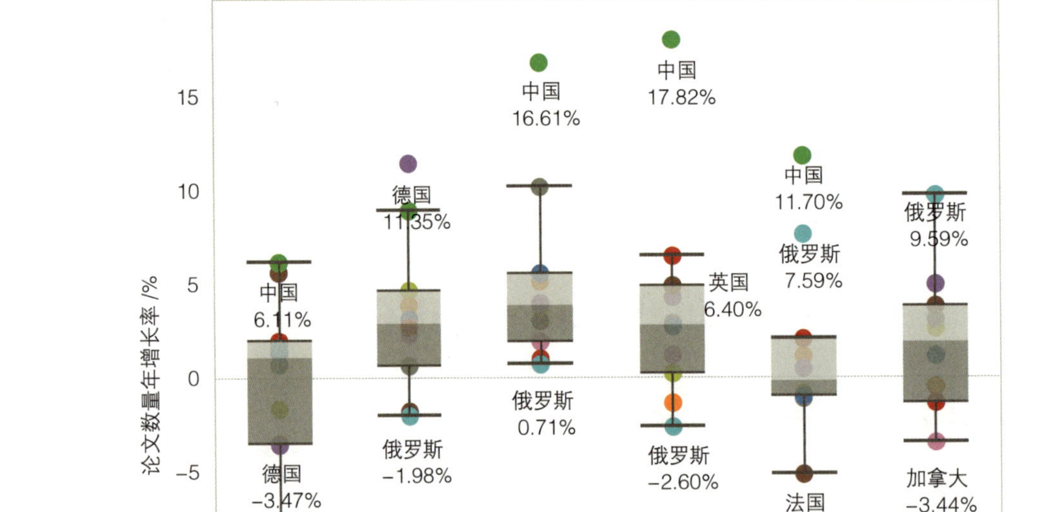

（二）论文引用份额对比分析

目标国家 2006—2015 年数学学科论文引用份额发展趋势见图 4-4。

从图 4-4 中可以看出，2006 年至 2015 年欧盟论文引用份额小幅增长，美国的论文引用份额则持续下降，而中国的论文引用份额得到较快增长，由 2006 年的 13.25% 提升到 2015 年的 23.14%。

图 4-4 论文引用份额发展趋势

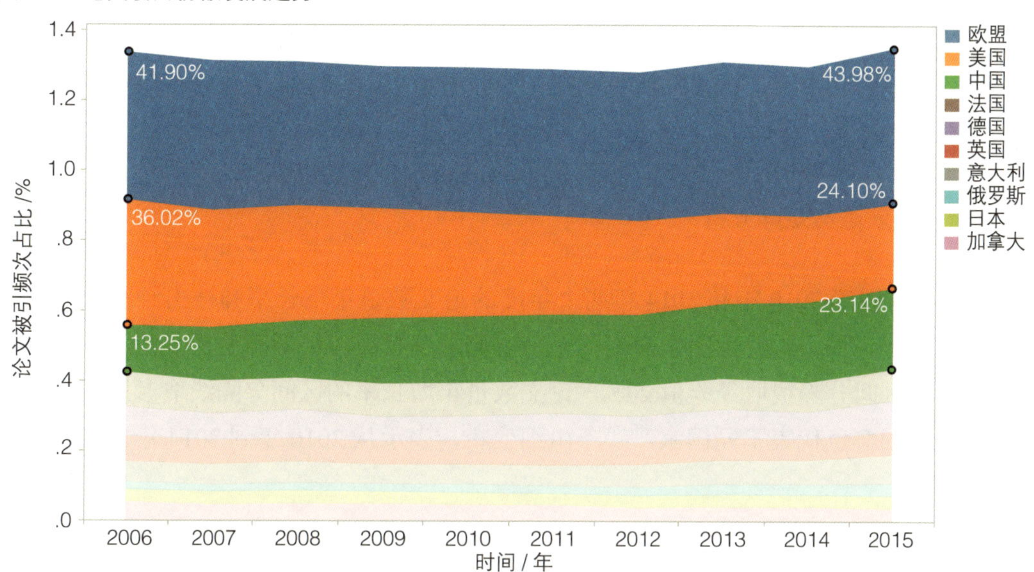

（三）论文影响力对比分析

图 4-5 以 2014 年的引文影响力、相对于全球平均水平的影响力、论文被引百分比和平均百分位四个指标，对目标国家的论文影响力与全球平均值进行对比分析。

图 4-5 全球与目标国家论文影响力指标（2014 年）

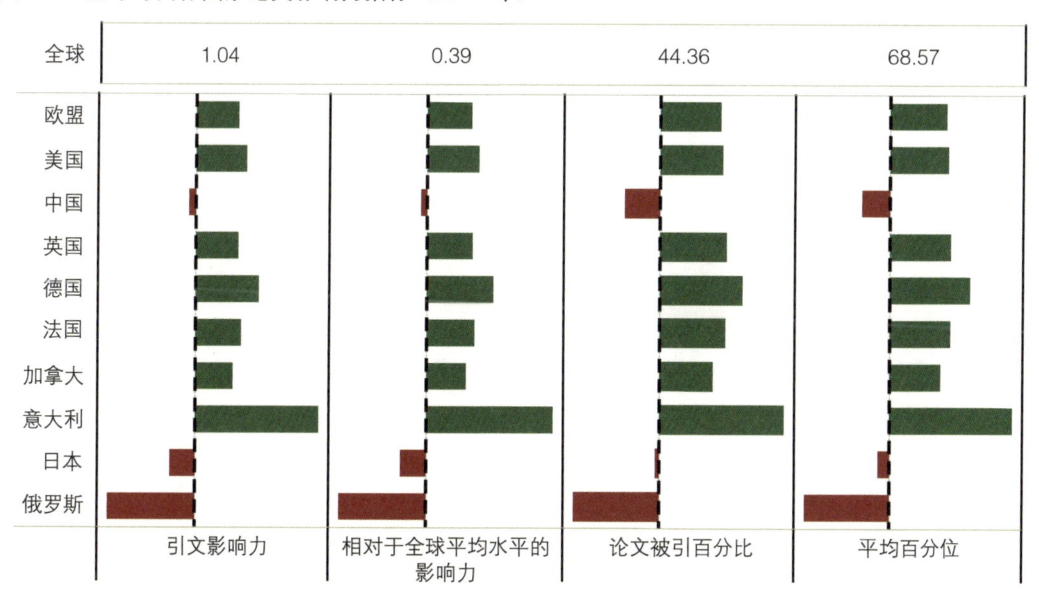

说明：图中以虚线代表的全球影响力指标为基准展示目标国家论文影响力。红色表示目标国家影响力指标低于全球，绿色表示目标国家影响力指标高于全球。由于平均百分位数值越大，表示论文质量越低，为与前三个指标保持一致，这里在显示上采用倒序处理。

可以看到，欧盟、美国、英国、德国、法国、加拿大、意大利的四个影响力指标均高于全球平均水平，表明这些国家的论文质量表现良好，其中意大利明显高于全球平均水平和其他国家。中国、日本、俄罗斯则在这四个指标上均略低于全球平均水平，表明其论文质量相对低于全球平均值。

（四）发展态势矩阵分析

图 4-6 是基于 2010 年和 2014 年两个年度的论文数量年增长率和被引频次份额两个指标构建的矩阵图，对目标国家所处的竞争态势进行发展态势矩阵分析。矩阵图中被引频次份额的区间分隔线取经验值 20%，论文数量年增长率的区间分隔线取参照国家平均增长率。不同颜色代表不同国家，线条由细变粗，表示从 2010 年到 2014 年各国位置的变化情况。

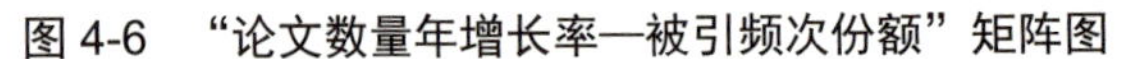

图 4-6 “论文数量年增长率—被引频次份额”矩阵图

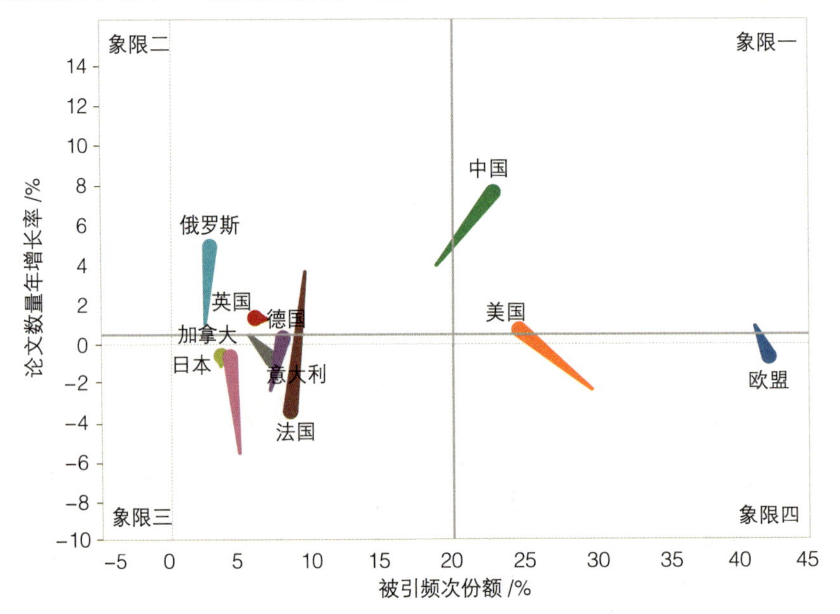

说明：被引频次份额的区间分隔线取经验值 20%，论文数量年增长率的区间分隔线取目标国家平均增长率。不同颜色代表不同国家，线条由细变粗，表示从 2010 年到 2014 年各国位置的变化情况。

矩阵图中第一象限的特征是被引频次份额且论文数量年增长率均较高，代表处于优势竞争地位，第二象限的特征是论文数量年增长率较高但被引频次份额较低，代表具有发展潜力和机会，可能进入第一象限，但也有可能跌入第三象限；第三象限的特征是论文数量年增长率和被引频次份额均较低，代表是细分领域的竞争者；第四象限的特征是论文数量年增长率较低但被引频次份额较高，代表处于稳定成熟发展阶段，但面临被竞争者超越或自身竞争实力衰退的威胁。

从图 4-6 中可以看出，中国从 2010 年位于第二象限边缘到 2014 年进入第一象限，表示中国数学学科在保持较高的增长速度，已经从潜力者进入领导者行列。美国、欧盟位于第一、四象限边界，表示其已经进入成熟的稳定发展期，并保持较强领先者的位置，但美国正受到中国的挑战。

俄罗斯、德国处于第二象限，特别是俄罗斯近两年增长速度较快，但由于论文被引频次份额较低，还难以对领先国家构成威胁；德国、加拿大、日本、意大利、法国处于缓慢增长，甚至负增长状态，在竞争中处于相对劣势。

（五）顶级论文对比分析

目标国家顶级论文（包括高被引论文和热点论文）数量和百分比见图 4-7。

图 4-7　目标国家顶级论文数量和百分比

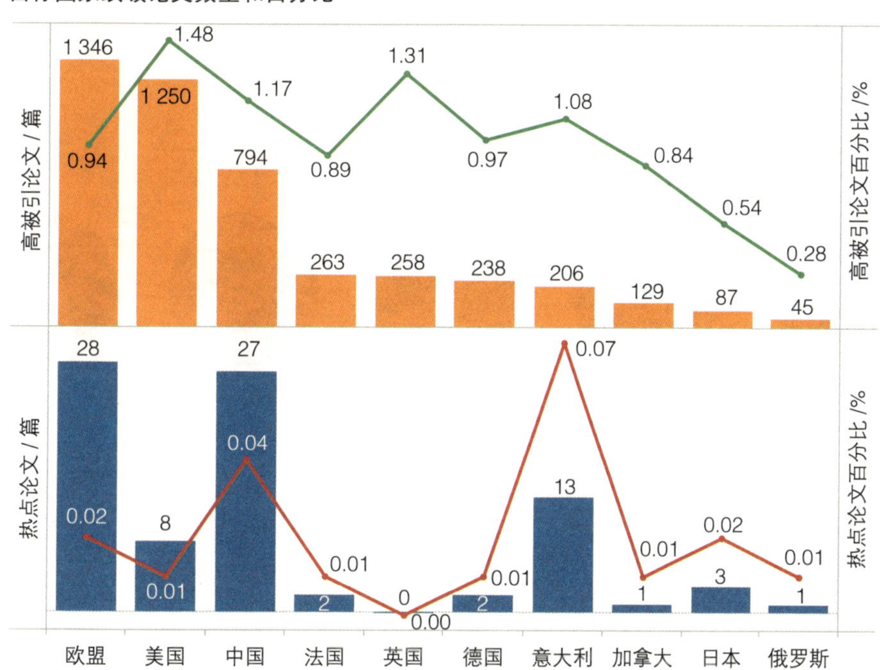

在高被引论文方面，欧盟以 1 346 篇居于目标国家的首位，中国仅次于欧盟、美国，有 794 篇高被引论文。美国的高被引论文百分比最高，占美国数学学科论文的 1.48%。美国、中国、英国、意大利的高被引论文百分比均超过 1% 的期望值，而欧盟、法国、德国、加拿大、日本、俄罗斯则低于 1% 的期望值。

在热点论文方面，欧盟以 28 篇居于目标国家的首位，中国仅次于欧盟，有 27 篇热点论文，占中国论文总量的 0.04%。意大利的热点论文百分比最高，为 0.07%。

（六）高影响力机构对比分析

图 4-8 是对数学学科进入全球 ESI 排名，即被引频次排名全球前 1% 的机构按照类型和目标国家的分布统计情况。

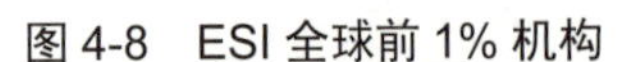
图 4-8　ESI 全球前 1% 机构

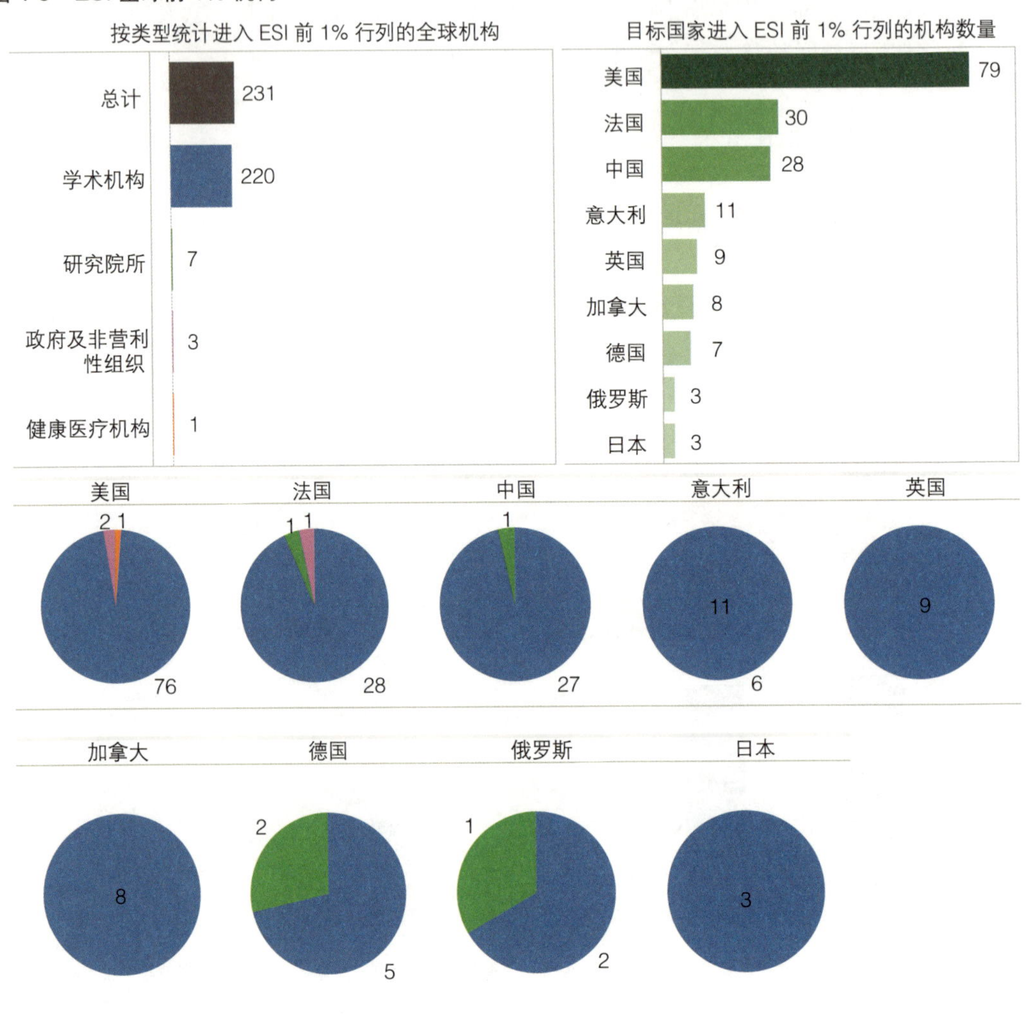

全球数学学科进入 ESI 的机构共有 231 家，美国进入 ESI 的机构数量有 79 个，处于全球领先位置，中国以 28 家机构仅次于美国、法国，排名目标国家第 3 位。

全球数学学科进入 ESI 的机构大多集中在学术机构。除了学术机构外，研究院所、政府及非营利性组织、健康医疗机构均有进入。中国进入 ESI 的 28 家机构包括 27 家学术机构和 1 家研究院所。

（七）中国高影响力机构

按照被引频次统计，中国进入 ESI 的前 20 家机构见表 4-2。

表 4-2　按照被引频次中国进入 ESI 的前 20 家机构

位次	机构	被引频次 / 次	论文数量 / 篇	高被引论文 / 篇	国际合作论文 / 篇	引文影响力	h 指数
1	中国科学院	19 890●	3 715●	45●	794●	7.99	47●
2	北京大学	8 541	1 719	24	417	7.45	37
3	复旦大学	7 371	1 592	14	362	6.65	29
4	清华大学	6 920	1 447	14	327	7.09	31
5	兰州大学	6 893	948	20	117	9.93●	35
6	浙江大学	6 439	1 686	15	329	6.13	28
7	上海交通大学	6 370	1 299	17	281	7.49	31
8	北京师范大学	6 293	1 453	20	295	6.52	28
9	山东大学	6 220	1 519	14	247	6.55	28
10	东南大学	6 190	1 043	27	154	9.32	35
11	哈尔滨工业大学	5 893	1 268	30	179	7.56	31
12	南开大学	5 853	1 448	23	292	6.07	28
13	中国科学技术大学	5 706	1 202	15	273	7.25	31
14	上海大学	5 690	1 174	18	187	7.23	32
15	中山大学	5 329	1 167	10	214	6.81	27
16	上海师范大学	5 217	887	14	255	8.46	29
17	华东师范大学	5 025	1 352	4	226	5.7	25
18	西安交通大学	4 746	994	11	138	7.18	27
19	厦门大学	4 617	1 055	19	172	7.24	29
20	大连理工大学	4 521	1 271	13	114	5.75	24

说明：数据来自 InCites，因为统计规则和范围不同，导致与 ESI 中的数据可能有不同。圆点表示本机构在当前指标排名第 1 位。

中国科学院在被引频次、论文数量、高被引论文、国际合作论文、h 指数等多项指标上都位居中国进入 ESI 的前 20 家机构首位。北京大学是学术机构被引频次最高的单位，兰州大学在引文影响力指标上位居 20 家机构的首位。

第三节　我国论文合作情况分析

（一）论文合作发展趋势

图 4-9 是中国国际合作论文和横向合作论文数量和百分比的发展趋势。

2006—2015 年，我国数学学科国际合作论文数量和百分比呈逐步上升趋势，国家合作论文从 2006 年的 801 篇（18.28%）上升到 2015 年的 2 097 篇（24.38%）。我国数学学科横向合作论文数量和百分比整体呈较低规模上的上升趋势，横向合作论文从 2006 年的 2 篇（0.05%）上升到 2015 年的 28 篇（0.33%）。

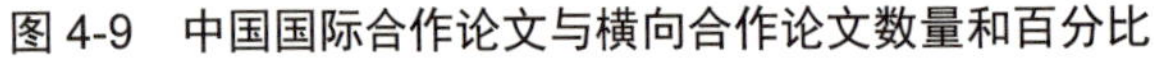
图 4-9　中国国际合作论文与横向合作论文数量和百分比

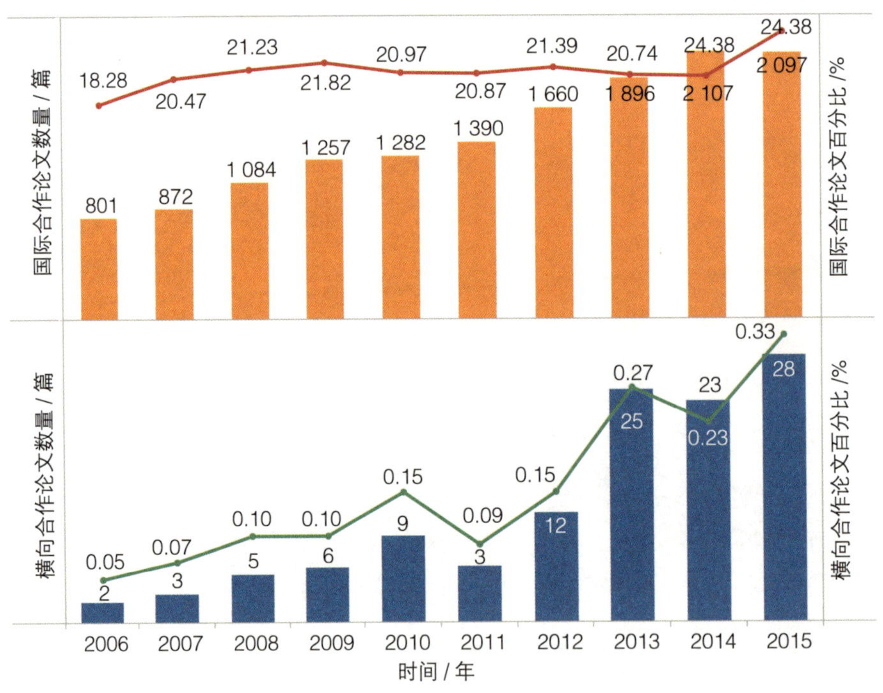

（二）主要合作国家 / 地区和发展趋势

图 4-10 给出了与我国在数学学科合作论文排名前 10 位的国家和合作论文发展趋势。美国是与中国合作论文数量最多的国家，国际合作论文数量达到 5 499 篇，并且合作论文数量呈快速增长趋势，从 2006 年的 285 篇增长到 2015 年的 823 篇。与中国合作的前 10 位亚洲国家或地区包括中国台湾、韩国、日本和中国香港。

图 4-10　中国主要合作国家 / 地区和发展趋势

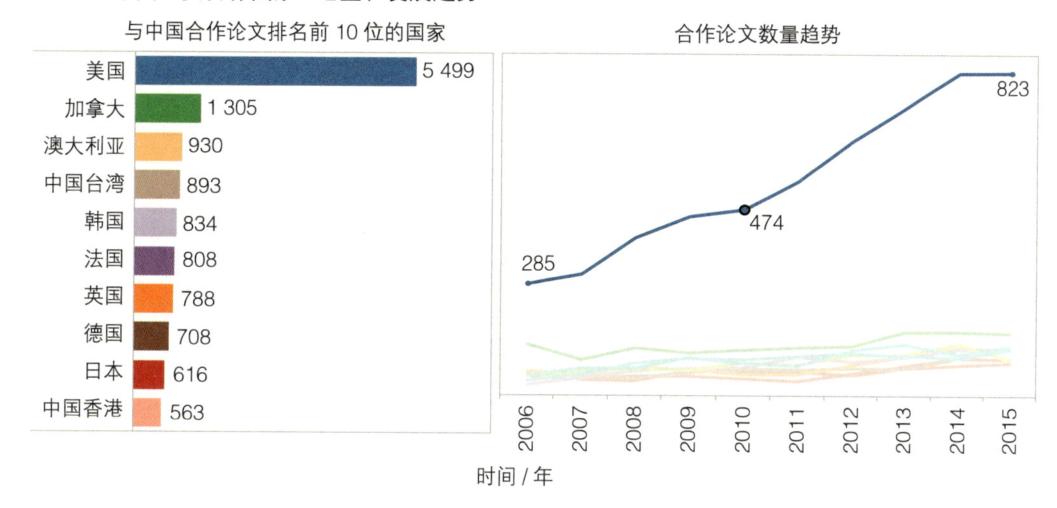

（三）中国国际合作论文的收益分析

图 4-11 是基于论文百分位指标对中国国际合作论文的收益进行分析。可以看到，数学学科中国国际合作论文的平均百分位低于中国所有论文，即中国国际合作论文的平均水平高于整体平均水平，这也说明中国数学学科从国际合作中获得收益。

进一步将中国主要合作国家的国际合作论文百分位指标与中国国际合作论文百分位和合作国家论文百分位进行比较，如图 4-11 所示，可以得到以下结果：

图 4-11　基于论文百分位的中国国际合作论文分析

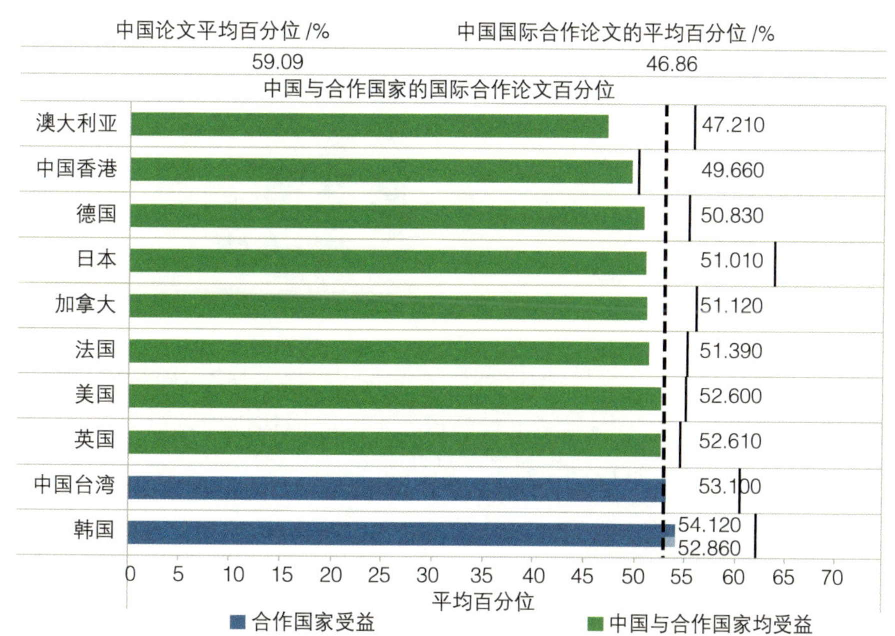

说明：图中条状图数值是中国与合作国家的国际合作论文百分位。短实线代表与中国合作国家的论文百分位，长虚线代表中国国际合作论文百分位。条状图的颜色代表中国与合作国家的合作受益情况。

- 中国与澳大利亚、中国香港、德国、日本、加拿大、法国、美国、英国的合作提升了合作双方的论文水平，即中国与合作国家或地区均从国际合作中获得收益。
- 中国与中国台湾、韩国的合作提升了合作国家或地区的论文水平，但拉低了中国国际合作论文的水平，即仅合作国家或地区从国际合作中获得收益。

鉴于以上分析结果，在数学学科领域，在某种程度上应更多鼓励中国与澳大利亚、中国香港、德国、日本、加拿大、法国、美国、英国等国家或地区开展国际合作。

第四节　我国高被引论文表现分析

（一）高被引论文合著分析

图 4-12 是中国数学学科高被引论文的平均合著者和平均合著机构统计。

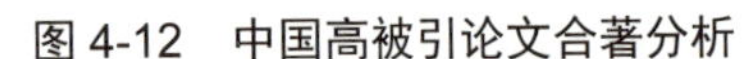
图 4-12　中国高被引论文合著分析

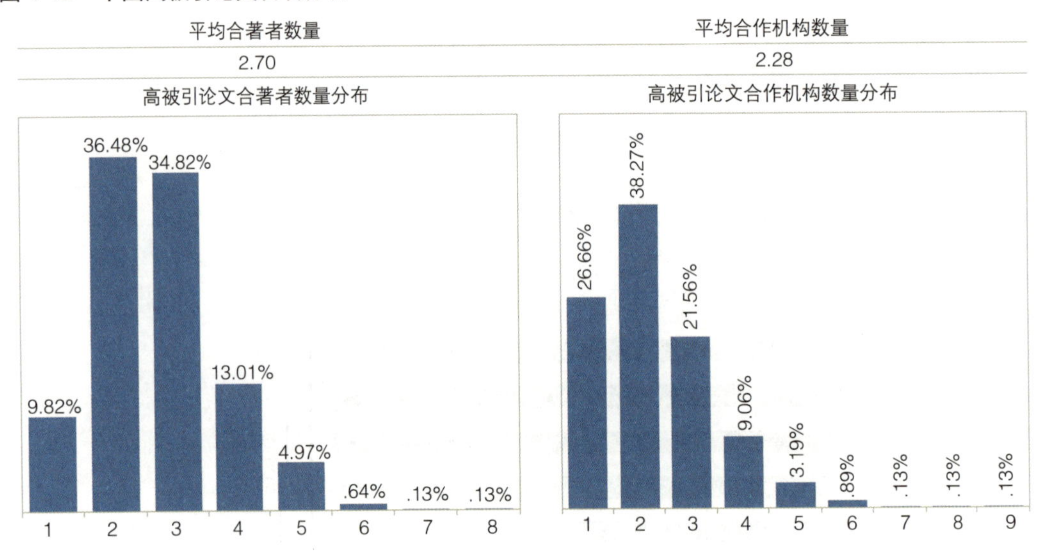

中国数学学科高被引论文的篇均作者数量为 2.70，论文作者分布主要集中在 2 ～ 3 人，作者数量最高为 8 人。中国数学学科高被引论文的篇均机构数量为 2.28，合作机构数量主要集中在 1 ～ 3 家，合作机构数量最高达到 9 家。

（二）高被引论文主导性分析

高被引论文代表了一个国家在高水平研究成果方面的产出能力，在高水平论文方面做出主要贡献的国家被认为对论文产出具有主导性，可以用高被引论文中中国作者担任第一作者的论文数量占中国高水平论文的百分比来计算主导率。主导率越高，则说明中国作者在高水平研究中的主导性越强，可以认为中国处于主导地位。图 4-13 是第一作者为中国的高被引论文数量和发展趋势。

图 4-13 第一作者为中国的高被引论文数量和发展趋势

可以看到，第一作者为中国的高被引论文总计有 650 篇，占中国高被引论文总量的 82.91%，说明中国在高被引论文中主导性一般。从发展趋势上看，中国在数学学科高被引论文的主导性上整体呈增长趋势。

（三）高被引论文来源机构

表 4-3 是统计第一作者为中国的高被引论文按照被引频次排名前 20 位的机构。

东华大学在数学学科高被引论文被引频次上排名首位，中国科学院在高被引论文数量上排名首位，湘潭大学篇均被引频次最高。

表 4-3 按照第一作者统计中国发表高被引论文被引频次排名前 20 位的机构

位次	机构	被引频次 / 次	论文数 / 篇	篇均被引频次 / 次
1	东华大学	1 260●	14	90.00
2	湘潭大学	1 248	13	96.00●
3	兰州大学	1 096	16	68.50
4	中国科学院	1 065	21●	50.71
5	江南大学	1 022	13	78.62

续表

位次	机构	被引频次 / 次	论文数 / 篇	篇均被引频次 / 次
6	北京大学	830	13	63.85
7	厦门大学	712	10	71.20
8	东北师范大学	676	11	61.45
9	东南大学	665	14	47.50
10	哈尔滨工业大学	659	18	36.61
11	上海交通大学	570	10	57.00
12	南京大学	554	8	69.25
13	南开大学	526	13	40.46
14	上海大学	517	11	47.00
15	北京师范大学	494	15	32.93
16	中南大学	475	16	29.69
17	中国科学技术大学	418	6	69.67
18	山东大学	410	8	51.25
19	清华大学	409	7	58.43
20	中国矿业大学	398	8	49.75

（四）高被引论文来源期刊

表 4-4 是中国高被引论文按被引频次排名前 20 位的来源期刊。期刊 APPLIED MATHEMATICS AND COMPUTATION 按照高被引论文被引频次和论文数量排在首位，期刊 TAIWANESE JOURNAL OF MATHEMATICS 的期刊规范化引文影响力最高，期刊 ANNALS OF STATISTICS 的期刊影响因子最高。

表 4-4 中国高被引论文按被引频次排名前 20 位的来源期刊

位次	期刊	被引频次 / 次	论文数 / 篇	期刊规范化引文影响力	期刊影响因子
1	APPLIED MATHEMATICS AND COMPUTATION	4 407●	106●	8.57	1.35
2	COMPUTERS & MATHEMATICS WITH APPLICATIONS	4 280	55	7.64	1.40

续表

位次	期刊	被引频次 / 次	论文数 / 篇	期刊规范化引文影响力	期刊影响因子
3	JOURNAL OF MATHEMATICAL ANALYSIS AND APPLICATIONS	3 467	60	10.35	1.01
4	NONLINEAR ANALYSIS-REAL WORLD APPLICATIONS	3 067	63	5.33	2.24
5	NONLINEAR ANALYSIS-THEORY METHODS & APPLICATIONS	2 970	45	8.22	1.13
6	JOURNAL OF COMPUTATIONAL AND APPLIED MATHEMATICS	2 095	29	10.09	1.33
7	JOURNAL OF DIFFERENTIAL EQUATIONS	1 937	40	7.11	1.82
8	SIAM JOURNAL ON NUMERICAL ANALYSIS	746	10	6.81	1.90
9	JOURNAL OF FUNCTIONAL ANALYSIS	657	13	6.81	1.27
10	APPLIED MATHEMATICS LETTERS	640	20	8.83	1.66
11	NONLINEARITY	596	8	7.82	1.29
12	SIAM JOURNAL ON SCIENTIFIC COMPUTING	555	8	11.44	1.79
13	JOURNAL OF THE AMERICAN STATISTIC ALASSOCIATION	527	8	4.11	1.73
14	DISCRETE AND CONTINUOUS DYNAMICAL SYSTEMS	522	10	10.02	1.13
15	LINEAR ALGEBRA AND ITS APPLICATIONS	431	8	10.02	0.97
16	TAIWANESE JOURNAL OF MATHEMATICS	389	4	23.22	0.62
17	IMA JOURNAL OF NUMERICAL ANALYSIS	341	7	6.83	1.88
18	ARCHIVE FOR RATIONAL MECHANICS AND ANALYSIS	326	9	3.83	2.32
19	ABSTRACT AND APPLIED ANALYSIS	322	9	11.46	
20	ANNALS OF STATISTICS	307	6	2.80	2.78

第五章　化学学科计量评估

第一节　我国化学学科发展概况

根据2016年6月Incites最新统计数据显示，我国10年内（2006年1月1日至2015年12月31日）共有327 228篇化学学科论文被SCI收录，占全球化学学科论文总量的22.38%，位于欧盟之后，居世界第2位。

在10年统计期间，我国化学学科论文被引总频次为3 752 580次，占全球引用总量的18.91%，仅次于欧盟、美国，排名全球第3位。

相比论文数量和引用规模指标，我国化学学科的论文影响力表现不佳。其中，引文影响力指标即论文篇均被引频次为11.47次，排名全球第53位，低于美国、英国、德国、法国、西班牙等欧美国家和日本、韩国等亚洲国家，略高于全球平均水平。我国化学学科论文被引百分比为81.04%，高于全球平均水平。

在论文合作方面，我国化学学科共有45 763篇国际合作论文和2 094篇横向合作论文，分别占我国发表SCI论文数量的13.99%和0.64%。

中国在顶级论文上表现亮眼。我国化学学科共有高被引论文3 508篇，占全球高被引论文总量的24.12%。2016年6月的InCites数据显示，我国当期共有化学学科热点论文98篇，占全球热点论文总量的33.52%。

从论文国家分布和排名情况看，全球化学学科较为发达的国家主要分布在北美、欧洲和亚洲。美国、德国、英国、法国、西班牙等欧美国家在论文总被引频次和论文数量上均进入全球前10位，俄罗斯在论文数量上进入全球前10位，中国、日本、印度等亚洲国家在论文总被引频次和论文数量上均进入全球前10位。中国、印度、俄罗斯在引文影响力上明显低于欧美等科技领先国家，说明两国尽管在化学学科的研究规模上已经与欧美等科技强国不相上下，但在论文质量上还有一定差距。

详细概览数据和排名情况见表5-1和图5-1。

表5-1　中国概览数据

Web of Science论文数	327 228	论文数量全球百分比	22.38
被引频次	3 752 580	被引频次全球百分比	18.91
引文影响力	11.47	论文被引百分比	81.04
国际合作论文	45 763	国际合作论文百分比	13.99
横向合作论文	2 094	横向合作论文百分比	0.64
高被引论文	3 508	高被引论文全球百分比	24.12
热门论文	98	热门论文全球百分比	33.52

图 5-1　主要国家 / 地区论文排名情况

主要国家 / 地区的论文篇数排名		主要国家 / 地区论文被引频次排名		主要国家 / 地区引文影响力排名	
1 欧盟	448 740	1 欧盟	6 941 901	6 美国	21.58
2 中国	327 228	2 美国	5 317 444	10 英国	19.12
3 美国	246 430	3 中国	3 752 580	14 德国	17.65
4 日本	107 100	4 德国	1 847 268	17 加拿大	17.27
5 德国	104 687	5 日本	1 490 001	22 西班牙	16.56
6 印度	98 652	6 英国	1 252 512	23 法国	16.12
7 法国	70 374	7 法国	1 134 295	27 意大利	15.58
8 英国	65 521	8 西班牙	927 843	29 欧盟	15.47
9 俄罗斯	61 176	9 印度	917 630	37 日本	13.91
10 西班牙	56 027	10 意大利	734 633	53 中国	11.47
12 意大利	47 151	12 加拿大	662 670	72 印度	9.30
13 加拿大	38 371	19 俄罗斯	290 503	144 俄罗斯	4.75

说明：数据来源于 InCites，时间范围为 2006—2015 年。

第二节　目标国家对比分析

（一）论文数量发展趋势对比分析

目标国家化学学科论文数量发展趋势见图 5-2。可以看出，2006 年至 2015 年目标国家化学学科论文数量整体处于增长趋势，欧盟、中国、美国分别位于目标国家中论文数量的前 3 位，2007 年中国化学学科论文数量首次超过美国，2015 年中国化学学科论文数量首次超越欧盟，成为最大的论文产出国。

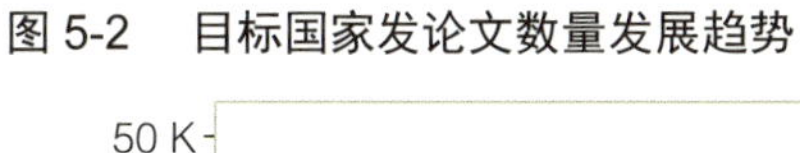

图 5-2　目标国家发论文数量发展趋势

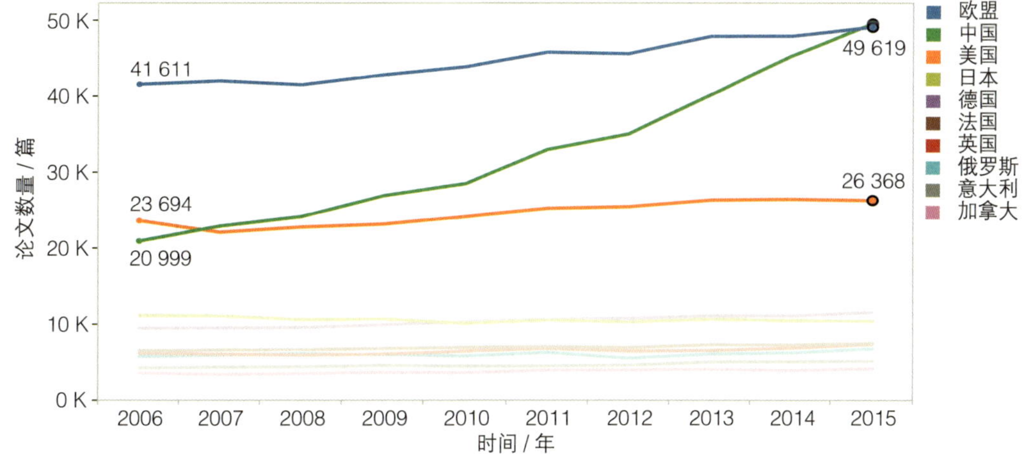

图 5-3 计算了目标国家化学学科在 2010—2015 年的论文数量年增长率，可以更清楚地展现出不同国家的发展态势。中国处于高速发展阶段，年均增长率在 11% 以上，增长速度明显高于其他国家；美国、英国、德国、加拿大、法国、意大利、欧盟的论文数量年均增长率在 2% ～ 3%，属于缓慢增长阶段，某些年份出现负增长；日本的论文数量基本保持稳定，年均增长率为 0，某些年份出现负增长；俄罗斯的年增长率波动较大，年均增长率为 2%，2012 年的论文数量增长率为 −11.57%，2013 年论文数量回升，年增长率最高达到 9.13%。

图 5-3　论文数量年增长率（2010—2015 年）

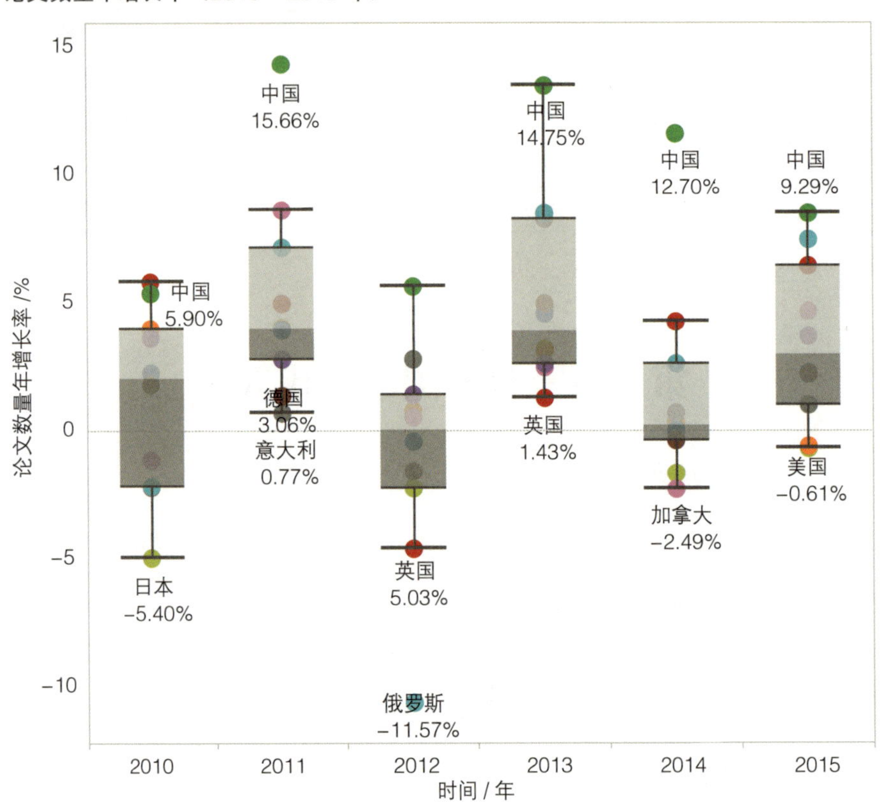

（二）论文引用份额对比分析

目标国家 2006—2015 年化学学科论文引用份额发展趋势见图 5-4。

从图 5-4 中可以看出，2006 年至 2015 年欧盟和美国的论文引用份额持续下降，分别从 2006 年的 36.68% 和 29.52% 下降到 2015 年的 29.98% 和 20.86%；相反，中国的论文引用份额大幅提升，由 2006 年的 13.02% 提升到 2015 年的 32.14%，并于 2015 年论文引用份额首次超过欧盟，成为论文被引频次最高的国家。

图 5-4　论文引用份额发展趋势

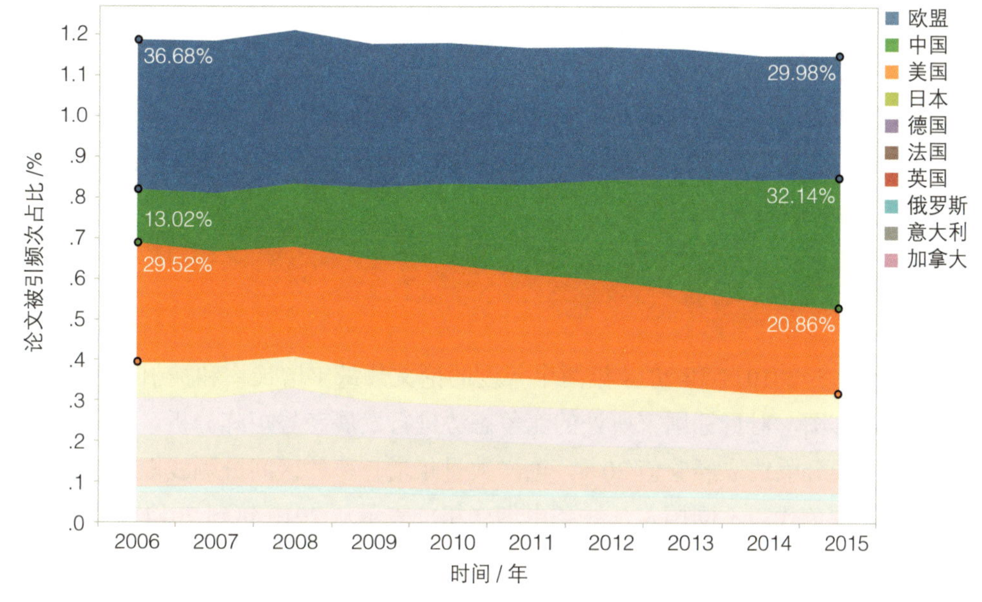

（三）论文影响力对比分析

图 5-5 以 2014 年的引文影响力、相对于全球平均水平的影响力、论文被引百分比和平均百分位四个指标，将目标国家的论文影响力与全球平均值进行对比分析。

图 5-5　全球与目标国家论文影响力指标（2014 年）

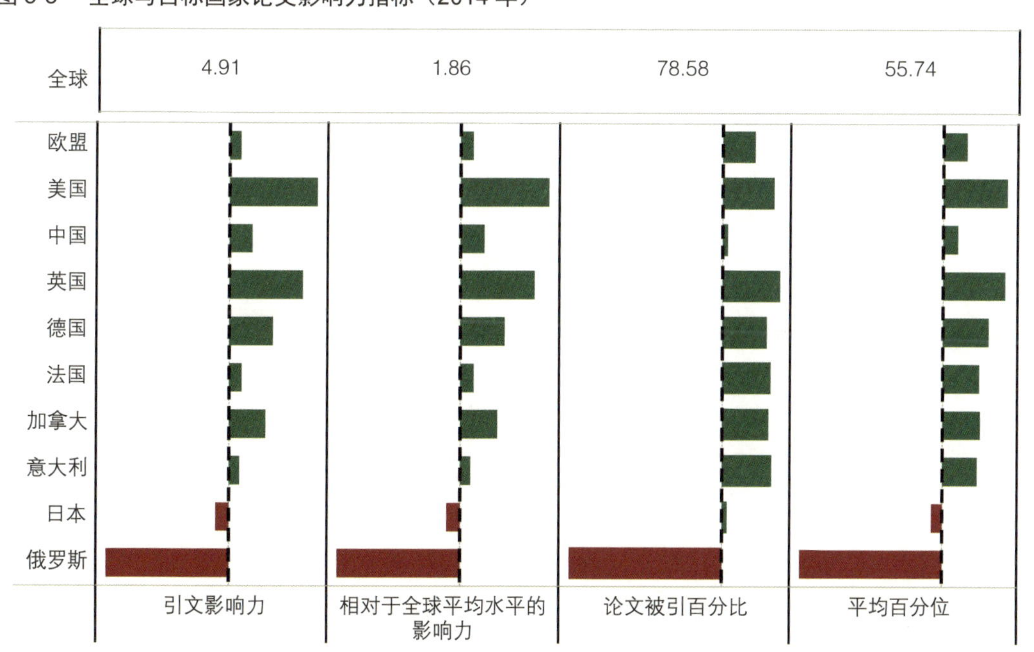

说明：图中以虚线代表的全球影响力指标为基准展示目标国家论文影响力。红色表示目标国家影响力指标低于全球，绿色表示目标国家影响力指标高于全球。由于平均百分位数值越大，表示论文质量越低，为与前三个指标保持一致，这里在显示上采用倒序处理。

可以看到，美国、中国、英国、德国、法国、加拿大和意大利的四个影响力指标均高于全球平均水平，表明这些国家的论文质量表现良好，其中美国和英国明显高于全球平均水平和其他国家。与之相反，俄罗斯的四个影响力指标均明显低于全球平均水平，表明其论文质量表现不佳。日本在引文影响力、相对于全球平均水平的影响力和平均百分位三个指标上略低于全球平均水平，但在论文被引百分比指标上略高于全球平均水平，表明其论文质量接近世界平均水平。

（四）发展态势矩阵分析

图 5-6 是基于 2010 年和 2014 年两个年度的论文数量年增长率和被引频次份额两个指标构建的矩阵图，对目标国家所处的竞争态势进行发展态势矩阵分析。矩阵图中被引频次份额的区间分隔线取经验值 20%，论文数量年增长率的区间分隔线取参照国家平均增长率。不同颜色代表不同国家，线条由细变粗，表示从 2010 年到 2014 年各国位置的变化情况。

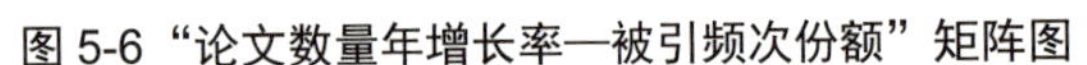

图 5-6“论文数量年增长率—被引频次份额”矩阵图

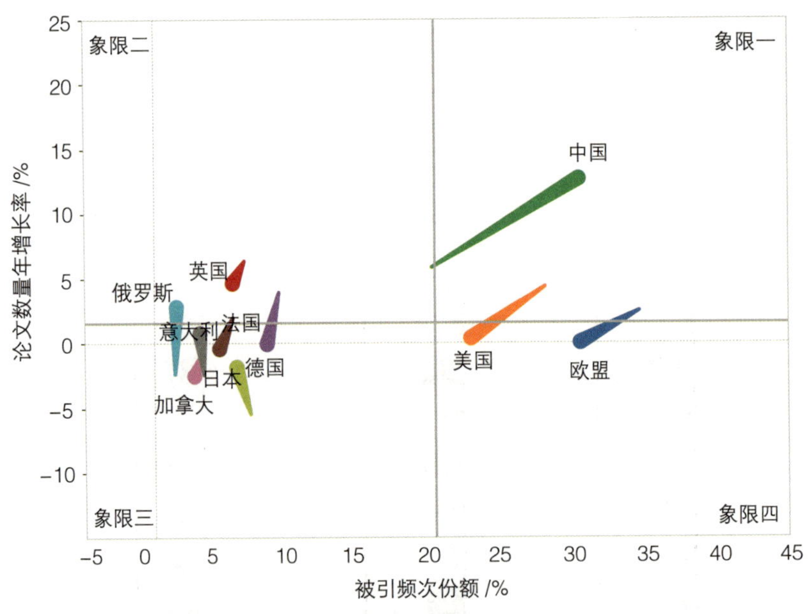

说明：被引频次份额的区间分隔线取经验值 20%，论文数量年增长率的区间分隔线取目标国家平均增长率。不同颜色代表不同国家，线条由细变粗，表示从 2010 年到 2014 年各国位置的变化情况。

矩阵图中第一象限的特征是被引频次份额且论文数量年增长率均较高，代表处于优势竞争地位，第二象限的特征是论文数量年增长率较高但被引频次份额较低，代表具有发展潜力和机会，可能进入第一象限，但也有可能跌入第三象限；第三象限的特征是论文数量年增长率和被引频次份额均较低，代表是细分领域的竞争者；第四象限的特征是论文数量年增长率较低但被引频次份额较高，代表处于稳定成熟发展阶段，但面临被竞争者超越或自身竞争实力衰退的威胁。

从图 5-6 中可以看出，中国从 2010 年处于第一象限边缘，到 2014 年进入第一象限，表示中国化学学科近年来依靠论文数量的高速增长，引用份额已经领先于其他国家，处于领先者的位置。美国、欧盟从 2010 年处于第一象限，到 2014 年进入第四象限，表示其论文数量增长率下降并导致被引频次份额下降。

处于第二象限的俄罗斯、英国是具有未来发展潜力的国家，但其论文被引频次份额均较低，短期内难以在竞争中超越中国和美国。法国、意大利、加拿大、日本和德国由于其论文增长速度较低，导致被引频次呈现下降趋势，在竞争中处于劣势地位。

（五）顶级论文对比分析

目标国家顶级论文（包括高被引论文和热点论文）数量和百分比见图 5-7。

图 5-7　目标国家顶级论文数量和百分比

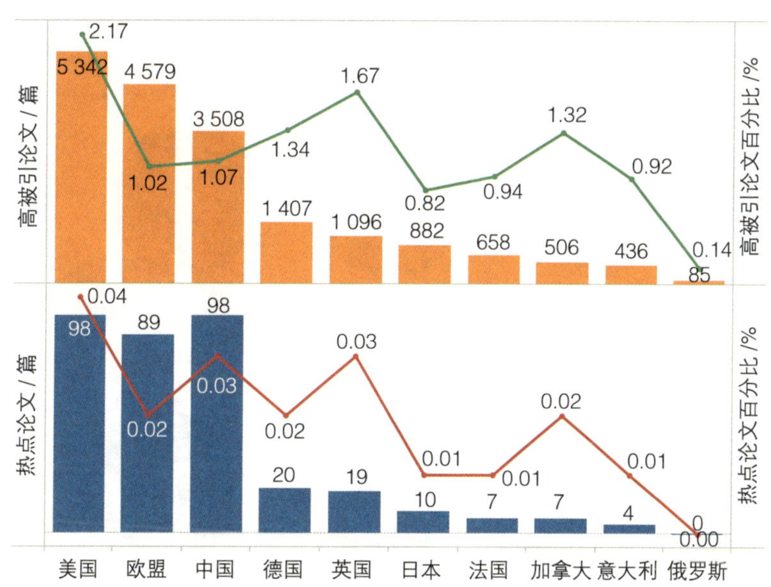

在高被引论文方面，美国以 5 342 篇居于目标国家的首位，中国在美国、欧盟之后，有 3 508 篇高被引论文。美国的高被引论文百分比最高，占美国化学学科论文的 2.17%。美国、欧盟、中国、英国、德国和加拿大的高被引论文百分比均超过 1% 的期望值，而法国、意大利、日本和俄罗斯则低于 1% 的期望值。

在热点论文方面，中国和美国均以 98 篇并列，居于目标国家的首位，美国的热点论文百分比最高，为 0.04%，中国的热点论文占中国化学学科论文总量的 0.03%。

（六）高影响力机构对比分析

图 5-8 是对化学学科进入全球 ESI 排名，即被引频次排名全球前 1% 的机构按照类型和目标国家的分布统计情况。

图 5-8　ESI 全球前 1% 机构

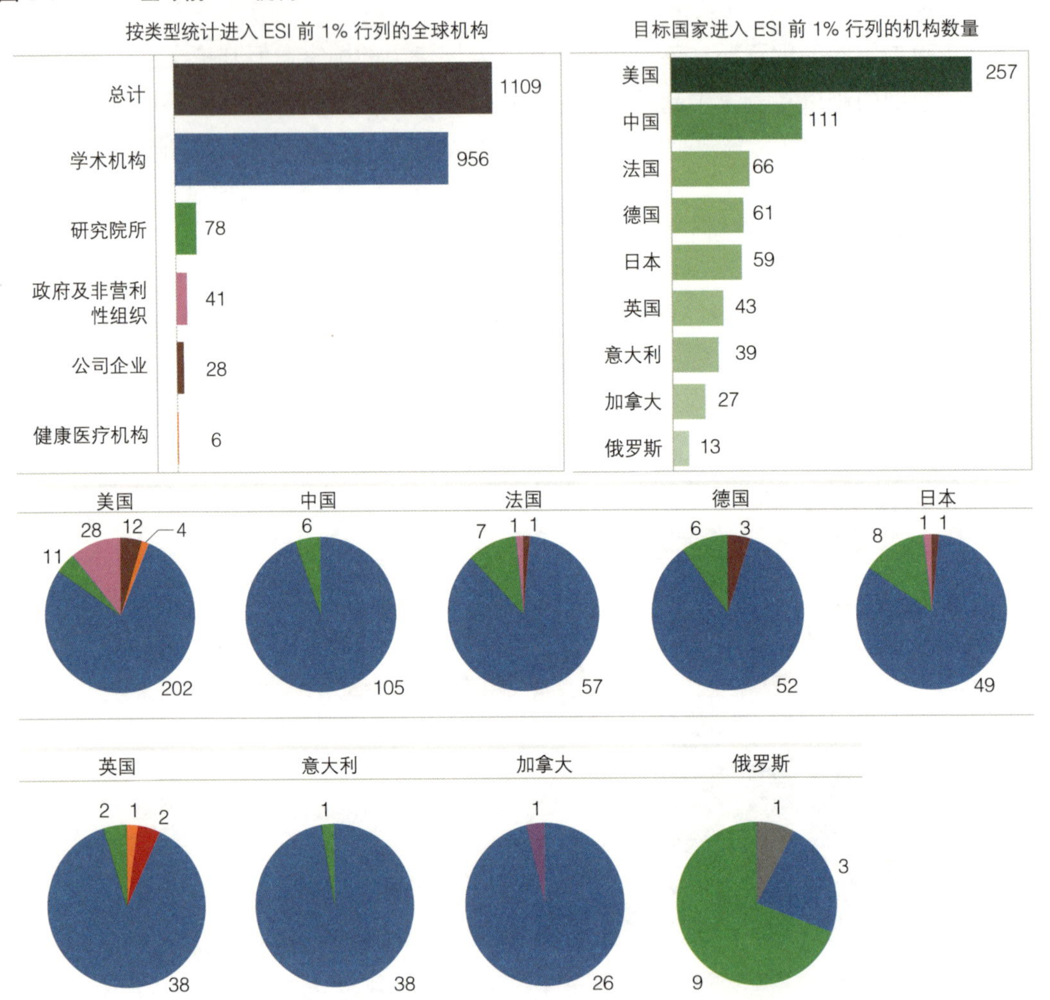

全球化学学科进入 ESI 的机构共有 1 109 家，美国进入 ESI 的机构数量高达 257 个，处于全球领先的位置，中国以 111 家机构位于美国之后。

全球化学学科进入 ESI 的机构大多集中在学术机构。除了学术机构外，研究院所、政府及非营利性组织、公司企业、健康医疗机构均有进入。中国进入 ESI 的 111 家机构包括 105 家学术机构和 6 家研究院所。

（七）中国高影响力机构

按照被引频次统计，中国进入 ESI 的前 20 家机构见表 5-2。

表 5-2　按照被引频次中国进入 ESI 的前 20 家机构

位次	机构	被引频次/次	论文数量/篇	高被引论文/篇	国际合作论文/篇	引文影响力	h 指数
1	中国科学院	981 645●	60 480●	1 148●	7 817●	19.12	231●
2	浙江大学	155 746	11 599	159	1 471	15.87	117
3	清华大学	146 675	8 863	181	1 255	19.53	128
4	南京大学	135 787	8 568	126	1 194	18.53	116
5	北京大学	126 179	7 547	160	1 260	19.55	120
6	复旦大学	122 500	6 597	142	1 066	21.26●	125
7	中国科学技术大学	119 406	7 086	147	1 079	19.48	114
8	南开大学	116 418	7 042	115	652	19.27	112
9	吉林大学	109 591	10 058	91	1 107	13.52	103
10	华东理工大学	96 798	7 261	107	1 173	15.98	105
11	中国科学院大学	86 153	8 545	102	615	12.81	92
12	四川大学	80 866	8 286	45	697	12.23	88
13	大连理工大学	78 222	5 214	68	959	17.91	100
14	武汉大学	75 377	4 548	85	528	19.24	99
15	厦门大学	75 294	4 871	79	834	18.22	101
16	中山大学	73 240	4 429	92	563	19.58	98
17	山东大学	66 015	6 429	41	757	12.7	81
18	兰州大学	65 557	4 716	56	364	16.13	84
19	上海交通大学	65 094	5 203	51	843	14.86	88
20	华南理工大学	64 039	5 325	60	756	14.64	86

说明：数据来自 InCites，因为统计规则和范围不同，导致与 ESI 中的数据可能有不同。圆点表示本机构在当前指标排名第 1 位。

中国科学院在被引频次、论文数量、高被引论文、国际合作论文、h 指数等多项指标上都位居中国进入 ESI 的前 20 家机构首位。浙江大学则位居中国学术机构被引频次排名的首位。复旦大学在引文影响力指标上位居 20 家机构的首位。

第三节　我国论文合作情况分析

（一）论文合作发展趋势

图 5-9 是中国国际合作论文和横向合作论文数量和百分比的发展趋势。

2006—2015 年，我国化学学科国际合作论文数量和百分比呈逐步上升趋势，从 2006 年的 2 324 篇（11.07%）增长到 2015 年的 8 150 篇（16.43%）。相比之下，我国化学学科横向合作论文在数量和百分比上呈波动趋势，2012 年横向合作论文占比最高，为 0.71%，2015 年论文数量增长到 327 篇，但横向合作论文百分比下降 0.66%。

图 5-9　中国国际合作论文与横向合作论文数量和百分比

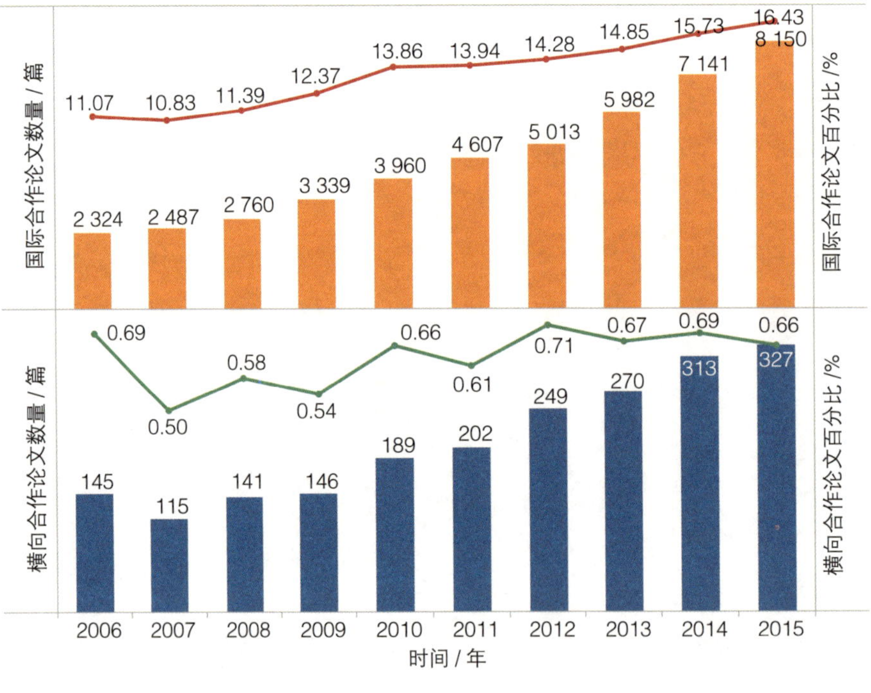

（二）主要合作国家 / 地区和发展趋势

图 5-10 给出了与我国在化学学科合作论文排名前 10 位的国家和合作论文发展趋势。美国是与中国合作论文数量最多的国家，国际合作论文数量达到 16 677 篇，并且合作论文数量呈快速增长趋势，从 2006 年的 640 篇增长到 2015 年的 3 281 篇。与中国合作的亚洲国家或地区主要包括日本、新加坡、韩国、中国台湾。

图 5-10　中国主要合作国家 / 地区和发展趋势

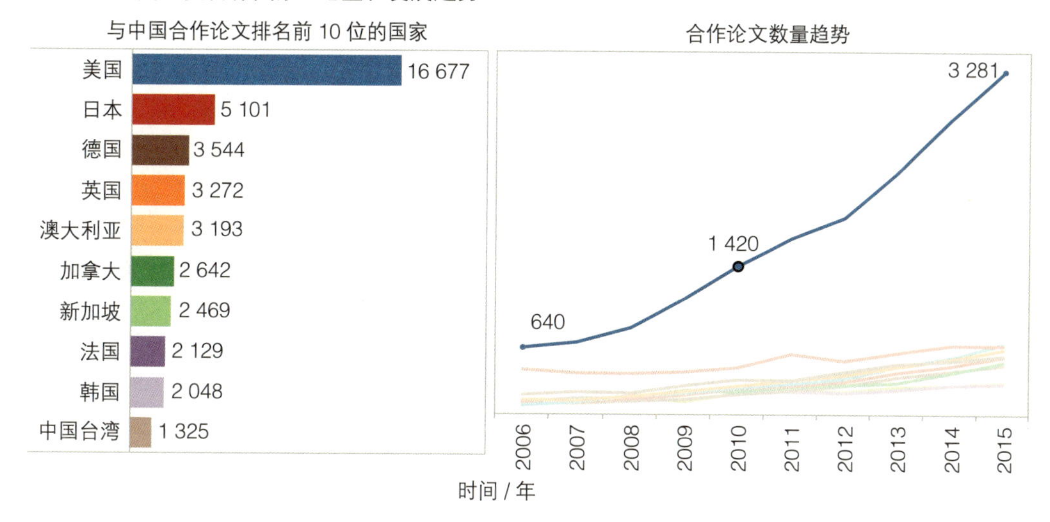

（三）中国国际合作论文的收益分析

图 5-11 是基于论文百分位指标对中国国际合作论文的收益进行分析。可以看到，化学学科中国国际合作论文的平均百分位低于中国所有论文，即中国国际合作论文的平均水平高于整体平均水平，这也说明中国化学学科从国际合作中获得收益。

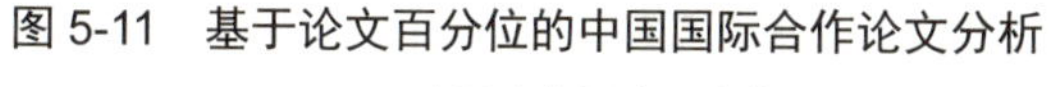

图 5-11　基于论文百分位的中国国际合作论文分析

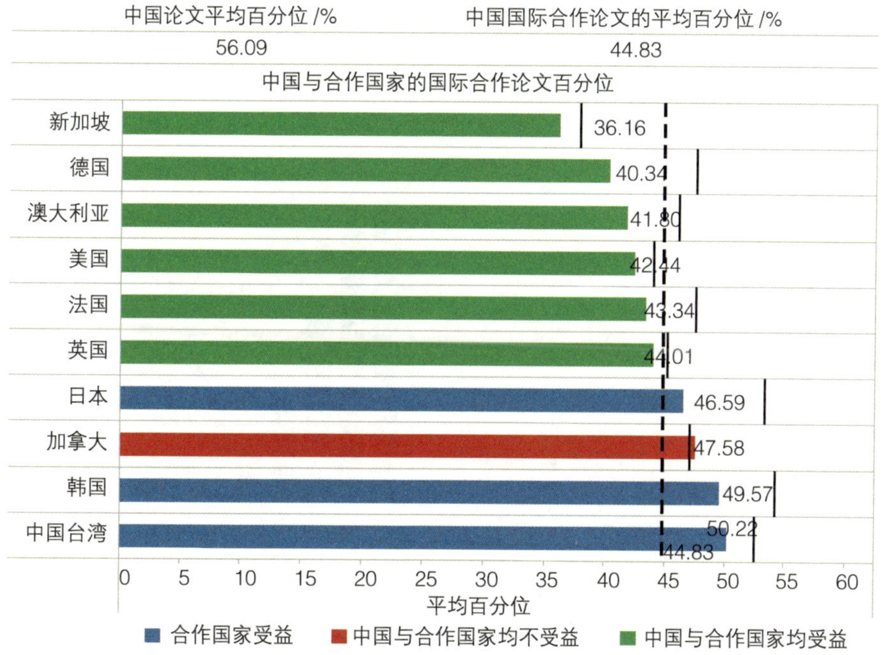

说明：图中条状图数值是中国与合作国家的国际合作论文百分位。短实线代表与中国合作国家的论文百分位，长虚线代表中国国际合作论文百分位。条状图的颜色代表中国与合作国家的合作受益情况。

进一步将中国主要合作国家的国际合作论文百分位指标与中国国际合作论文百分位和合作国家论文百分位进行比较，如图 5-11 所示，可以得到以下结果：

- 中国与新加坡、德国、澳大利亚、美国、法国、英国的合作提升了合作双方的论文水平，即中国与合作国家均从国际合作中获得收益。
- 中国与日本、韩国、中国台湾的合作提升了合作国家或地区的论文水平，但拉低了中国国际合作论文的水平，即仅合作国家或地区从国际合作中获得收益。
- 中国与加拿大的合作拉低了中国国际合作论文的水平，即合作双方均没有从合作中获得收益。

鉴于以上分析结果，在化学学科领域，在某种程度上应更多鼓励中国与新加坡、德国、澳大利亚、美国、法国、英国等国开展国际合作。

第四节　我国高被引论文表现分析

（一）高被引论文合著分析

图 5-12 是中国化学学科高被引论文的平均合著者和平均合著机构统计。

图 5-12　中国高被引论文合著分析

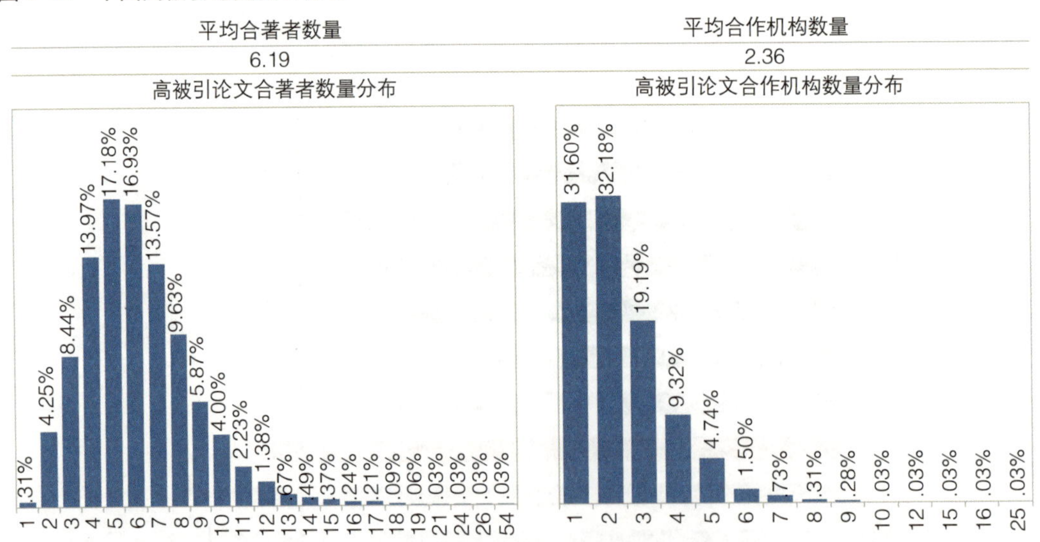

中国化学学科高被引论文的篇均作者数量为 6.19，论文作者分布主要集中在 4 ～ 7 人，作者数量最高达到 54 人。中国化学学科高被引论文的篇均机构数量为 2.36，合作机构数量主要集中在 1 ～ 2 家，合作机构数量最高达到 25 家。

（二）高被引论文主导性分析

高被引论文代表了一个国家在高水平研究成果方面的产出能力，在高水平论文方面做出主要贡献的国家被认为对论文产出具有主导性，可以用高被引论文中中国作者担任第一作者的论文数量占中国高水平论文的百分比来计算主导率。主导率越高，则说明中国作者在高水平研究中的主导性越强，可以认为中国处于主导地位。图 5-13 是第一作者为中国的高被引论文数量和发展趋势。

图 5-13　第一作者为中国的高被引论文数量和发展趋势

可以看到，第一作者为中国的高被引论文总计有 2 801 篇，占中国高被引论文总量的 85.61%，说明中国在高被引论文中主导性较强。从发展趋势上看，中国在化学学科高被引论文的主导性上整体呈小幅下降趋势。

（三）高被引论文来源机构

表 5-3 是统计第一作者为中国的高被引论文按照被引频次排名前 20 位的机构。

表 5-3　按照第一作者统计中国发表高被引论文被引频次排名前 20 位的机构

位次	机构	被引频次 / 次	论文数 / 篇	篇均被引频次 / 次
1	中国科学院	100 454●	618●	162.55
2	清华大学	23 960	113	212.04●
3	北京大学	16 630	114	145.88
4	复旦大学	15 511	81	191.49
5	浙江大学	14 806	100	148.06

续表

位次	机构	被引频次 / 次	论文数 / 篇	篇均被引频次 / 次
6	中国科学技术大学	14 534	108	134.57
7	南京大学	14 474	87	166.37
8	南开大学	11 608	85	136.56
9	厦门大学	10 991	59	186.29
10	华东理工大学	10 663	76	140.3
11	武汉理工大学	9 877	52	189.94
12	福州大学	8 586	62	138.48
13	中山大学	8 151	50	163.02
14	吉林大学	7 482	48	155.88
15	武汉大学	7 343	58	126.6
16	大连理工大学	6 863	42	163.4
17	湖南大学	5 382	47	114.51
18	苏州大学	5 300	38	139.47
19	东北师范大学	5 208	37	140.76
20	华南理工大学	5 044	32	157.63

中国科学院在化学学科高被引论文被引频次和论文篇数上排名首位，清华大学篇均被引频次排名最高。

（四）高被引论文来源期刊

表 5-4 是中国高被引论文按被引频次排名前 20 位的来源期刊。期刊 JOURNAL OF THE AMERICAN CHEMICAL SOCIETY 按照高被引论文被引频次和论文数量排在首位，期刊 PHYSICAL CHEMISTRY CHEMICAL PHYSICS 的期刊规范化引文影响力最高，期刊 CHEMICAL REVIEW 的期刊影响因子最高。

表 5-4 中国高被引论文按被引频次排名前 20 位的来源期刊

位次	期刊	被引频次/次	论文数/篇	期刊规范化引文影响力	期刊影响因子
1	JOURNAL OF THE AMERICAN CHEMICAL SOCIETY	102 708●	621●	3.96	13.04
2	ANGEWANDTE CHEMIE-INTERNATIONAL EDITION	60 137	439	4.24	11.71
3	ACS NANO	48 810	269	4.29	13.33
4	CHEMICAL COMMUNICATIONS	35 674	281	5.87	6.57
5	CHEMICAL REVIEWS	18 453	31	4.98	37.37●
6	ENERGY & ENVIRONMENTAL SCIENCE	17 623	144	2.59	25.43
7	ANALYTICAL CHEMISTRY	16 309	109	6.22	5.89
8	CARBON	13 338	86	6.41	6.20
9	CHEMICAL SOCIETY REVIEWS	11 134	31	4.80	34.09
10	ORGANIC LETTERS	10 687	102	5.32	6.73
11	INORGANIC CHEMISTRY	10 425	66	6.68	4.82
12	CHEMISTRY-AEUROPEAN JOURNAL	9 147	78	6.27	5.77
13	LANGMUIR	8 083	43	7.73	3.99
14	APPLIED CATALYSIS B-ENVIRONMENTAL	7 671	95	4.45	8.33
15	JOURNAL OF PHYSICAL CHEMISTRY B	7 280	30	7.12	3.19
16	BIOSENSORS & BIOELECTRONICS	6 596	72	4.91	7.48
17	ELECTROCHEMISTRY COMMUNICATIONS	6 532	28	7.46	4.57
18	SCIENCE	4 850	20	3.55	34.66
19	ELECTROCHIMICA ACTA	4 773	43	8.00	4.80
20	PHYSICAL CHEMISTRY CHEMICAL PHYSICS	4 543	42	9.80●	4.45

第六章 生物学学科计量评估

第一节 我国生物学学科发展概况

根据2016年6月Incites最新统计数据显示，我国10年内（2006年1月1日至2015年12月31日）共有189 315篇生物学学科论文被SCI收录，占全球生物学学科论文总量的10.20%，仅次于欧盟、美国，排名全球第3位。

在10年统计期间，我国生物学学科论文被引总频次为1 849 145次，占全球引用总量的6.34%，排名全球第7位。

相比论文数量和引用规模指标，我国生物学学科的论文影响力表现不佳。其中，引文影响力指标即论文篇均被引频次为9.77次，排名全球第94位，低于美国、英国等欧美国家以及日本，也低于全球平均水平。我国生物学学科论文被引百分比为78.44%, 也低于全球平均水平。

在论文合作方面，我国生物学学科共有54 284篇国际合作论文和890篇横向合作论文，分别占我国发表SCI论文数量的28.67%和0.47%。

中国在顶级论文上表现一般。我国生物学学科共有高被引论文1 340篇，占全球高被引论文总量的7.2%。2016年6月的InCites数据显示，我国当期共有生物学学科热点论文75篇，占全球热点论文总量的20.20%。

从论文国家分布和排名情况看，全球生物学学科较为发达的国家主要分布在北美、欧洲、南美和亚太地区。美国、英国、德国、法国、加拿大、意大利、西班牙等欧美国家在论文总被引频次和论文数量上均进入全球前10位，亚太地区的中国、日本在论文总被引频次和论文数量上均进入全球前10位，澳大利亚在论文被引频次上进入全球前10位，南美洲的巴西在论文总被引频次和论文数量上均进入全球前10位，但中国、巴西在引文影响力上明显低于欧美国家。这说明两国生物学学科在论文质量上与欧美等科技强国还有一定差距。

详细概览数据和排名情况见表6-1和图6-1。

表6-1 中国概览数据

Web of Science论文数	189 315	论文数量全球百分比	10.20
被引频次	1 849 145	被引频次全球百分比	6.34
引文影响力	9.77	论文被引百分比	78.44
国际合作论文	54 284	国际合作论文百分比	28.67
横向合作论文	890	横向合作论文百分比	0.47
高被引论文	1 340	高被引论文全球百分比	7.20
热门论文	75	热门论文全球百分比	20.20

图 6-1　主要国家论文排名情况

主要国家的论文篇数排名		主要国家论文被引频次排名		主要国家引文影响力排名	
1 欧盟	672 804	1 美国	13 811 386	6 英国	24.38
2 美国	582 964	2 欧盟	11 934 137	7 美国	23.69
3 中国	189 315	3 英国	3 551 581	15 德国	21.16
4 英国	145 672	4 德国	3 025 136	17 法国	20.59
5 德国	142 964	5 日本	2 107 951	22 加拿大	19.47
6 日本	132 597	6 法国	2 015 882	27 欧盟	17.74
7 法国	97 918	7 中国	1 849 145	30 意大利	16.60
8 加拿大	93 583	8 加拿大	1 821 685	33 日本	15.90
9 意大利	75 846	9 澳大利亚	1 267 962	94 中国	9.77
10 巴西	72 333	10 意大利	1 258 974	134 俄罗斯	8.12
20 俄罗斯	28 410	29 俄罗斯	230 548	158 巴西	7.07

说明：数据来源于 InCites，时间范围为 2006—2015 年。

第二节　目标国家对比分析

（一）论文数量发展趋势对比分析

目标国家生物学学科论文数量发展趋势见图 6-2。可以看出，2006 年至 2015 年目标国家生物学学科论文数量整体处于增长趋势，欧盟、美国、中国分别位于目标国家中论文数量的前 3 位。欧盟和美国的论文数量明显高于其他目标国家。

图 6-2　目标国家生物学学科论文数量发展趋势

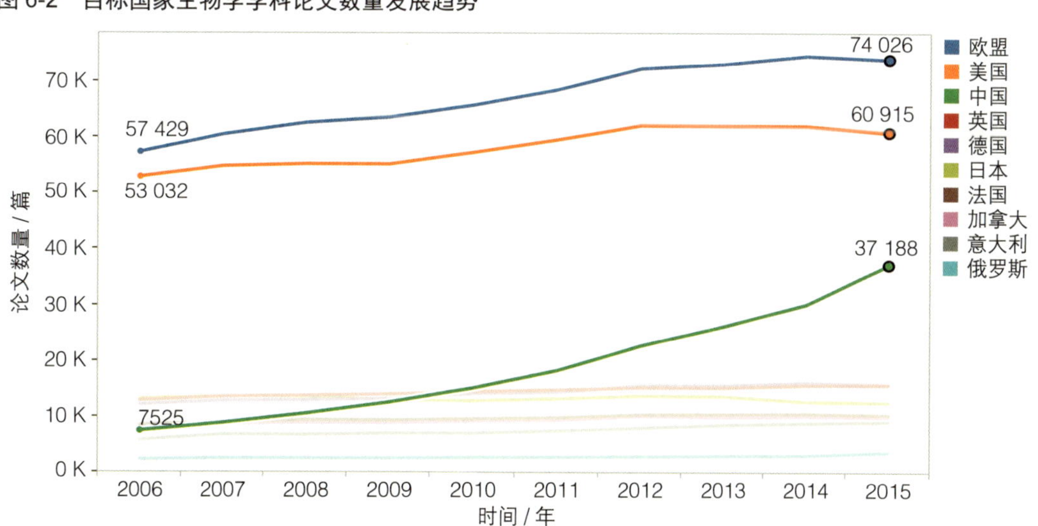

图 6-3 计算了目标国家生物学学科在 2010—2015 年的论文数量年增长率，可以更清楚地展现出不同国家的发展态势。中国论文进入高速发展阶段，年均增长率在 20% 以上，增长速度明显高于其他国家；美国、英国、德国、加拿大、法国、意大利、欧盟的论文数量年均增长率在 2% ～ 4%，属于缓慢增长阶段；日本论文的年增长率基本保持稳定，年均增长率为 0，某些年份出现负增长；俄罗斯的年增长率波动较大，年均增长率为 6%，2015 年的年增长率最高，达到 18.51%，仅次于中国，明显高于其他国家。

图 6-3 论文数量年增长率（2010—2015 年）

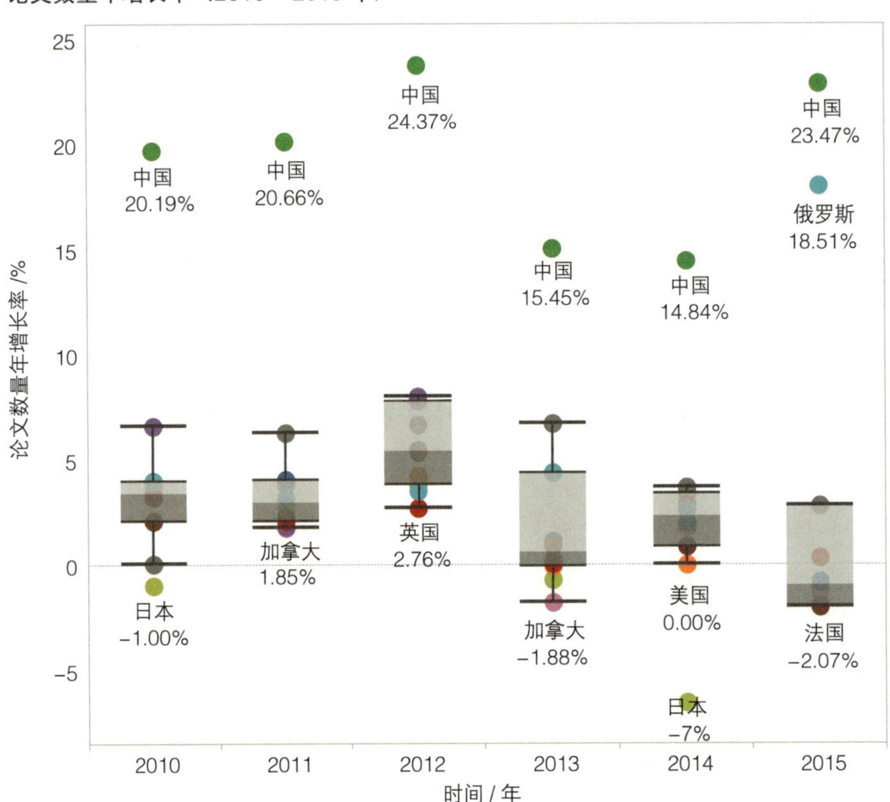

（二）论文引用份额对比分析

目标国家 2006—2015 年生物学学科论文引用份额发展趋势见图 6-4。

从图 6-4 中可以看出，2006 年至 2015 年欧盟论文引用份额基本保持稳定，美国出现小幅下降，而中国论文引文份额得到较快增长，由 2006 年的 3.41% 提升到 2015 年的 14.46%，并在 2013 年首次超过英国，论文引用份额位居欧盟和美国之后。

图 6-4 论文引用份额发展趋势

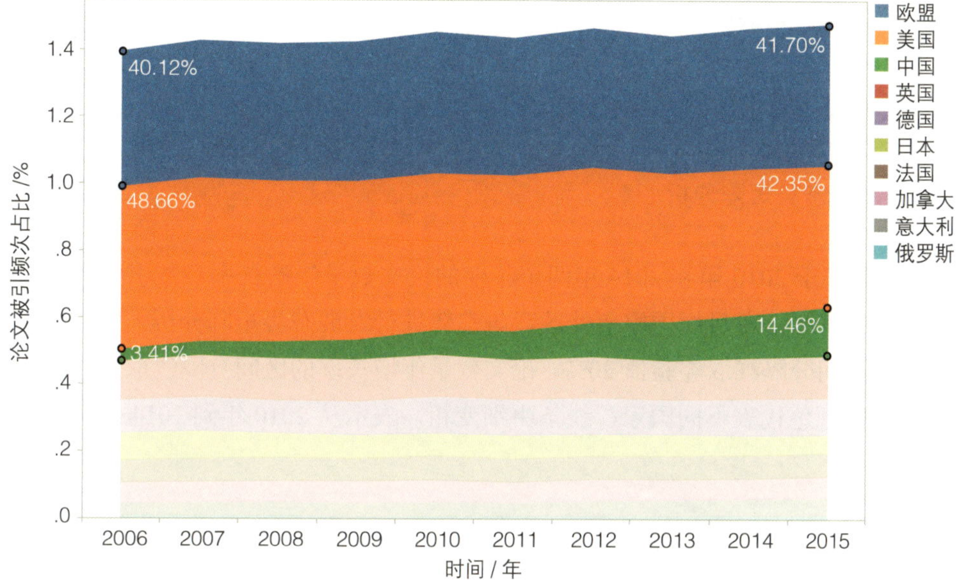

（三）论文影响力对比分析

图 6-5 以 2014 年的引文影响力、相对于全球平均水平的影响力、论文被引百分比和平均百分位四个指标，将目标国家的论文影响力与全球平均值进行对比分析。

图 6-5 全球与目标国家论文影响力指标（2014 年）

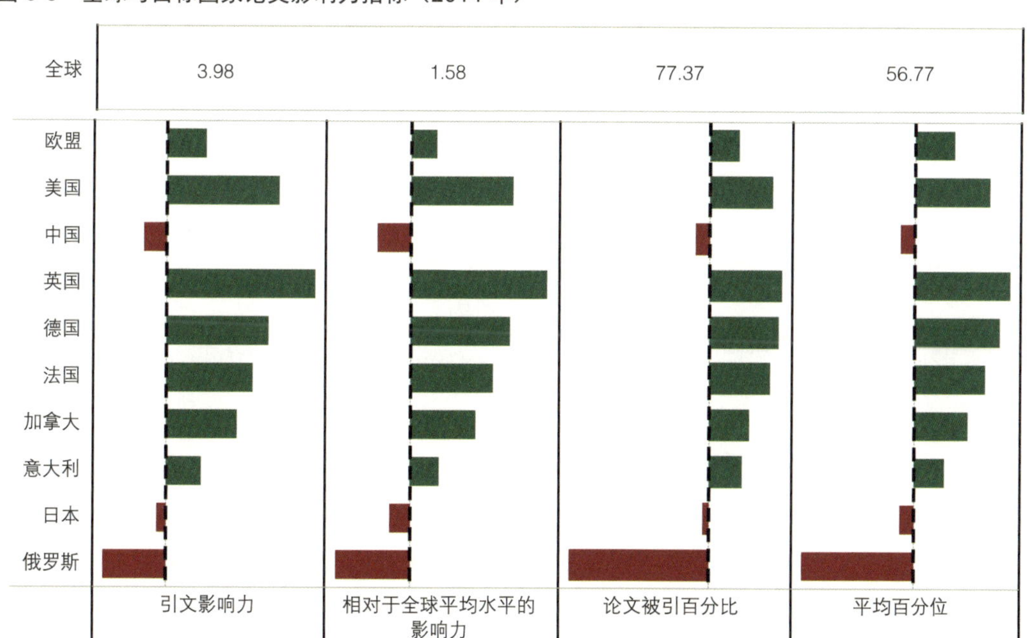

说明：图中以虚线代表的全球影响力指标为基准展示目标国家论文影响力。红色表示目标国家影响力指标低于全球，绿色表示目标国家影响力指标高于全球。由于平均百分位数值越大，表示论文质量越低，为与前三个指标保持一致，这里在显示上采用倒序处理。

可以看到，欧盟、美国、英国、德国、法国、加拿大、意大利的四个影响力指标均高于全球平均水平，表明这些国家的论文质量表现良好，其中英国明显高于全球平均水平和其他国家。与之相反，中国、日本、俄罗斯的四个影响力指标均低于全球平均水平，表明其论文质量表现不佳。

（四）发展态势矩阵分析

图 6-6 是基于 2010 年和 2014 年两个年度的论文数量年增长率和被引频次份额两个指标构建的矩阵图，对目标国家所处的竞争态势进行发展态势矩阵分析。矩阵图中被引频次份额的区间分隔线取经验值 20%，论文数量年增长率的区间分隔线取参照国家平均增长率。不同颜色代表不同国家，线条由细变粗，表示从 2010 年到 2014 年各国位置的变化情况。

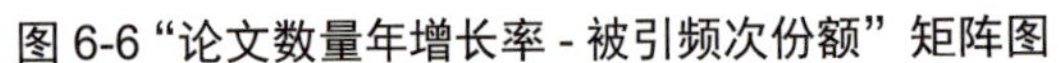

图 6-6 “论文数量年增长率 - 被引频次份额” 矩阵图

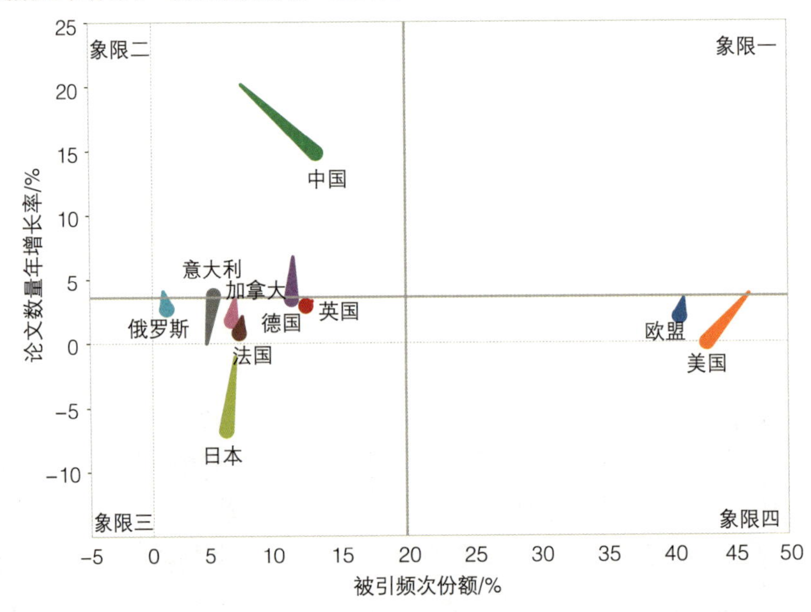

说明：被引频次份额的区间分隔线取经验值 20%，论文数量年增长率的区间分隔线取目标国家平均增长率。不同颜色代表不同国家，线条由细变粗，表示从 2010 年到 2014 年各国位置的变化情况。

矩阵图中第一象限的特征是被引频次份额且论文数量年增长率均较高，代表处于优势竞争地位，第二象限的特征是论文数量年增长率较高但被引频次份额较低，代表具有发展潜力和机会，可能进入第一象限，但也有可能跌入第三象限；第三象限的特征是论文数量年增长率和被引频次份额均较低，代表是细分领域的竞争者；第四象限的特征是论文数量年增长率较低但被引频次份额较高，代表处于稳定成熟发展阶段，但面临被竞争者超越或自身竞争实力衰退的威胁。

从图 6-6 中可以看出，中国位于第二象限，表示中国生物学学科如果能保持较高的增长速度，将有可能从潜力者发展成为领导者。美国、欧盟位于第四象限，表示其已经进入成熟的稳定发展期，并保持较强领先者的位置。

英国、德国、加拿大、意大利、俄罗斯、法国处于第二象限和第三象限的边界，处于低增长态势，特别是日本，发展速度出现负增长，在竞争中处于劣势地位。

（五）顶级论文对比分析

目标国家顶级论文（包括高被引论文和热点论文）数量和百分比见图 6-7。

图 6-7　目标国家顶级论文数量和百分比

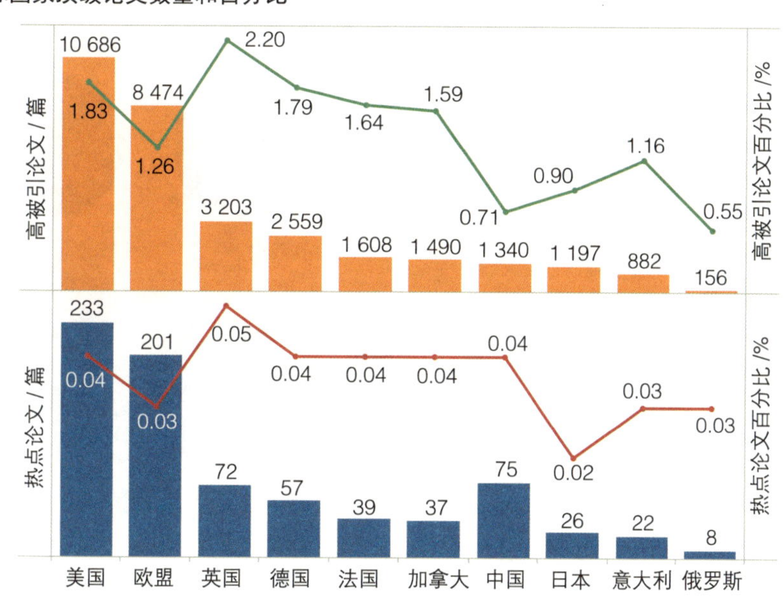

在高被引论文方面，美国以 10 686 篇居于目标国家的首位，中国排名第 7 位，有 1 340 篇高被引论文。英国的高被引论文百分比最高，占英国生物学学科论文的 2.20%。美国、欧盟、英国、德国、法国、意大利、加拿大的高被引论文百分比均超过 1% 的期望值，而中国、日本和俄罗斯则低于 1% 的期望值。

在热点论文方面，美国以 233 篇居于目标国家的首位，英国的热点论文百分比最高，为 0.05%，中国以 75 篇仅次于美国、欧盟，排名第 3 位，中国热点论文占中国论文总量的 0.04%。

（六）高影响力机构对比分析

图 6-8 是对生物学学科进入全球 ESI 排名，即被引频次排名全球前 1% 的机构按照类型和目标国家的分布统计情况。

图 6-8 ESI 全球前 1% 机构

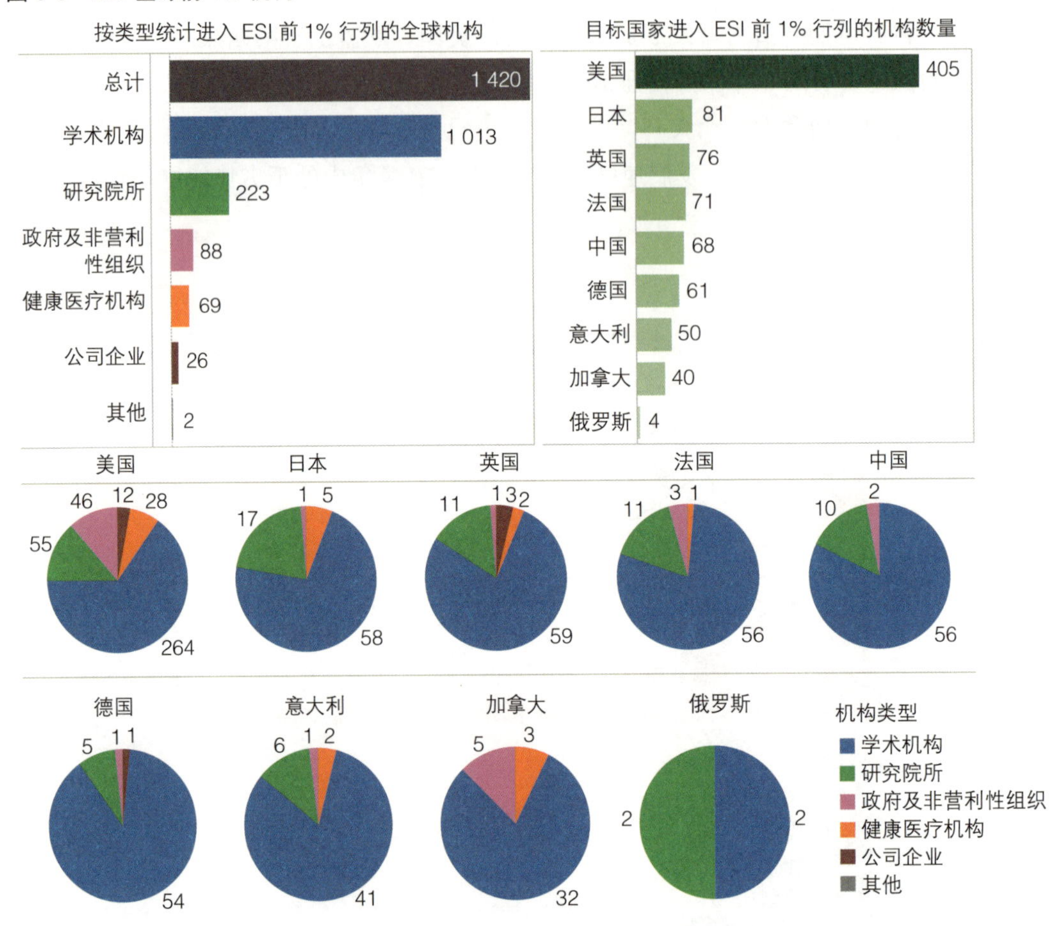

全球生物学学科进入 ESI 的机构共有 1 420 家，美国进入 ESI 的机构数量高达 405 个，处于全球领先的位置，中国以 68 家机构排名第 5 位。

全球生物学学科进入 ESI 的机构大多集中在学术机构。除了学术机构外，研究院所、政府及非营利性组织、公司企业、健康医疗机构均有进入。中国进入 ESI 的 68 家机构包括 56 家学术机构、10 家研究院所和 2 家公司企业。

（七）中国高影响力机构

按照被引频次统计，中国进入 ESI 的前 20 家机构见表 6-2。

表 6-2　按照被引频次中国进入 ESI 的前 20 家机构

位次	机构	被引频次/次	论文数量/篇	高被引论文/篇	国际合作论文/篇	引文影响力	h 指数
1	中国科学院	435 909●	34 981●	434●	10 104●	15.15	160●
2	海生物科学研究所	94 459	4 609	85	1 693	22.04●	110
3	浙江大学	94 394	8 568	69	2 139	13.50	87
4	上海交通大学	93 703	6 971	79	1 709	17.02	105
5	北京大学	85 786	5 076	88	1 778	19.16	108
6	复旦大学	80 323	5 856	56	1 765	16.80	98
7	中国农业大学	67 127	6 463	73	1 619	13.09	84
8	中山大学	65 362	5 305	42	1 306	15.67	86
9	中国农业科学院	62 757	7 114	66	1 422	11.67	76
10	清华大学	61 427	3 283	64	1 040	20.54	91
11	中国医学科学院北京协和医学院	48 813	3 488	34	873	17.18	80
12	华中农业大学	46 382	4 015	55	964	12.87	71
13	中国科学院大学	45 983	4 524	53	1 120	10.32	64
14	南京农业大学	45 119	3 598	36	806	11.81	63
15	山东大学	37 344	3 543	14	872	12.34	61
16	四川大学	37 127	3 421	27	678	13.24	63
17	武汉大学	35 979	2 000	19	642	14.05	62
18	华中科技大学	28 051	2 504	5	748	12.77	56
19	南京大学	26 995	2 110	22	515	15.02	64
20	中国科学技术大学	24 826	992	23	429	18.09	64

说明：数据来自 InCites，因为统计规则和范围不同，导致与 ESI 中的数据可能有不同。圆点表示本机构在当前指标排名第 1 位。

中国科学院在被引频次、论文数量、高被引论文、国际合作论文、h 指数等多项指标上都位居中国进入 ESI 的前 20 家机构首位。浙江大学则位居中国学术型机构被引频次排名的首位。上海生物科学研究所在引文影响力指标上位居 20 家机构的首位。

第三节　我国论文合作情况分析

（一）论文合作发展趋势

图 6-9 是中国国际合作论文和横向合作论文数量和百分比的发展趋势。

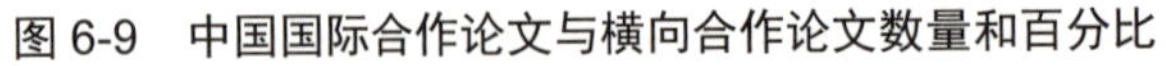
图 6-9　中国国际合作论文与横向合作论文数量和百分比

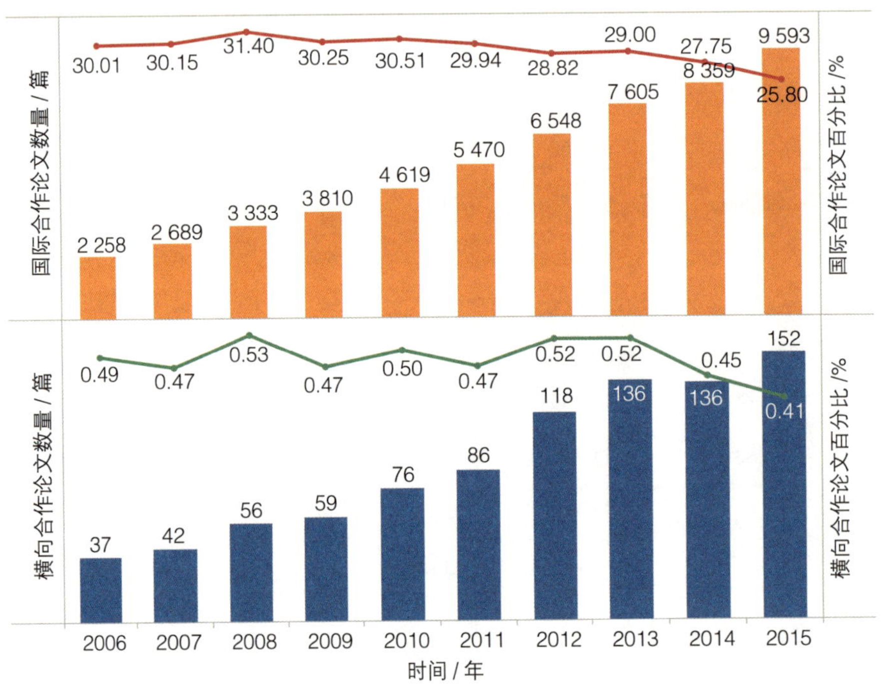

2006—2015 年，我国生物学学科国际合作论文数量呈逐步上升但百分比呈小幅下降趋势，从 2006 年的 2 258 篇（30.01%）上升到 2015 年的 9 593 篇（25.80%）。相比之下，我国生物学学科横向合作论文百分比呈小幅下降趋势，2008 年的横向合作论文占比最高为 0.53%，2015 年的论文数量增长到 152 篇，但横向合作论文百分比下降 0.41%。

（二）主要合作国家和发展趋势

图 6-10 给出了与我国在生物学学科合作论文排名前 10 位的国家和合作论文发展趋势。美国是与中国合作论文数量最多的国家，国际合作论文数量达到 28 967 篇，并且合作论文数量呈快速增长趋势，从 2006 年的 1 050 篇增长到 2015 年的 5 506 篇。与中国合作的亚洲国家主要包括日本、韩国和新加坡。

图 6-10　中国主要合作国家和发展趋势

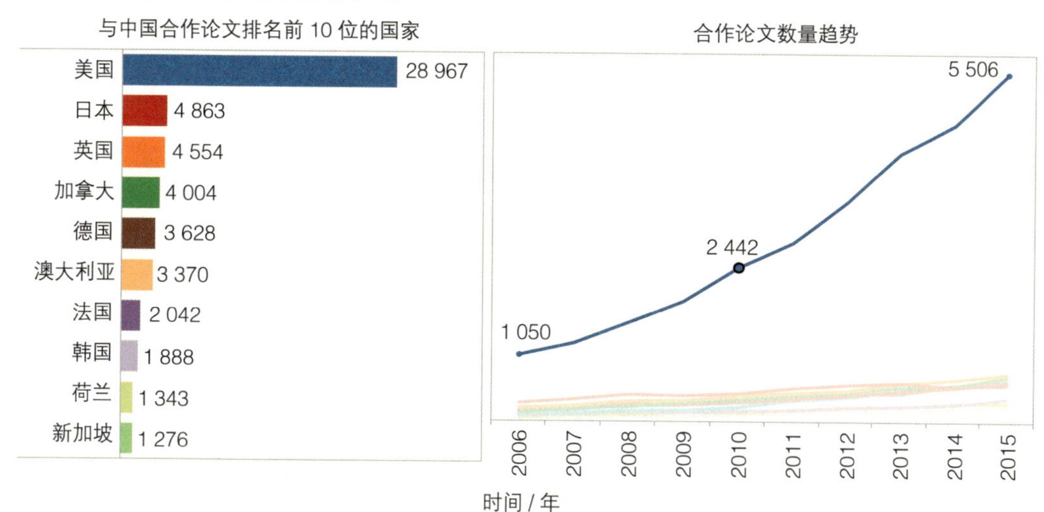

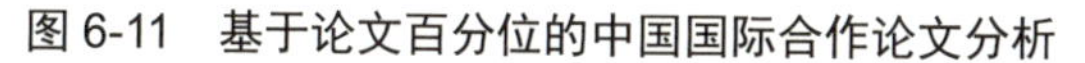
（三）中国国际合作论文的收益分析

图 6-11 是基于论文百分位指标对中国国际合作论文的收益进行分析。可以看到，生物学学科中国国际合作论文的平均百分位低于中国所有论文，即中国国际合作论文的平均水平高于整体平均水平，这也说明中国生物学学科从国际合作中获得收益。

图 6-11　基于论文百分位的中国国际合作论文分析

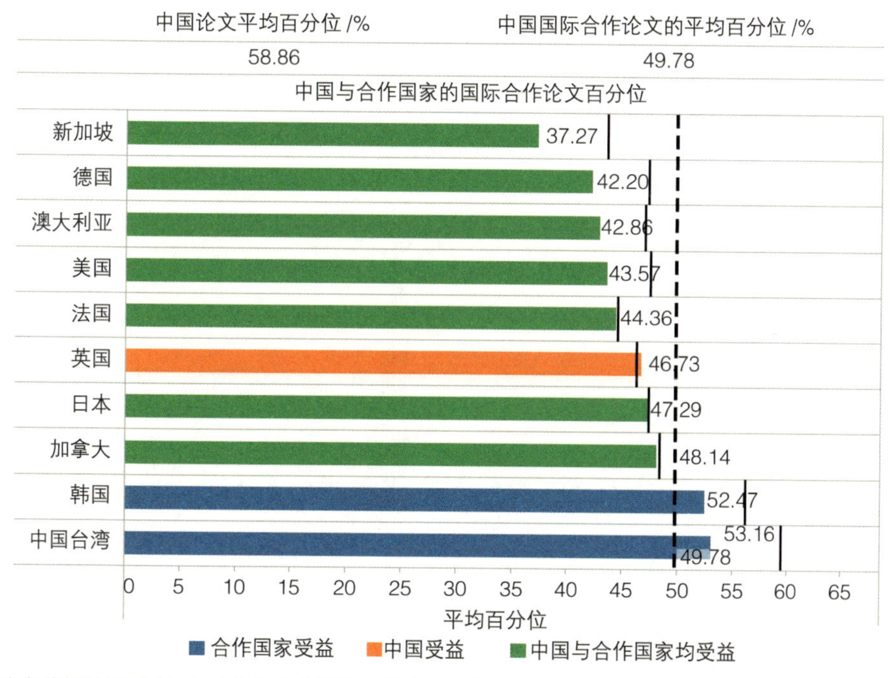

说明：图中条状图数值是中国与合作国家的国际合作论文百分位。短实线代表与中国合作国家的论文百分位，长虚线代表中国国际合作论文百分位。条状图的颜色代表中国与合作国家的合作受益情况。

进一步将中国主要合作国家的国际合作论文百分位指标与中国国际合作论文百分位和合作国家论文百分位进行比较，如图 6-11 所示，可以得到以下结果：

- 中国与荷兰、法国、新加坡、英国、澳大利亚、加拿大的合作提升了合作双方的论文水平，即中国与合作国家均从国际合作中获得收益。
- 中国与美国的合作提升了中国国际合作论文的水平，但拉低了美国论文的水平，即仅中国从国际合作中获得收益。
- 中国与韩国、日本的合作提升了合作国家的论文水平，但拉低了中国国际合作论文的水平，即仅合作国家从国际合作中获得收益。

鉴于以上分析结果，在生物学学科领域，在某种程度上应更多鼓励中国与荷兰、法国、新加坡、英国、澳大利亚、加拿大、美国等国开展国际合作。

第四节　我国高被引论文表现分析

（一）高被引论文合著分析

图 6-12 是中国生物学学科高被引论文的平均合著者和平均合著机构统计。

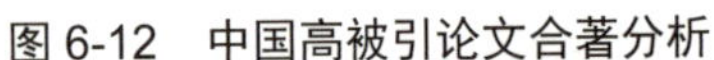
图 6-12　中国高被引论文合著分析

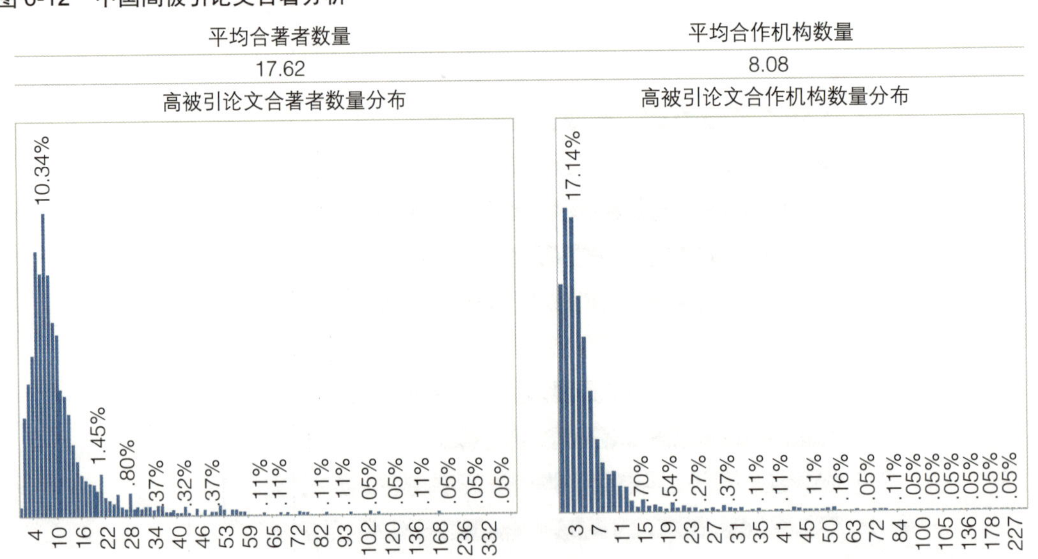

中国生物学学科高被引论文的篇均作者数量为 17.62，论文作者分布主要集中在 5 ～ 8 人，作者数量最高达到 774 人。中国生物学学科高被引论文的篇均机构数量为 8.08，合作机构数量主要集中在 1 ～ 4 家，合作机构数量最高达到 294 家。

（二）高被引论文主导性分析

高被引论文代表了一个国家在高水平研究成果方面的产出能力，在高水平论文方面做出主要贡献的国家被认为对论文产出具有主导性，可以用高被引论文中中国作者担任第一作者的论文数量占中国高水平论文的百分比来计算主导率。主导率越高，则说明中国作者在高水平研究中的主导性越强，可以认为中国处于主导地位。图 6-13 是第一作者为中国的高被引论文数量和发展趋势。

图 6-13　第一作者为中国的高被引论文数量和发展趋势

可以看到，第一作者为中国的高被引论文总计有 1 197 篇，占中国高被引论文总量的 64.11%，说明中国在高被引论文中主导性一般。从发展趋势上看，中国在生物学学科高被引论文的主导性上整体呈增长趋势。

（三）高被引论文来源机构

表 6-3 是统计第一作者为中国的高被引论文按照被引频次排名前 20 位的机构。

表 6-3　按照第一作者统计中国发表高被引论文被引频次排名前 20 位的机构

位次	机构	被引频次 / 次	论文数 / 篇	篇均被引频次 / 次
1	中国科学院	22 924●	277●	82.76
2	深圳华大基因	6 327	19	333.00
3	清华大学	5 291	41	129.05
4	复旦大学	4 999	32	156.22

续表

位次	机构	被引频次 / 次	论文数 / 篇	篇均被引频次 / 次
5	中国农业科学院	4 657	43	108.30
6	上海交通大学	4 580	47	97.45
7	北京大学	4 565	38	120.13
8	浙江大学	3 537	47	75.26
9	中国农业大学	3 397	39	87.10
10	华中农业大学	3 180	37	85.95
11	北京生命科学研究所	2 909	23	126.48
12	南京大学	2 798	15	186.53
13	中山大学	2 305	21	109.76
14	南京农业大学	2 282	32	71.31
15	武汉大学	1 429	15	95.27
16	中国科学技术大学	1 109	13	85.31
17	苏州大学	1 086	8	135.75
18	厦门大学	1 001	5	200.20
19	第二军医大学	875	7	125.00
20	哈尔滨医科大学	787	2	393.50

中国科学院在生物学学科高被引论文被引频次和论文篇数上排名首位，哈尔滨医科大学篇均被引频次最高。

（四）高被引论文来源期刊

表 6-4 是中国高被引论文按被引频次排名前 20 位的来源期刊。期刊 NATURE 按照高被引论文被引频次和论文数量排在首位，期刊 BIOCHEMICAL AND BIOPHYSICAL RESEARCH COMMUNICATION 的期刊规范化引文影响力最高，期刊 NATURE BIOTECHNOLOGY 的期刊影响因子最高。

表 6-4　中国高被引论文按被引频次排名前 20 位的来源期刊

位次	期刊	被引频次 / 次	论文数 / 篇	期刊规范化引文影响力	期刊影响因子
1	NATURE	39 226 •	135 •	2.3	38.14
2	SCIENCE	16 138	73	1.91	34.66
3	CELL	10 352	44	2.27	28.71
4	PLANT CELL	9 644	110	1.96	8.54
5	NATURE GENETICS	9 464	53	1.81	31.62
6	PROCEEDINGS OF THE NATIONAL ACADEMY OF SCIENCES OF THE UNITED ST..	7 739	82	3.01	9.42
7	NUCLEIC ACIDS RESEARCH	6 832	54	4.54	9.2
8	PLANT PHYSIOLOGY	6 633	88	2.35	6.28
9	NATURE BIOTECHNOLOGY	4 481	27	2.06	43.11 •
10	BIORESOURCE TECHNOLOGY	4 428	49	5.12	4.92
11	PLOS ONE	4 054	53	8.62	3.06
12	NATURE MEDICINE	3 292	17	1.98	30.36
13	JOURNAL OF BIOLOGICAL CHEMISTRY	3 236	24	6.20	4.26
14	BIOMACROMOLECULES	3 096	24	4.05	5.58
15	PLANT JOURNAL	2 964	41	2.70	5.47
16	JOURNAL OF EXPERIMENTAL BOTANY	2 663	50	3.54	5.68
17	NEW PHYTOLOGIST	2 562	45	2.63	7.21
18	BIOCHEMICAL AND BIOPHYSICAL RESEARCH COMMUNICATIONS	2 349	16	11.55 •	2.37
19	CANCER CELL	2 241	13	2.43	23.21
20	CELL STEMC ELL	2 221	12	2.36	22.39

第七章　环境生态和地球科学学科

第一节　我国环境生态和地球科学学科发展概况

根据 2016 年 6 月 Incites 最新统计数据显示，我国 10 年内（2006 年 1 月 1 日至 2015 年 12 月 31 日）共有 99 273 篇环境生态和地球科学学科论文被 SCI 收录，占全球环境生态和地球科学学科论文总量的 13.32%，仅次于欧盟、美国，排名全球第 3 位。

在 10 年统计期间，我国环境生态和地球科学学科论文被引总频次为 938 415 次，占全球引用总量的 10.26%，位居欧盟、美国、英国、德国之后，排名全球第 5 位。

相比论文数量和引用规模指标，我国环境生态和地球科学学科的论文影响力表现不佳。其中，引文影响力指标即论文篇均被引频次为 9.45 次，排名全球第 127 位，低于美国、英国、德国、法国、加拿大、西班牙、意大利等欧美国家和日本等亚洲国家，略高于全球平均水平。我国环境生态和地球科学学科论文被引百分比为 78.08%，略低于全球平均水平。

在论文合作方面，我国环境生态和地球科学学科共有 35 289 篇国际合作论文和 1926 篇横向合作论文，分别占我国发表 SCI 论文数量的 35.55% 和 1.94%。

中国在顶级论文上表现良好。我国环境生态和地球科学学科共有高被引论文 925 篇，占全球高被引论文总量的 12.57%。2016 年 6 月的 InCites 数据显示，我国当期共有环境生态和地球科学学科热点论文 29 篇，占全球热点论文总量的 19.45%。

从论文国家分布和排名情况看，全球环境生态和地球科学学科较为发达的国家主要分布在北美、欧洲和亚太地区。美国、德国、英国、加拿大、法国、意大利、西班牙等欧美国家在论文总被引频次和论文数量上均进入全球前 10 位，瑞士在论文被引频次上进入全球前 10 位，在亚太地区，中国、澳大利亚在论文总被引频次和论文数量上均进入全球前 10 位，日本在论文数量上进入全球前 10 位。中国、俄罗斯在引文影响力上明显低于欧美等科技领先国家，说明两国的环境生态和地球科学学科在研究质量上与欧美等科技强国还有一定差距。

详细概览数据和排名情况见表 7-1 和图 7-1。

表 7-1　中国概览数据

Web of Science 论文数	99 273	论文数量全球百分比	13.32
被引频次	938 415	被引频次全球百分比	10.26
引文影响力	9.45	论文被引百分比	78.08
国际合作论文	35 289	国际合作论文百分比	35.55
横向合作论文	1 926	横向合作论文百分比	1.94
高被引论文	925	高被引论文全球百分比	12.57
热门论文	29	热门论文全球百分比	19.45

图 7-1　主要国家论文排名情况

主要国家的论文篇数排名		主要国家论文被引频次排名		主要国家引文影响力排名	
1 欧盟	292 497	1 欧盟	4 086 834	16 英国	18.82
2 美国	220 429	2 美国	3 856 707	26 美国	17.50
3 中国	99 273	3 英国	1 244 499	34 澳大利亚	16.67
4 英国	66 127	4 德国	986 875	37 德国	16.57
5 德国	59 575	5 中国	938 415	38 法国	16.44
6 加拿大	49 188	6 法国	808 325	45 加拿大	15.83
7 法国	49 158	7 加拿大	778 527	65 欧盟	13.97
8 澳大利亚	40 843	8 澳大利亚	680 865	72 意大利	13.38
9 意大利	34 965	9 意大利	467 854	79 日本	12.36
10 日本	33 675	10 西班牙	461 832	127 中国	9.45
13 俄罗斯	25 865	12 日本	416 205	194 俄罗斯	5.44

说明：数据来源于 InCites，时间范围为 2006—2015 年。

第二节　目标国家对比分析

（一）论文数量发展趋势对比分析

目标国家环境生态和地球科学学科论文数量发展趋势见图 7-2。可以看出，2006 年至 2015 年目标国家的环境生态和地球科学学科论文数量整体处于增长趋势，欧盟、美国、中国分别位于目标国家中论文数量的前 3 位。

图 7-2　目标国家环境生态和地球科学学科论文数量发展趋势

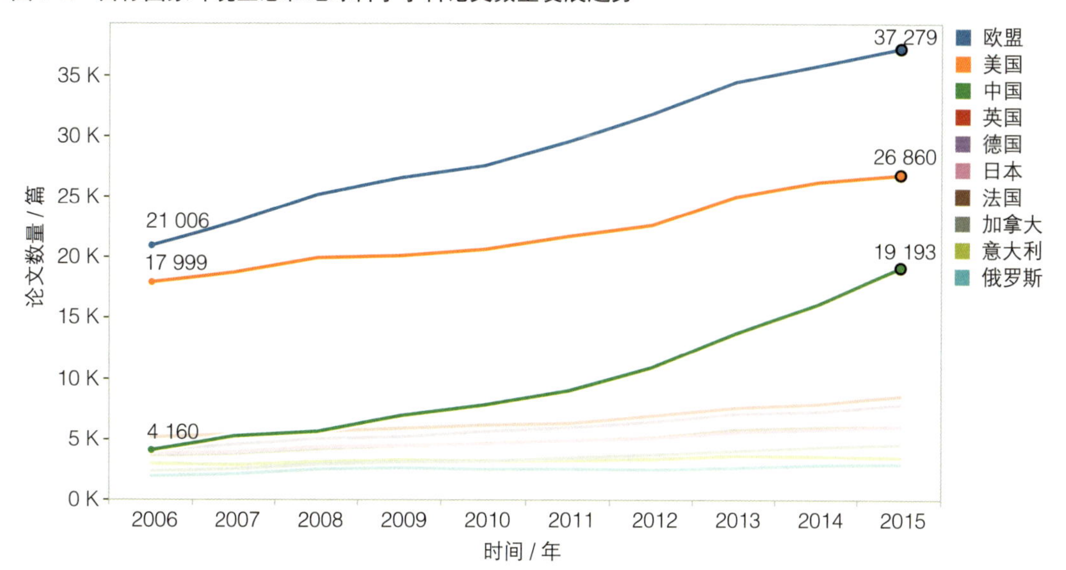

图 7-3 计算了目标国家环境生态和地球科学学科在 2010—2015 年度的论文数量年增长率，可以更清楚地展现出不同国家的发展态势。中国论文进入高速发展阶段，年均增长率在 18% 以上，增长速度明显高于其他国家；美国、英国、德国、加拿大、法国、意大利、欧盟的论文数量年均增长率在 5% ～ 7%，属于缓慢增长阶段；日本的论文数量年增长率基本保持稳定，年均增长率为 1%，某些年份出现负增长；俄罗斯的年增长率波动较大，年均增长率为 2%，2014 年的年增长率最高，达到 8.51%，高于除中国外的其他国家。

图 7-3 论文数量年增长率（2010—2015 年）

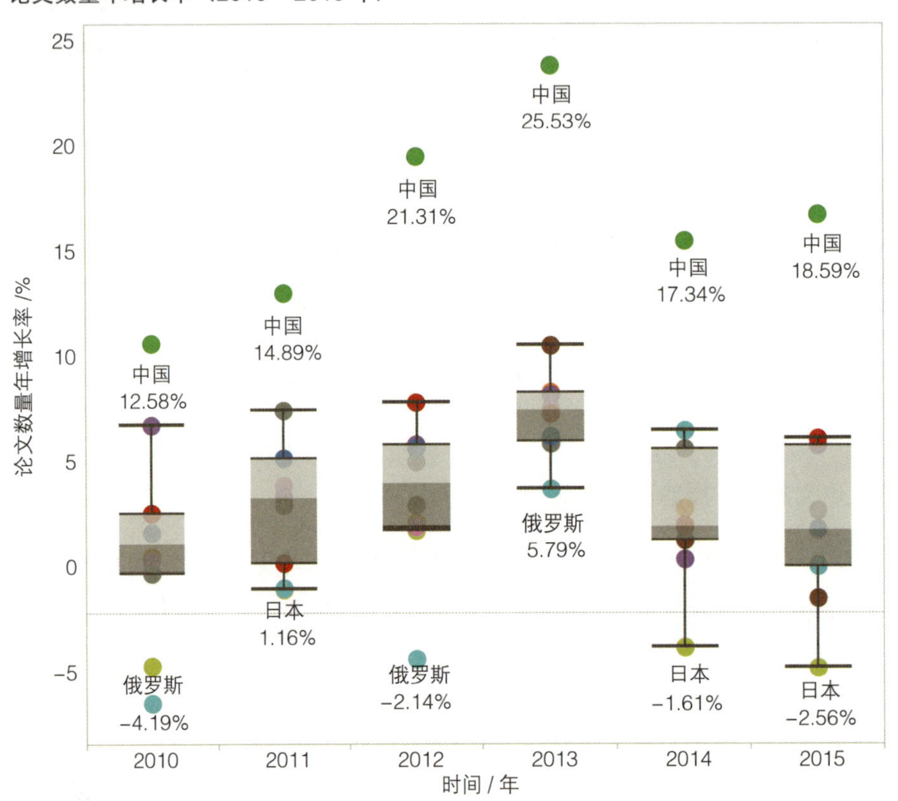

（二）论文引用份额对比分析

目标国家 2006—2015 年环境生态和地球科学学科论文引用份额发展趋势见图 7-4。

可以看出，2006 年至 2015 年欧盟论文引用份额基本保持稳定，美国出现持续下降趋势，而中国论文引文份额得到较快增长，由 2006 年的 6.78% 提升到 2015 年的 18.17%，并在 2013 年首次超过英国，论文引用份额位居欧盟和美国之后。

图 7-4　论文引用份额发展趋势

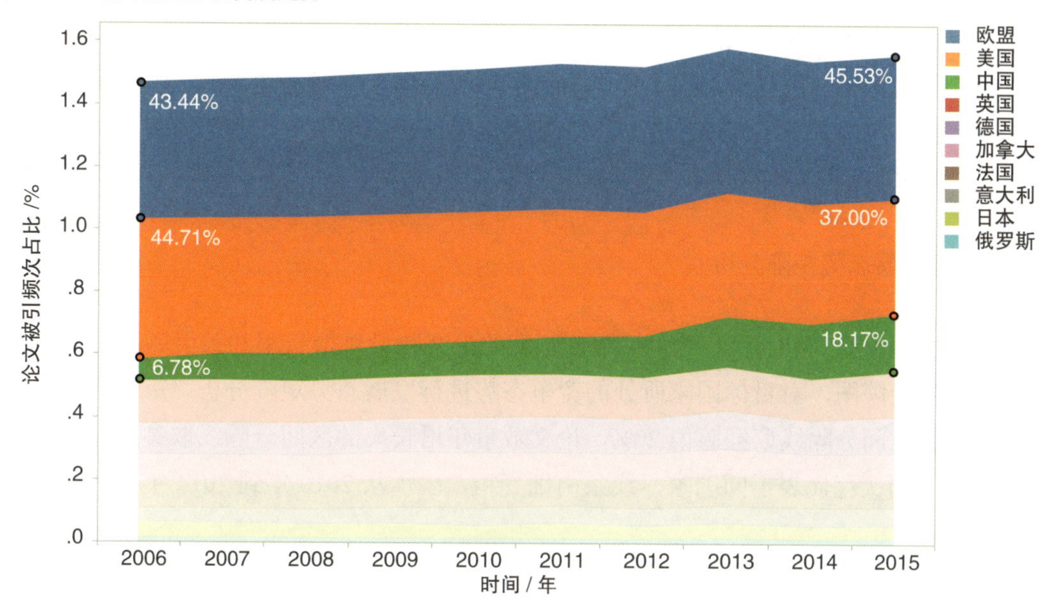

（三）论文影响力对比分析

图 7-5 以 2014 年的引文影响力、相对于全球平均水平的影响力、论文被引百分比和平均百分位四个指标，将目标国家的论文影响力与全球平均值进行对比分析。

图 7-5　全球与目标国家论文影响力指标（2014 年）

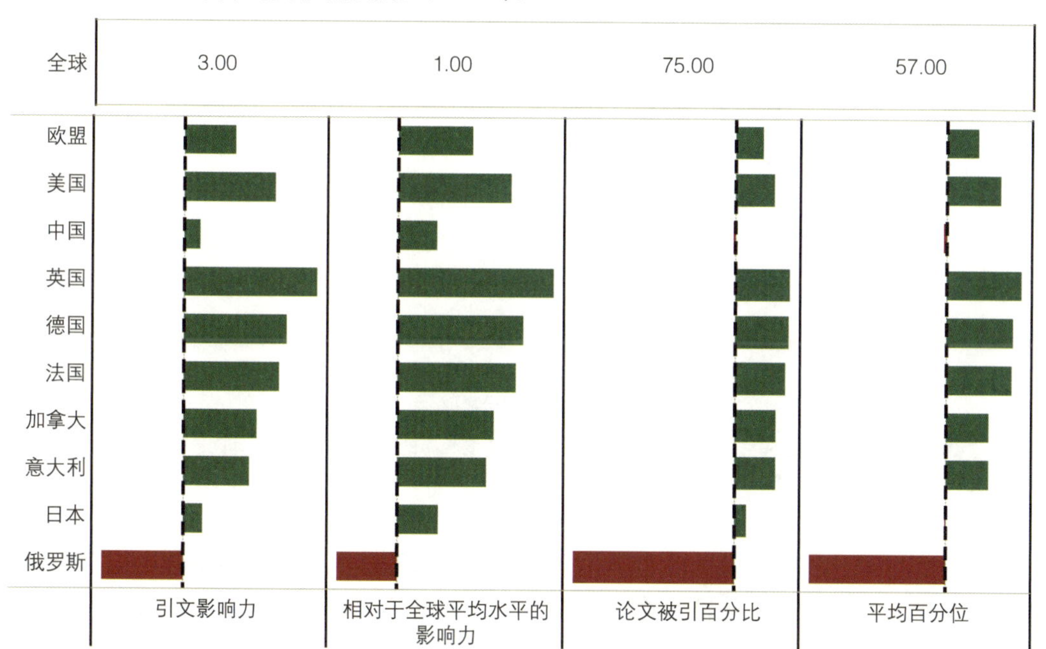

说明：图中以虚线代表的全球影响力指标为基准展示目标国家论文影响力。红色表示目标国家影响力指标低于全球，绿色表示目标国家影响力指标高于全球。由于平均百分位数值越大，表示论文质量越低，为与前三个指标保持一致，这里在显示上采用倒序处理。

可以看到，美国、英国、德国、法国、加拿大、意大利的四个影响力指标均高于全球平均水平，表明这些国家的论文质量表现良好，其中英国明显高于全球平均水平和其他国家。与之相反，俄罗斯的四个影响力指标均明显低于全球平均水平，表明其论文质量表现不佳。中国、日本在四项指标上非常接近全球平均水平，表明两国的论文质量接近世界平均水平。

（四）发展态势矩阵分析

图 7-6 是基于 2010 年和 2014 年两个年度的论文数量年增长率和被引频次份额两个指标构建的矩阵图，对目标国家所处的竞争态势进行发展态势矩阵分析。矩阵图中被引频次份额的区间分隔线取经验值 20%，论文数量年增长率的区间分隔线取参照国家平均增长率。不同颜色代表不同国家，线条由细变粗，表示从 2010 年到 2014 年各国位置的变化情况。

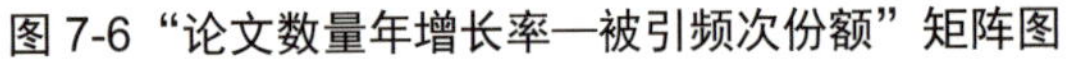

图 7-6 “论文数量年增长率—被引频次份额”矩阵图

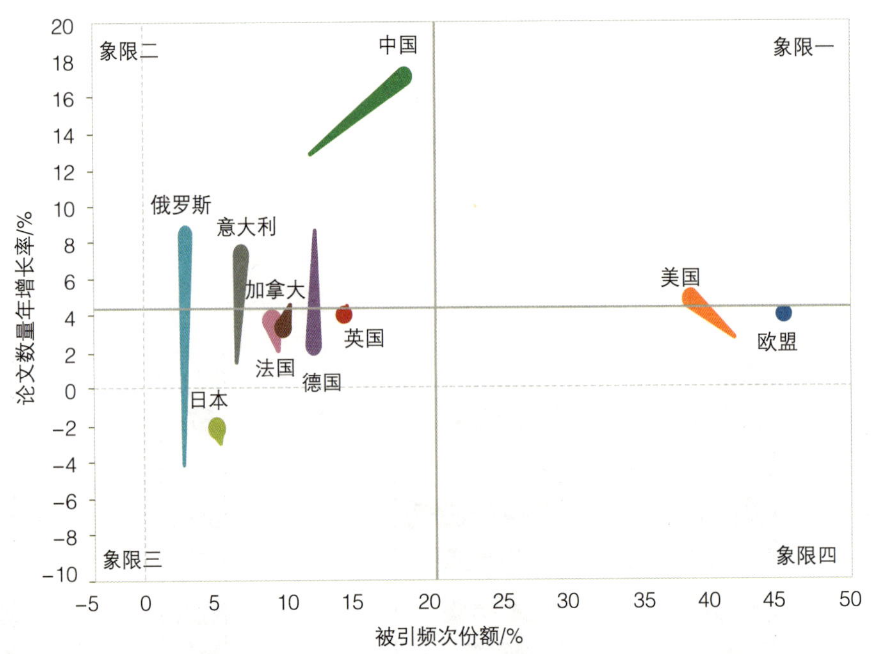

说明：被引频次份额的区间分隔线取经验值 20%，论文数量年增长率的区间分隔线取目标国家平均增长率。不同颜色代表不同国家，线条由细变粗，表示从 2010 年到 2014 年各国位置的变化情况。

矩阵图中第一象限的特征是被引频次份额且论文数量年增长率均较高，代表处于优势竞争地位，第二象限的特征是论文数量年增长率较高但被引频次份额较低，代表具有发展潜力和机会，可能进入第一象限，但也有可能跌入第三象限；第三象限的特征是论文数量年增长率和被引频次份额均较低，代表是细分领域的竞争者；第四象限的特征是论文数量年增长率较低但被引频次份额较高，代表处于稳定成熟发展阶段，但面临被竞争者超越或自身竞争实力衰退的威胁。

从图 7-6 中可以看出，中国逐渐接近进入第一象限，表示中国环境生态和地球科学学科如果能保持较高的增长速度，短期内将有可能从有潜力者发展成为领导者。美国、欧盟位于第四象限与第一象限边界，并在被引频次份额上远远高于其他国家，表示其已经进入成熟的稳定发展期，依然占据领先者的位置。

俄罗斯、加拿大、意大利、法国、英国、德国是具有未来发展潜力的国家，但其引用份额相对较低，短期内还不能对领先者构成竞争。相比之下，日本的发展度出现明显负增长，在竞争中处于劣势地位。

（五）顶级论文对比分析

目标国家顶级论文（包括高被引论文和热点论文）数量和百分比见图 7-7。

图 7-7　目标国家顶级论文数量和百分比

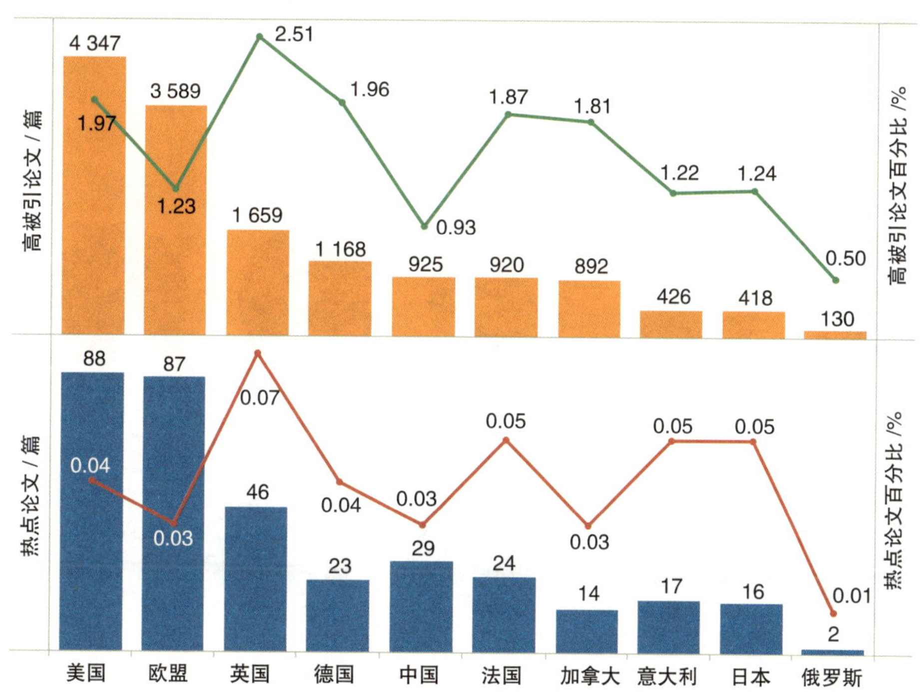

在高被引论文方面，美国以 4 347 篇居于目标国家的首位，中国位于美国、欧盟、英国、德国之后，有 925 篇高被引论文。英国的高被引论文百分比最高，占英国环境生态和地球科学学科论文的 2.51%。美国、德国、英国、法国、意大利、加拿大和日本的高被引论文百分比均超过 1% 的期望值，而中国和俄罗斯则低于 1% 的期望值。

在热点论文方面，美国以 88 篇居于目标国家的首位，英国的热点论文百分比最高，为 0.07%，中国以 29 篇位居美国、欧盟、英国之后，中国的热点论文占中国论文总量的 0.03%。

（六）高影响力机构对比分析

图 7-8 是对环境生态和地球科学学科进入全球 ESI 排名，即被引频次排名全球前 1% 的机构按照类型和目标国家的分布统计情况。

图 7-8 ESI 全球前 1% 机构

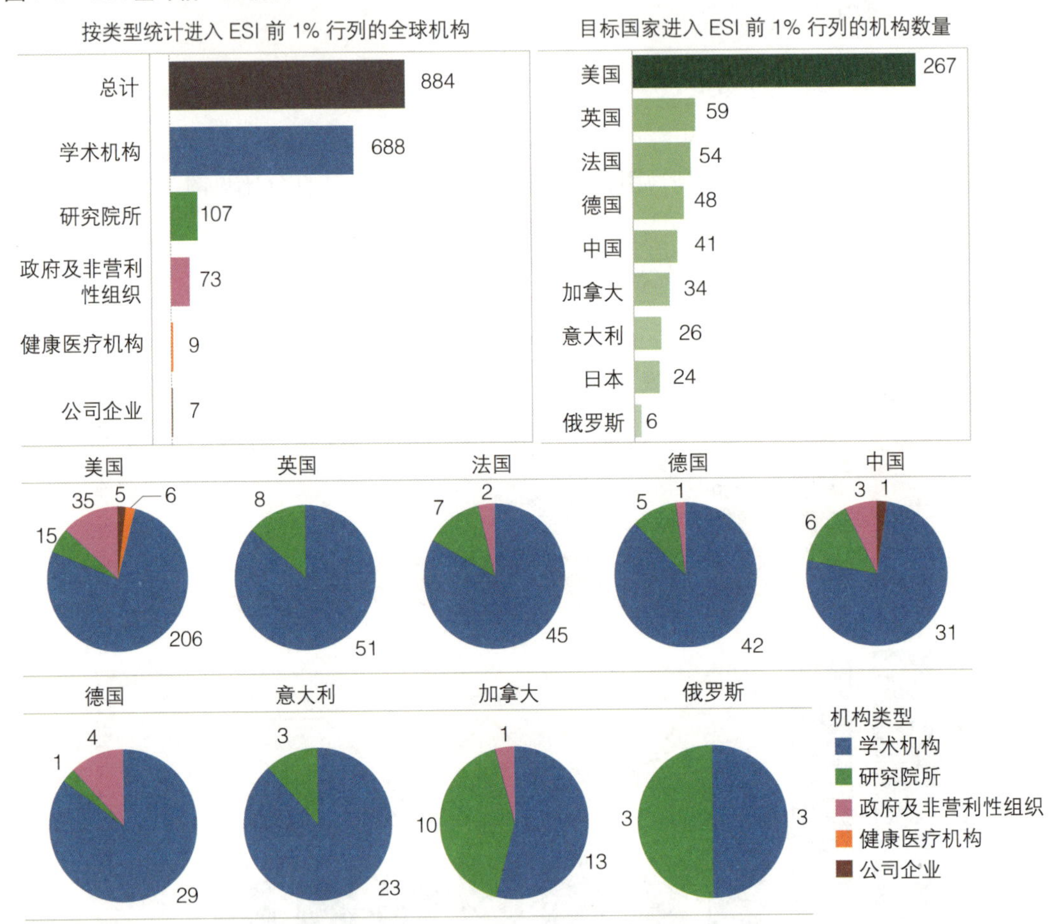

全球环境生态和地球科学学科进入 ESI 的机构共有 884 家，美国进入 ESI 的机构数量高达 267 个，处于全球领先的位置，中国以 41 家机构位于美国、英国、法国、德国之后。

全球环境生态和地球科学学科进入 ESI 的机构大多集中在学术机构。除了学术机构外，研究院所、政府及非营利性组织、健康医疗机构、公司企业均有进入。

中国进入环境生态和地球科学学科的 41 家机构中，包括 31 家学术机构、6 家研究院所、3 家政府及非营利性组织和 1 家公司企业。

（七）中国高影响力机构

按照被引频次统计，中国进入 ESI 的前 20 家机构见表 7-2。

表 7-2　按照被引频次中国进入 ESI 的前 20 家机构

位次	机构	被引频次/次	论文数量/篇	高被引论文/篇	国际合作论文/篇	引文影响力	*h* 指数
1	中国科学院	397 984●	37 137●	409●	11 807●	13.44	151●
2	北京大学	68 000	4 812	104	1874	16.74	91
3	中国地质大学	63 679	6 615	106	2 097	12.63	90
4	中国科学院大学	44 610	7 429	34	1 541	8.28	57
5	南京大学	41 240	4 189	37	1 319	12.49	68
6	中国地质科学院	40 976	2 903	77	82	16.60	87
7	国科学院生态环境研究中心	34 812	2 285	26	62	16.34	71
8	北京师范大学	32 125	3 574	37	1 189	11.58	64
9	中国气象局	31 086	2 617	39	918	13.93	71
10	清华大学	31 077	2 735	51	895	14.25	67
11	浙江大学	26 625	2 498	28	679	13.50	60
12	中国海洋大学	21 126	2 509	37	688	12.20	60
13	中国科学技术大学	20 260	1 498	27	459	16.58	62
14	兰州大学	19 841	1 908	23	706	12.74	55
15	西北大学	19 364	864	33	274	24.48●	67
16	同济大学	17 864	2 211	13	632	10.49	51
17	中国地震局	16 495	1 987	15	550	10.36	51
18	中山大学	14 582	1 563	14	439	11.90	49
19	武汉大学	13 580	2 175	16	533	8.69	42
20	复旦大学	12 119	641	12	320	15.80	51

说明：数据来自 InCites，因为统计规则和范围不同，导致与 ESI 中的数据可能有不同。圆点表示本机构在当前指标排名第 1 位。

中国科学院在被引频次、论文数量、高被引论文、国际合作论文、*h* 指数等多项指标上都位居中国进入 ESI 的前 20 家机构首位。北京大学则位居中国学术机构被引频次排名的首位。西北大学在引文影响力指标上位居 20 家机构的首位。

第三节　我国论文合作情况分析

（一）论文合作发展趋势

图 7-9 是中国国际合作论文和横向合作论文数量和百分比的发展趋势。

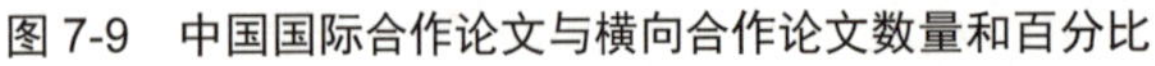
图 7-9　中国国际合作论文与横向合作论文数量和百分比

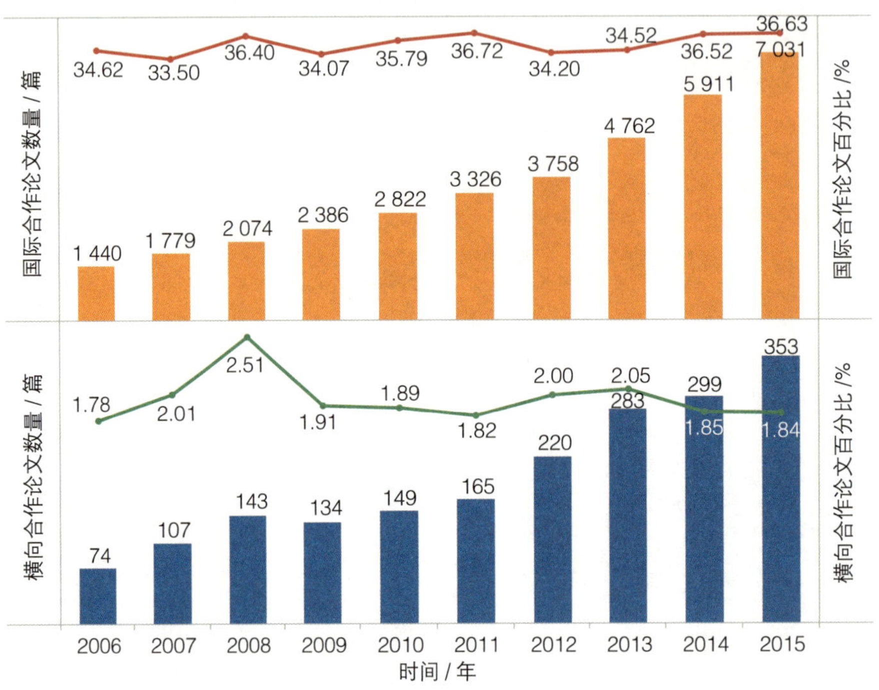

2006—2015 年，我国环境生态和地球科学学科国际合作论文数量呈逐步上升趋势，百分比波动不大，从 2006 年的 1 440 篇（34.62%）增长到 2015 年的 7 031 篇（36.63%）。相比之下，我国环境生态和地球科学学科横向合作论文在数量和百分比上呈波动趋势，2008 年横向合作论文占比最高为 2.51%，2015 年论文数量增长到 353 篇，但横向合作论文百分比下降 1.84%。

（二）主要合作国家 / 地区和发展趋势

图 7-10 给出了与我国在环境生态和地球科学学科合作论文排名前 10 位的国家和合作论文发展趋势。美国是与中国合作论文数量最多的国家，国际合作论文数量达到 16 385 篇，并且合作论文数量呈快速增长趋势，从 2006 年的 593 篇增长到 2015 年的 3 396 篇。与中国合作的亚洲国家或地区主要包括日本、中国台湾和中国香港。

图 7-10　中国主要合作国家 / 地区发展趋势

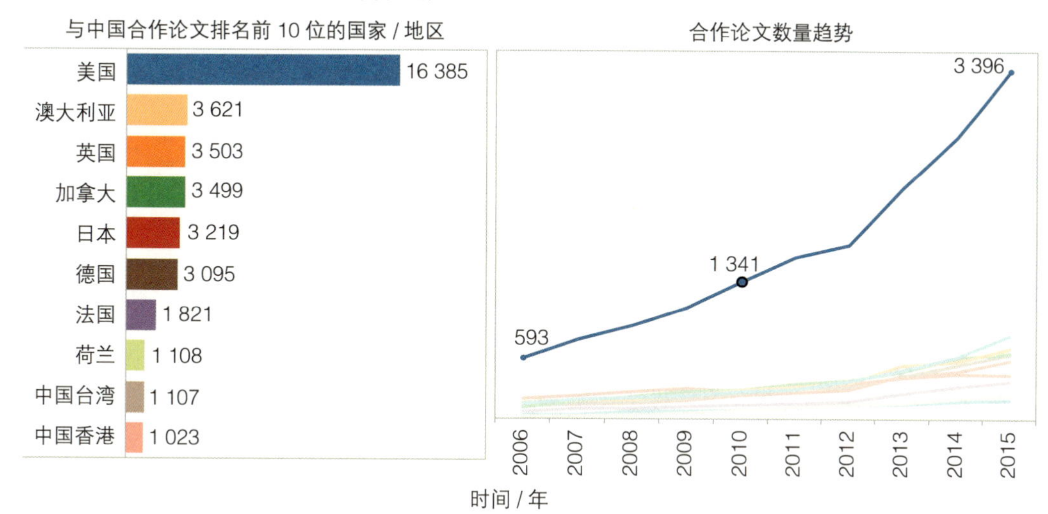

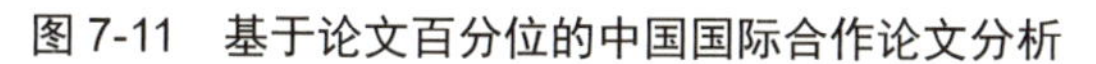

（三）中国国际合作论文的收益分析

图 7-11 是基于论文百分位指标对中国国际合作论文的收益进行分析。从图 7-11 中可以看到，环境生态和地球科学学科中国国际合作论文的平均百分位低于中国所有论文，即中国国际合作论文的平均水平高于整体平均水平，这也说明中国环境生态和地球科学学科从国际合作中获得收益。

图 7-11　基于论文百分位的中国国际合作论文分析

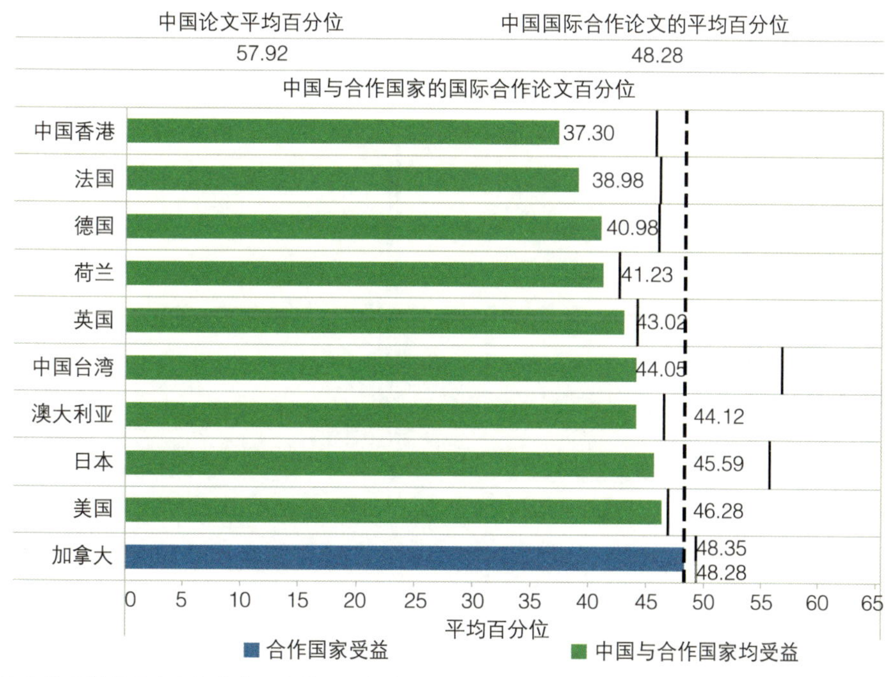

说明：图中条状图数值是中国与合作国家的国际合作论文百分位。短实线代表与中国合作国家的论文百分位，长虚线代表中国国际合作论文百分位。条状图的颜色代表中国与合作国家的合作受益情况。

进一步将中国主要合作国家的国际合作论文百分位指标与中国国际合作论文百分位和合作国家论文百分位进行比较，如图 7-11 所示，可以得到以下结果：

- 中国与中国香港、法国、德国、荷兰、英国、中国台湾、澳大利亚、日本、美国的合作提升了合作双方的论文水平，即中国与合作国家或地区均从国际合作中获得收益。
- 中国与加拿大的合作提升了合作国家的论文水平，即合作国家从国际合作中获得收益。

鉴于以上分析结果，在环境生态和地球科学学科领域，在某种程度上应更多鼓励中国与中国香港、法国、德国、荷兰、英国、中国台湾、澳大利亚、日本、美国等国家或地区开展国际合作。

第四节　我国高被引论文表现分析

（一）高被引论文合著分析

图 7-12 是中国环境生态和地球科学学科高被引论文的平均合著者和平均合著机构统计。

图 7-12　中国高被引论文合著分析

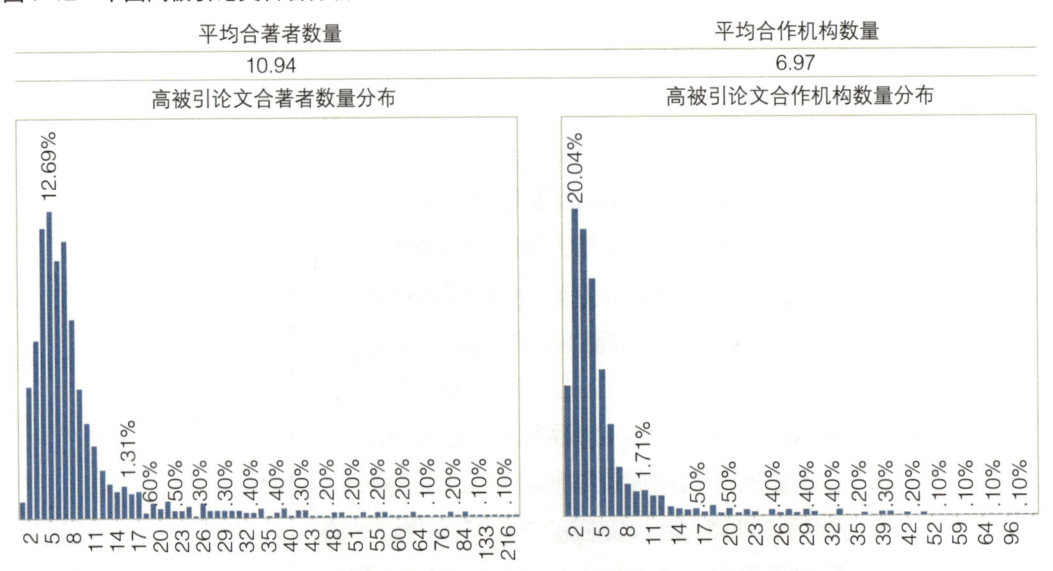

平均合著者数量	平均合作机构数量
10.94	6.97

中国环境生态和地球科学学科高被引论文的篇均作者数量为 10.94，论文作者分布主要集中在 3 ～ 7 人，作者数量最高达到 216 人。中国环境生态和地球科学学科高被引论文的篇均机构数量为 6.97，合作机构数量主要集中在 2 ～ 4 家，合作机构数量最高达到 159 家。

（二）高被引论文主导性分析

高被引论文代表了一个国家在高水平研究成果方面的产出能力，在高水平论文方面做出主要贡献的国家被认为对论文产出具有主导性，可以用高被引论文中中国作者担任第一作者的论文数量占中国高水平论文的百分比来计算主导率。主导率越高，则说明中国作者在高水平研究中的主导性越强，可以认为中国处于主导地位。图 7-13 是第一作者为中国的高被引论文数量和发展趋势。

图 7-13 第一作者为中国的高被引论文数量和发展趋势

可以看到，第一作者为中国的高被引论文总计有 653 篇，占中国高被引论文总量的 65.76%，说明中国在高被引论文中主导性较强。从发展趋势上看，中国在环境生态和地球科学学科高被引论文的主导性上整体呈小幅增长趋势。

（三）高被引论文来源机构

表 7-3 是统计第一作者为中国的高被引论文按照被引频次排名前 20 位的机构。

表 7-3 按照第一作者统计中国发表高被引论文被引频次排名前 20 的机构

位次	机构	被引频次 / 次	论文数 / 篇	篇均被引频次 / 次
1	中国科学院	19 197●	177●	108.46
2	中国地质大学	5 416	50	108.32
3	北京大学	4 050	42	96.43
4	清华大学	2 431	26	93.50

续表

位次	机构	被引频次 / 次	论文数 / 篇	篇均被引频次 / 次
5	南京大学	1 976	20	98.80
6	中国地质科学院	1 839	28	65.68
7	中国科学技术大学	1 492	12	124.33
8	中国地震局	1 429	9	158.78
9	大连理工大学	1 294	8	161.75
10	南开大学	1 213	9	134.78
11	中国海洋大学	1 048	9	116.44
12	浙江大学	989	12	82.42
13	北京师范大学	966	14	69.00
14	同济大学	818	8	102.25
15	复旦大学	813	5	162.60
16	广东工业大学	810	1	810.00
17	武汉大学	768	18	42.67
18	南京师范大学	710	2	355.00
19	西北大学	685	5	137.00
20	上海交通大学	581	4	145.25

中国科学院在环境生态和地球科学学科高被引论文被引频次和论文篇数上排名首位，广东工业大学篇均被引频次最高。

（四）高被引论文来源期刊

表 7-4 是中国高被引论文按被引频次排名前 20 位的来源期刊。期刊 ENVIRONMENTAL SCIENCE&TECHNOLOGY 按照高被引论文被引频次和论文数量排在首位，期刊 JOURNAL OF GEOPHYSICAL RESEARCH-ATMOSPHERES 的期刊规范化引文影响力最高，期刊 NATURE 的期刊影响因子最高。

表 7-4　中国高被引论文按被引频次排名前 20 位的来源期刊

位次	期刊	被引频次/次	论文数/篇	期刊规范化引文影响力	期刊影响因子
1	ENVIRONMENTAL SCIENCE & TECHNOLOGY	13 612●	104●	5.51	5.39
2	SCIENCE	6 313	34	1.31	34.66
3	NATURE	6 015	44	1.11	38.14●
4	PRECAMBRIAN RESEARCH	5 300	42	4.86	4.04
5	WATER RESEARCH	4 907	53	4.25	5.99
6	GONDWANA RESEARCH	4 843	55	4.51	8.74
7	ATMOSPHERIC CHEMISTRY AND PHYSICS	4 078	40	5.65	5.11
8	PROCEEDINGS OF THE NATIONAL ACADEMY OF SCIENCES OF THE UNITED ST..	3 267	37	3.06	9.42
9	JOURNAL OF GEOPHYSICAL RESEARCH-ATMOSPHERES	2 724	16	9.19●	
10	CHEMICAL GEOLOGY	2 646	10	8.92	3.48
11	SCIENCE OF THE TOTAL ENVIRONMENT	2 564	34	6.82	3.98
12	EARTH AND PLANETARY SCIENCE LETTERS	2 528	20	5.18	4.33
13	ENVIRONMENTAL POLLUTION	2 467	19	6.18	4.84
14	LITHOS	2 315	16	5.61	3.72
15	ATMOSPHERIC ENVIRONMENT	1 890	14	5.98	3.46
16	JOURNAL OF ASIAN EARTH SCIENCES	1 762	19	8.09	2.65
17	NATURE CLIMATE CHANGE	1 661	23	2.54	17.18
18	NATURE GEOSCIENCE	1 655	18	2.48	12.51
19	GEOLOGY	1 648	10	6.79	4.55
20	GLOBAL CHANGE BIOLOGY	1 411	17	3.94	8.44

第八章　计算机科学学科计量评估

第一节 我国计算机科学学科发展概况

根据 2016 年 6 月 Incites 最新统计数据显示，我国 10 年内（2006 年 1 月 1 日至 2015 年 12 月 31 日）共有 50 039 篇计算机科学学科论文被 SCI 收录，占全球计算机科学学科论文总量的 16.09%，仅次于欧盟、美国，排名全球第 3 位。

在 10 年统计期间，我国计算机科学学科论文被引总频次为 276 306 次，占全球引用总量的 10.46%，同样仅次于欧盟、美国，排名全球第 3 位。

相比论文数量和引用规模指标，我国计算机科学学科的论文影响力表现不佳。其中，引文影响力指标即论文篇均被引频次为 5.52 次，排名全球第 66 位，低于美国、英国等欧美科技领先国家，但高于日本和俄罗斯。我国计算机科学学科论文被引百分比为 64.98%，高于全球平均水平。

在论文合作方面，我国计算机科学学科共有 16 360 篇国际合作论文和 1 301 篇横向合作论文，分别占我国发表 SCI 论文数量的 32.69% 和 2.6%。

中国在顶级论文上表现亮眼。我国计算机科学学科共有高被引论文 679 篇，占全球高被引论文总量的 21.51%。2016 年 6 月的 InCites 数据显示，我国当期共有计算机科学学科热点论文 35 篇，占全球热点论文总量的 56.03%。

从论文国家分布和排名情况看，全球计算机科学学科较为发达的国家主要分布在北美、欧洲和亚太地区。美国、英国在论文总被引频次、论文数量及引文影响力上排名均进入全球前 10 位，表明美英在计算机科学学科领域处于全球领先的位置。德国、法国、西班牙、意大利等欧盟国家和加拿大在论文总被引频次和论文数量上排名在全球前 10 位，引文影响力排名位于全球前 50 位。在亚太地区，中国、韩国、中国台湾、澳大利亚在论文数量或被引频次指标上进入世界前 10 位的行列，但中国、韩国和中国台湾的引文影响力排名位于全球前 50 位之后。

详细概览数据和排名情况见表 8-1 和图 8-1。

表 8-1 中国概览数据

Web of Science 论文数	50 039	论文数量全球百分比	16.02
被引频次	276 306	被引频次全球百分比	11.46
引文影响力	5.52	论文被引百分比	64.98
国际合作论文	16 360	国际合作论文百分比	32.69
横向合作论文	1 301	横向合作论文百分比	2.60
高被引论文	679	高被引论文全球百分比	21.51
热门论文	35	热门论文全球百分比	56.03

图 8-1　主要国家 / 地区论文排名情况

主要国家 / 地区的论文篇数排名		主要国家 / 地区论文被引频次排名		主要国家 / 地区引文影响力排名	
1 欧盟	112 394	1 欧盟	931 272	8 美国	11.35
2 美国	77 851	2 美国	883 250	9 英国	10.41
3 中国	50 039	3 中国	276 306	13 德国	9.87
4 英国	22 608	4 英国	235 250	20 加拿大	9.33
5 德国	18 440	5 德国	182 086	30 法国	8.47
6 韩国	17 699	6 加拿大	153 114	32 欧盟	8.29
7 法国	17 229	7 法国	145 917	44 西班牙	7.25
8 加拿大	16 414	8 西班牙	110 752	53 中国台湾	6.47
9 西班牙	15 284	9 意大利	106 694	66 中国	5.52
10 中国台湾	13 964	10 澳大利亚	90 356	73 日本	5.14
12 日本	13 254	13 日本	68 151	91 韩国	4.31
29 俄罗斯	3 189	38 俄罗斯	8 628	122 俄罗斯	2.71

说明：数据来源于 InCites，时间范围为 2006—2015 年。

第二节　目标国家对比分析

（一）论文数量发展趋势对比分析

目标国家计算机科学学科论文数量发展趋势见图 8-2。可以看出，2006 年至 2015 年目标国家计算机科学学科论文数量整体处于增长趋势，尽管 2007 年目标国家论文数量都有明显的下降，其原因可能是由于 Web of Science 数据库期刊收录准则进行调整，导致部分期刊被排除在统计范围之外。从年度来看，欧盟、美国和中国分别位于目标国家中论文数量的前 3 位，2014 年中国计算机科学学科论文数量首次超越美国，成为继欧盟之后的第二大论文产出国。

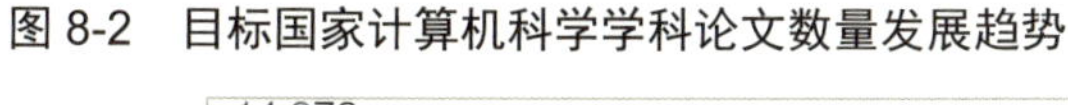
图 8-2　目标国家计算机科学学科论文数量发展趋势

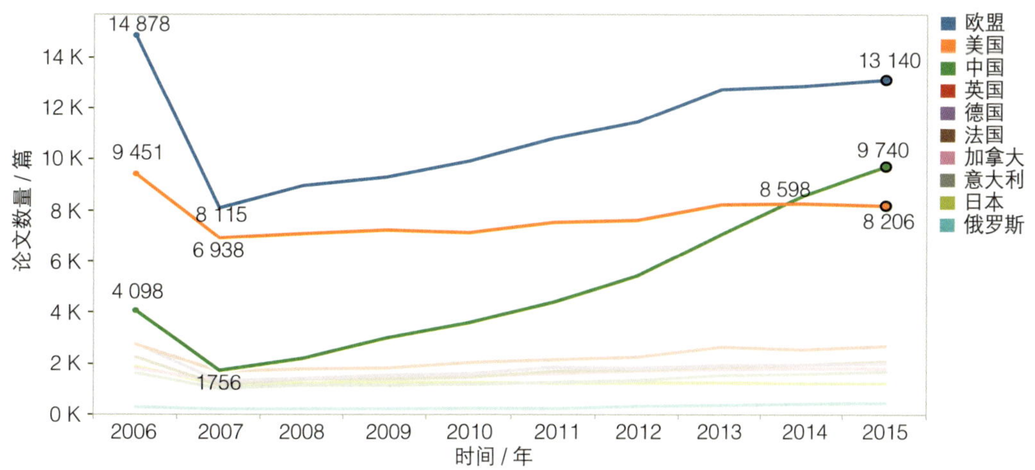

图 8-3 计算了目标国家计算机科学学科在 2011—2015 年的论文数量年增长率，可以更清楚地展现出不同国家的发展态势。中国处于高速发展阶段，年均增长率在 20% 以上，增长速度明显高于其他国家；美国、英国、德国、加拿大、法国、意大利、欧盟论文数量年均增长率在 10% 以内，属于缓慢增长阶段，某些年份会有负增长的情况出现；日本论文数量的年增长率基本维持稳定，某些年份也会有负增长的情况出现；俄罗斯情况较复杂，论文数量的年增长率波动较大，继 2011 年小幅下降之后，2012 年出现大幅提升，年增长率最高达到 36.90%，2013 年、2014 年保持在 10% 以上，2015 年回落到 5% 左右。

图 8-3 论文数量年增长率（2010—2015 年）

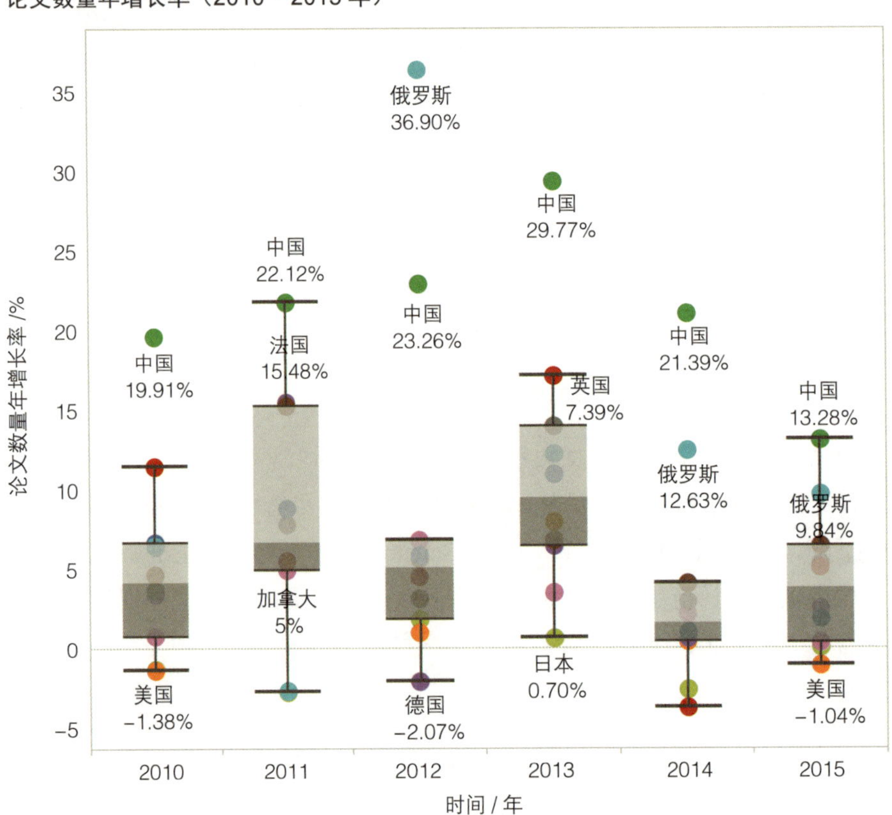

（二）论文引用份额对比分析

目标国家 2006—2015 年计算机科学学科论文引用份额发展趋势见图 8-4。

从图 8-4 中可以看出，2006 年至 2015 年欧盟论文引用份额基本保持恒定，2015 年达到 36.78%；美国论文引用份额持续下降，由 2006 年的局部最高点 44.19% 下降到 2015 年的 21.86%；相反，中国论文引文份额大幅提升，由 5.71% 提升到 31.69%，并于 2014 年首次超过了美国；英国、德国、法国等其他七国论文引用份额处于平稳状态，波动较小。

图 8-4 论文引用份额发展趋势

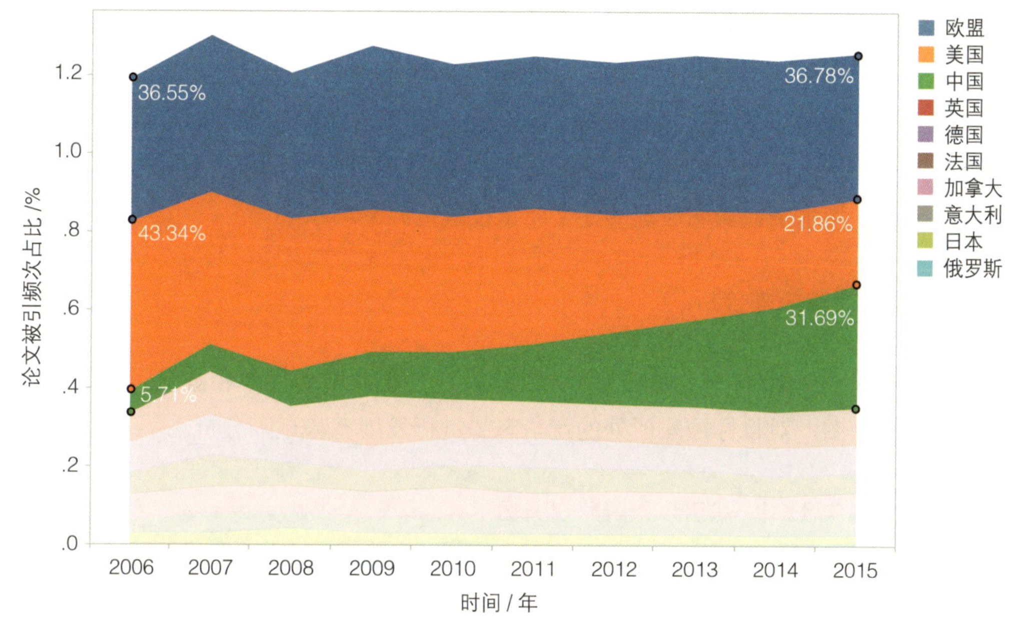

（三）论文影响力对比分析

图 8-5 以 2014 年的引文影响力、相对于全球平均水平的影响力、论文被引百分比和平均百分位四个指标，将目标国家的论文影响力与全球平均值进行对比分析。

图 8-5 全球与目标国家论文影响力指标（2014 年）

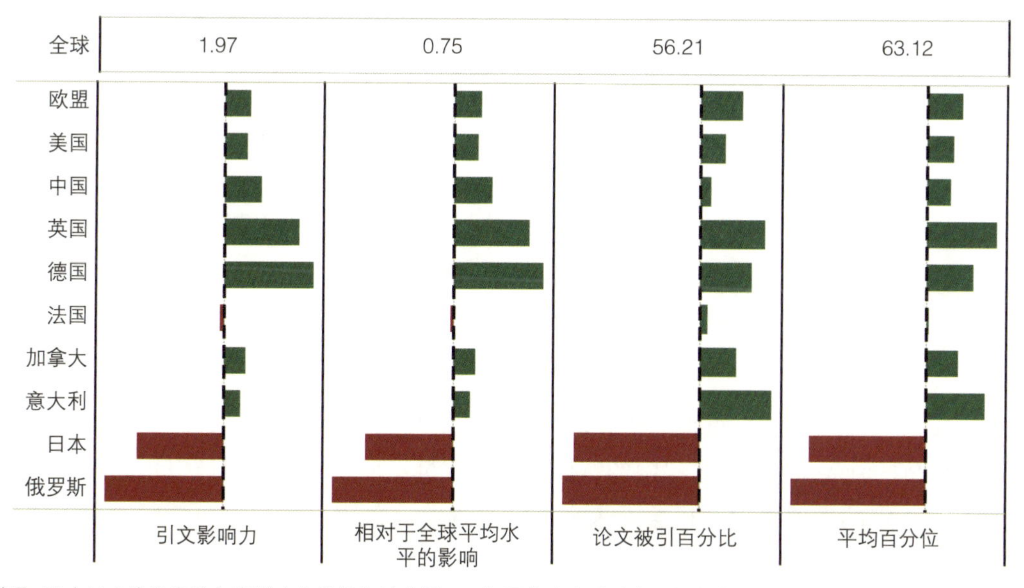

说明：图中以虚线代表的全球影响力指标为基准展示目标国家论文影响力。红色表示目标国家影响力指标低于全球，绿色表示目标国家影响力指标高于全球。由于平均百分位数值越大，表示论文质量越低，为与前三个指标保持一致，这里在显示上采用倒序处理。

可以看到，欧盟、美国、中国、英国、德国、加拿大和意大利的四个影响力指标均高于全球平均水平，表明这些国家的论文质量表现良好，其中德国和英国明显高于全球平均水平和其他国家。与之相反，日本和俄罗斯的四个影响力指标均明显低于全球平均水平，表明这两个国家的论文质量表现不佳。法国在引文影响力和相对于全球平均水平的影响力两个指标上略低于全球平均水平，但在论文被引百分比和平均百分位两个指标上略高于全球平均水平，表明法国的论文质量接近世界平均水平。

（四）发展态势矩阵分析

图 8-6 是基于 2010 年和 2014 年两个年度的论文数量年增长率和被引频次份额两个指标构建的矩阵图，对目标国家所处的竞争态势进行发展态势矩阵分析。

图 8-6 “论文数量年增长率—被引频次份额”矩阵图

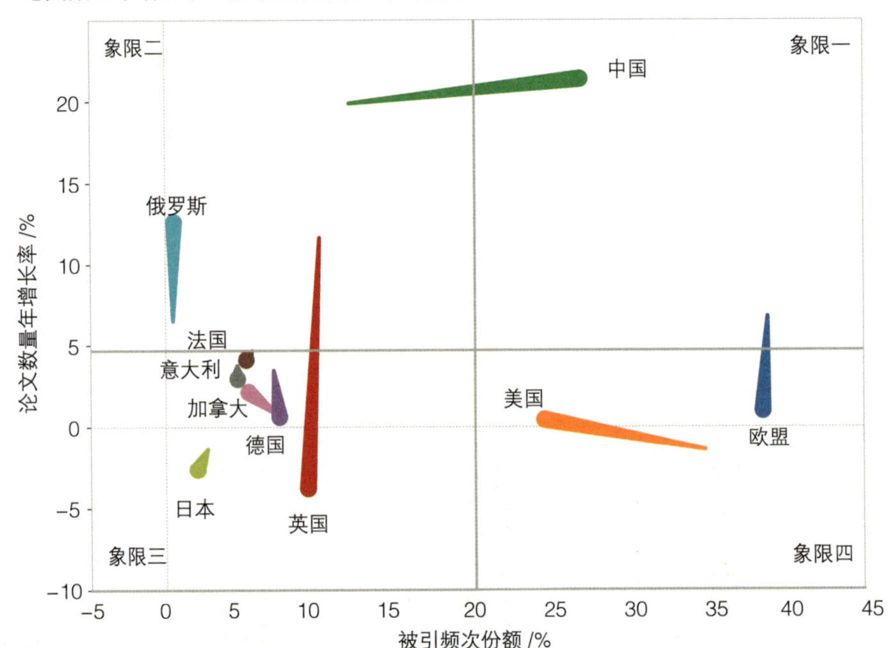

说明：被引频次份额的区间分隔线取经验值 20%，论文数量年增长率的区间分隔线取目标国家平均增长率。不同颜色代表不同国家，线条由细变粗，表示从 2010 年到 2014 年各国位置的变化情况。

矩阵图中第一象限的特征是被引频次份额且论文数量年增长率均较高，代表处于优势竞争地位的领先国家；第二象限的特征是论文数量年增长率较高但被引频次份额较低，代表具有一定的发展潜力和机会，未来可能进入第一象限，但也有可能跌入第三象限；第三象限的特征是论文数量年增长率和被引频次份额相对较低，代表相对领先国家处于竞争劣势；第四象限的特征是论文数量年增长率较低但被引频次份额较高，代表处于稳定成熟发展阶段，但面临被竞争者超越或自身竞争实力衰退的威胁。

从图 8-6 中可以看出，中国从 2010 年处于第二象限到 2014 年进入第一象限，表示中国计算机科学学科近年来在保持论文数量高速增长的环境下，实现了从潜力竞争者向优势领先者的发展路径。美国、欧盟 2014 年处于第四象限，相比 2010 年，美国的论文被引频次份额下降，欧盟论文年增长率下降，表示欧盟和美国的计算机科学学科仍具有一定的领先优势，但均不同程度地面临来自中国的竞争压力。

处于第二象限的俄罗斯是具有未来发展潜力的国家，但其论文影响力指标和论文被引频次份额均较低，短期内还难以在竞争中超越其他国家。日本、加拿大、法国、德国、英国、意大利处于第三象限，特别是日本，无论是在论文增长速度、被引频次还是论文影响力上，相对其他目标国家均处于竞争劣势。

（五）顶级论文对比分析

目标国家顶级论文（包括高被引论文和热点论文）数量和百分比见图 8-7。

图 8-7　目标国家顶级论文数量和百分比

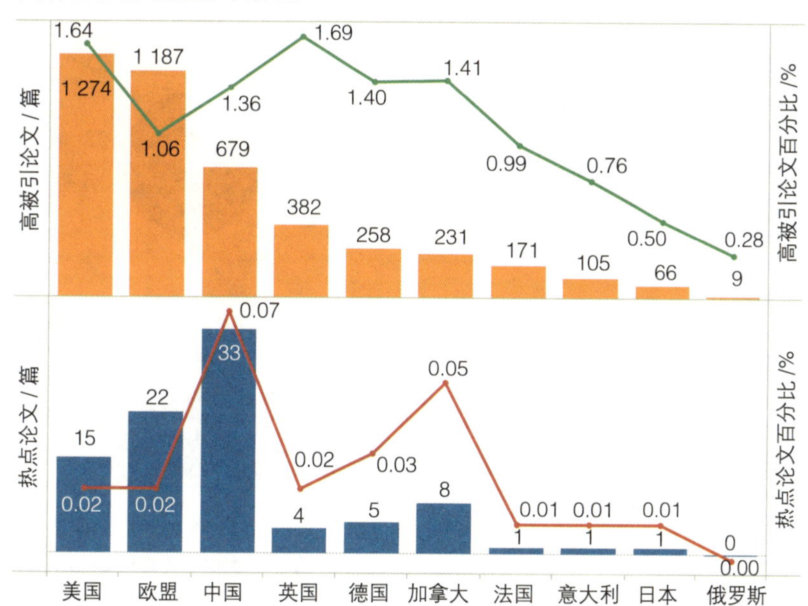

在高被引论文方面，美国以 1 274 篇居于目标国家的首位，中国在美国、欧盟之后，有 679 篇高被引论文。英国的高被引论文百分比最高，占英国计算机科学学科论文的 1.69%。美国、中国、英国、德国和加拿大的高被引论文百分比均超过 1% 的期望值，而法国、意大利、日本和俄罗斯则低于 1% 的期望值。

在热点论文方面，中国在热点论文数量和百分比上居于目标国家的首位，热点论文数量达到 35 篇，占中国计算机科学论文总量的 0.07%。

（六）高影响力机构对比分析

图 8-8 是对计算机科学学科进入全球 ESI 排名，即被引频次排名全球前 1% 的机构按照类型和目标国家的分布统计情况。

图 8-8　ESI 全球前 1% 机构

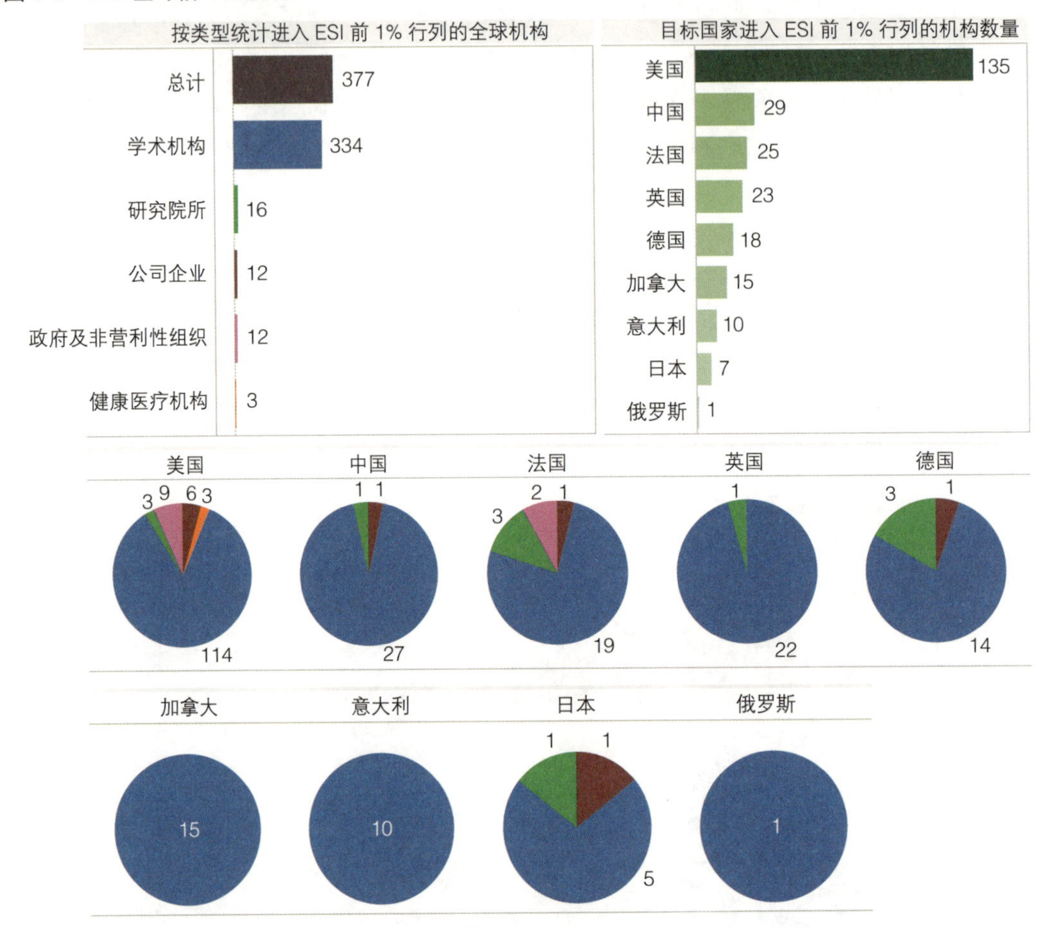

全球计算机科学学科进入 ESI 的机构共有 377 家，美国进入 ESI 的机构数量高达 135 个，处于全球领先的位置，中国以 29 家机构位于美国之后。

全球计算机科学学科进入 ESI 的机构大多集中在学术机构，美国涵盖的机构类型最多，除了学术机构外，研究院所、政府及非营利性组织、公司企业、健康医疗机构均有进入。

（七）中国高影响力机构

按照被引频次统计，中国进入 ESI 的前 20 家机构见表 8-2。

表 8-2 按照被引频次中国进入 ESI 的前 20 家机构

位次	机构	被引频次/次	论文数量/篇	高被引论文/篇	国际合作论文/篇	引文影响力	h 指数
1	中国科学院	35 024●	5542●	68●	1277●	9.87	54●
2	清华大学	22 964	3 744	42	963	9.30	51
3	上海交通大学	13 407	2 355	30	516	8.57	44
4	浙江大学	12 916	2 429	20	631	7.88	40
5	东南大学	11 312	1 511	48	357	11.58	50
6	华中科技大学	10 284	1 726	49	447	8.97	43
7	西安交通大学	8 018	1 281	16	249	9.61	37
8	西安电子科技大学	7 889	1 987	11	381	6.61	34
9	哈尔滨工业大学	7 868	1 365	20	282	9.25	37
10	中国科学技术大学	7 442	1 143	20	280	9.81	39
11	北京大学	7 363	1 275	15	318	8.66	34
12	大连理工大学	7 193	1 157	20	274	9.07	35
13	电子科技大学	7 005	1 440	20	308	8.03	34
14	北京邮电大学	6 419	1 927	22	363	6.11	31
15	北京航空航天大学	5 392	1 358	13	310	6.53	30
16	南京大学	5 347	830	8	202	10.07	30
17	中山大学	4 867	816	7	175	8.60	30
18	东北大学	4 850	807	8	141	9.00	30
19	微软亚洲研究院	4 318	383	6	170	14.20●	30
20	复旦大学	4 036	751	7	195	8.06	30

说明：数据来自 InCites，因为统计规则和范围不同，导致与 ESI 中的数据可能有不同。圆点表示本机构在当前指标排名第 1 位。

中国科学院在被引频次、论文数量、高被引论文、国际合作论文、引文影响力、h 指数等多项指标上都位居中国进入 ESI 的前 20 家机构首位。清华大学则位居中国学术机构被引频次排名的首位。在进入 ESI 的前 20 家机构中，微软亚洲研究院是唯一的公司，其论文数虽然不多，但引文影响力却位居首位，其通过国际合作以及与其他类型机构的横向合作提升了论文质量。

第三节　我国论文合作情况分析

（一）论文合作发展趋势

图 8-9 是中国国际合作论文和横向合作论文数量和百分比的发展趋势。

图 8-9　中国国际合作论文与横向合作论文数量和百分比

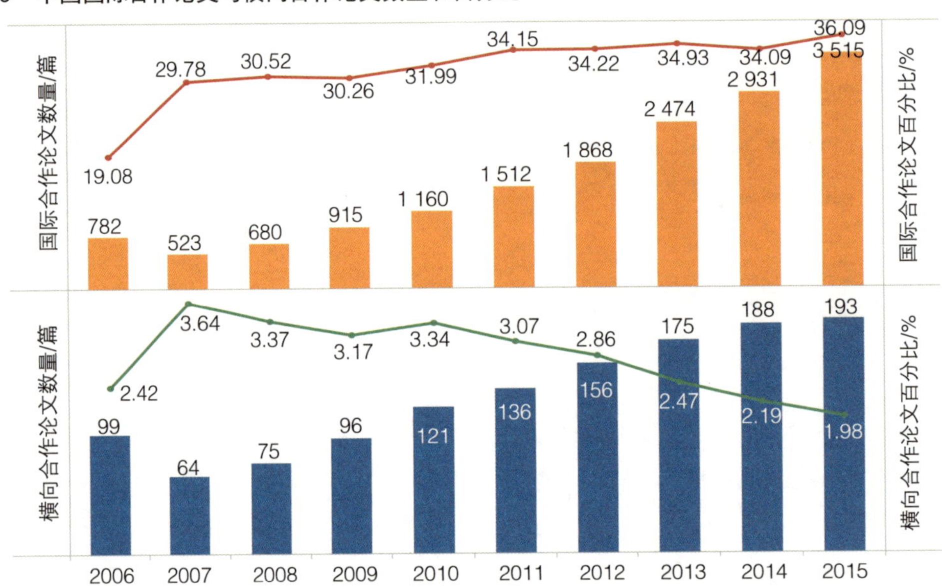

2006—2015 年，我国计算机科学学科国际合作论文数量和百分比呈逐步上升的趋势，从 2006 年的 782 篇（19.08%）增长到 2015 年的 3 315 篇（36.09%）。与之不同的是，我国计算机科学学科横向合作论文绝对数量尽管呈现逐步上升的趋势，从 2007 年的 64 篇增长到 193 篇，但横向合作论文百分比却呈下降趋势，从 2007 年最高的 3.64% 降至 2015 年的 1.98%。

（二）主要合作国家和发展趋势

图 8-10 给出了与我国在计算机科学学科合作论文排名前 10 位的国家和合作论文发展趋势。美国是与中国合作论文数量最多的国家，国际合作论文数量达到 6 551 篇，并且合作论文数量呈快速增长趋势，从 2006 年的 271 篇增长到 2015 年的 1 386 篇。与中国合作的亚洲国家或地区主要包括新加坡、日本、中国香港、韩国、中国台湾。

图 8-10　中国主要合作国家和发展趋势

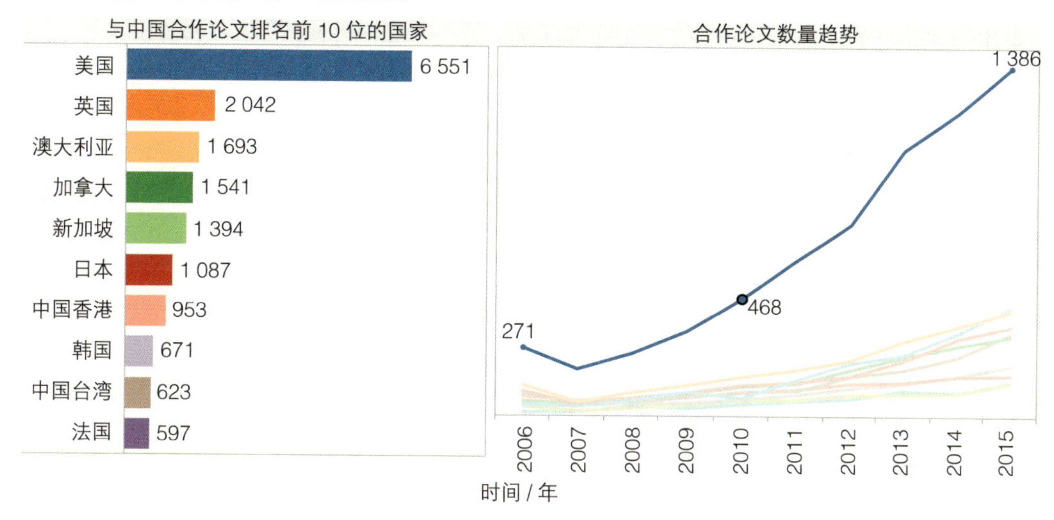

（三）中国国际合作论文的收益分析

图 8-11 是基于论文百分位指标对中国国际合作论文的收益进行分析。可以看到，计算机科学学科中国国际合作论文的平均百分位低于中国所有论文，即中国国际合作论文的平均水平高于整体平均水平，这也说明中国计算机科学学科从国际合作中获得收益。

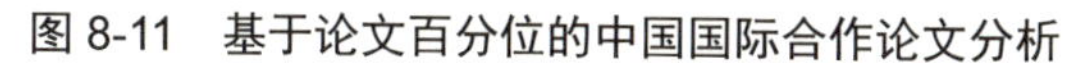
图 8-11　基于论文百分位的中国国际合作论文分析

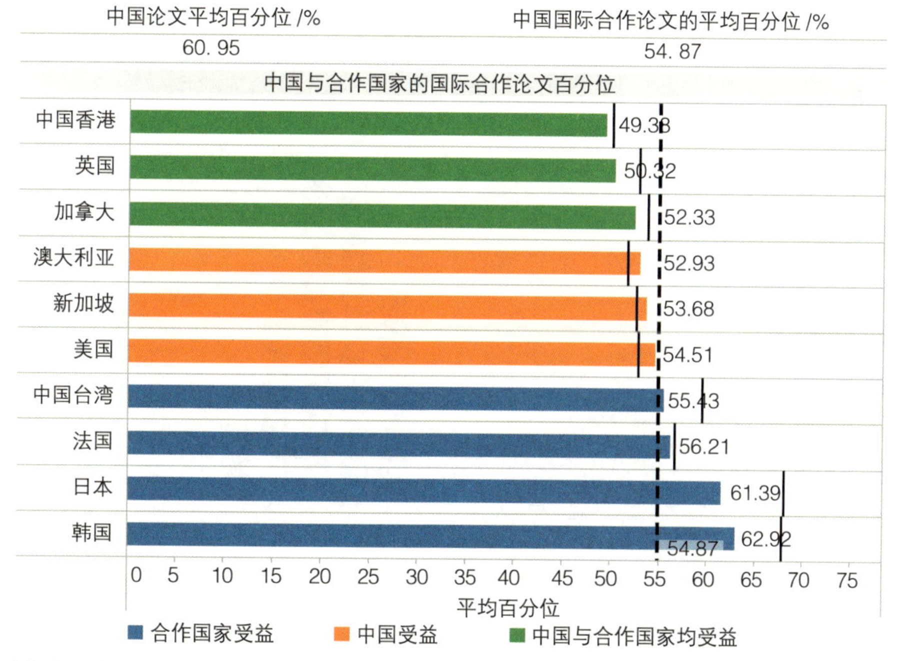

说明：图中条状图数值是中国与合作国家的国际合作论文百分位。短实线代表与中国合作国家的论文百分位，长虚线代表中国国际合作论文百分位。条状图的颜色代表中国与合作国家的合作受益情况。

进一步将中国主要合作国家的国际合作论文百分位指标与中国国际合作论文百分位和合作国家论文百分位进行比较，如图 8-11 所示，可以得到以下结果：

- 中国与中国香港、英国、加拿大的合作提升了合作双方的论文水平，即中国与合作国家均从国际合作中获得收益。
- 中国与澳大利亚、新加坡和美国的合作提升了中国国际合作论文的论文水平，但拉低了合作国家的论文水平，即仅中国从国际合作中获得收益。
- 中国与中国台湾、法国、日本、韩国的合作提升了合作国家的论文水平，但拉低了中国国际合作论文的水平论文，即仅合作国家从国际合作中获得收益。

鉴于以上分析结果，在计算机科学学科领域，在某种程度上应更多鼓励中国与中国香港、英国、加拿大、澳大利亚、新加坡、美国等国家或地区开展国际合作。

第四节　我国高被引论文表现分析

（一）高被引论文合著分析

图 8-12 是中国计算机科学学科高被引论文的平均合著者和平均合著机构统计。

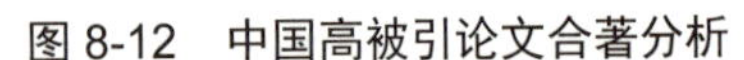
图 8-12　中国高被引论文合著分析

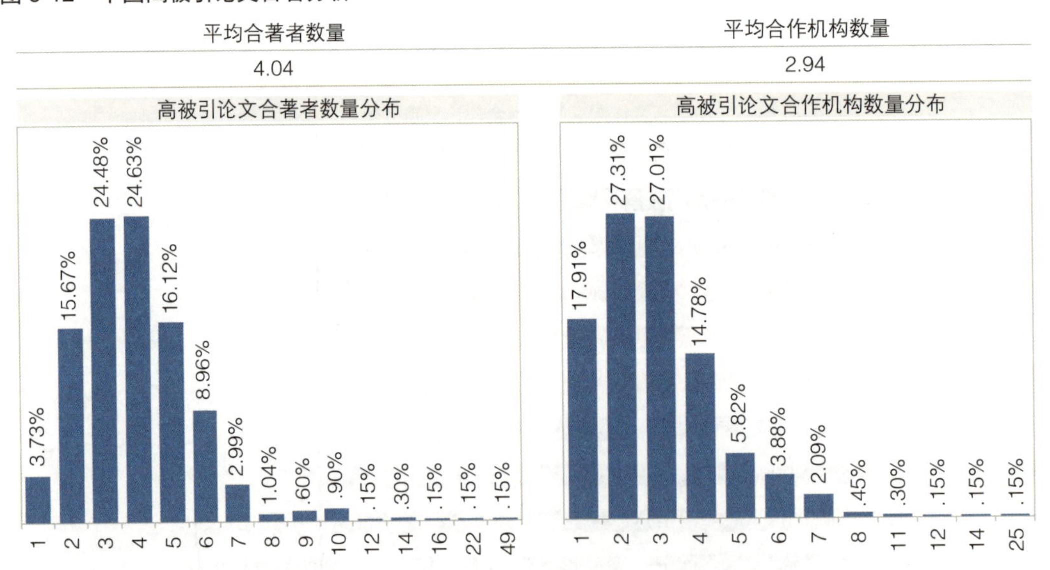

中国计算机科学学科高被引论文的篇均作者数量为 4.04，论文作者分布主要集中在 3 ～ 4 人，作者数量最高达到 49 人。中国计算机科学学科高被引论文的篇均机构数量为 2.94，合作机构数量主要集中在 2 ～ 3 个，合作机构数量最高达到 25 家。

（二）高被引论文主导性分析

高被引论文代表了一个国家在高水平研究成果方面的产出能力，在高水平论文方面做出主要贡献的国家被认为对论文产出具有主导性，可以用高被引论文中中国作者担任第一作者的论文数量占中国高水平论文的百分比来计算主导率。主导率越高，则说明中国作者在高水平研究中的主导性越强，可以认为中国处于主导地位。图 8-13 是第一作者为中国的高被引论文数量和发展趋势。

图 8-13 第一作者为中国的高被引论文数量和发展趋势

可以看到，第一作者为中国的高被引论文有 583 篇，占中国高被引论文总量的 87.01%，说明中国在计算机科学学科高被引论文中主导性较强。从发展趋势上看，中国在计算机科学学科高被引论文的主导性上整体呈小幅增长趋势。

（三）高被引论文来源机构

表 8-3 是统计第一作者为中国的高被引论文按照被引频次排名前 20 位的机构。

表 8-3 按照第一作者统计中国发表高被引论文被引频次排名前 20 位的机构

位次	机构	被引频次 / 次	论文数 / 篇	篇均被引频次 / 次
1	东南大学	2 231	27	82.63
2	清华大学	2 188	20	109.40
3	深圳华大基因	2 042	2	1 021.00
4	华中科技大学	1 799	37	48.62

续表

位次	机构	被引频次 / 次	论文数 / 篇	篇均被引频次 / 次
5	北京大学	1 439	12	119.92
6	上海交通大学	1 276	21	60.76
7	中国科学院	1 188	21	56.57
8	重庆文理学院	1 091	11	99.18
9	电子科技大学	944	14	67.43
10	中南大学	927	21	44.14
11	浙江大学	869	12	72.42
12	大连理工大学	753	12	62.75
13	哈尔滨工业大学	622	11	56.55
14	国科学技术大学	471	7	67.29
15	西安交通大学	449	10	44.90
16	北京邮电大学	406	18	22.56
17	微软亚洲研究院	354	3	118.00
18	安电子科技大学	306	7	43.71
19	东华大学	296	7	42.29
20	华东师范大学	294	1	294.00

东南大学在计算机科学学科高被引论文被引频次上排名首位，华中科技大学则排名高被引论文数量的首位，深圳华大基因尽管仅发表 2 篇论文，但其篇均被引频次最高。

（四）高被引论文来源期刊

表 8-4 是中国高被引论文按被引频次排名前 20 位的来源期刊。期刊 BIOINFORMATICS 按照高被引论文被引频次排在首位，期刊 INFORMATION SCIENCE 按照高被引论文数量排在首位，期刊 JOURNAL OF MOLECULAR GRAPHIC& MODELLING 的期刊规范化引文影响力最高，期刊 IEEE TRANSACTIONS ON MULTIMEDIA 的期刊影响因子最高。

表 8-4　中国高被引论文按被引频次排名前 20 位的来源期刊

位次	期刊	被引频次/次	论文数/篇	期刊规范化引文影响力	期刊影响因子
1	BIOINFORMATICS	10 953●	33	9.67	4.98
2	INFORMATION SCIENCES	5 451	91●	5.74	4.04
3	IEEE TRANSACTIONS ON NEURAL NETWORKS AND LEARNING SYSTEMS	2 002	50	5.36	4.29
4	KNOWLEDGE-BASED SYSTEMS	1 815	30	6.89	2.95
5	NEUROCOMPUTING	1 707	57	6.98	2.08
6	NEURALNETWORKS	1 544	29	6.65	2.71
7	IEEE TRANSACTIONS ON CYBERNETICS	1 498	39	6.57	3.47
8	APPLIED SOFT COMPUTING	1 254	22	8.16	2.81
9	IEEE COMMUNICATIONS MAGAZINE	1 195	23	5.65	4.01
10	JOURNAL OF MOLECULAR GRAPHICS & MODELLING	1 035	2	24.38●	1.72
11	IEEE TRANSACTIONS ON WIRELESS COMMU-NICATION	817	13	9.38	2.50
12	KNOWLEDGE AND INFORMATION SYSTEMS	806	3	14.53	1.78
13	BMC BIOINFORMATICS	787	9	4.95	2.58
14	IEEE TRANSACTIONS ON EVOLUTIONARY COMPUTATION	779	10	3.61	3.65
15	SIAM JOURNAL ON IMAGING SCIENCES	731	3	4.55	2.27
16	IEEE JOURNAL ON SELECTE AREAS IN COMMUNICATION	723	10	5.87	3.45
17	INTERNATIONAL JOURNAL OF APPROXIMATE REASONING	716	10	7.71	2.45
18	IEEE TRANSACTIONS ON MULTIMEDIA	700	12	9.10	2.30
19	IEEE WIRELESS COMMUNICATIONS	521	10	7.02	5.42●
20	INFORMATION FUSION	508	8	5.04	3.68

第九章 材料科学学科计量评估

第一节　我国材料科学学科发展概况

根据 2016 年 6 月 Incites 最新统计数据显示，我国 10 年内（2006 年 1 月 1 日至 2015 年 12 月 31 日）共有 175 007 篇材料科学学科论文被 SCI 收录，占全球材料科学学科论文总量的 27.17%，仅次于欧盟，居世界第 2 位。

在 10 年统计期间，我国材料科学学科论文被引总频次为 1 673 364 次，占全球引用总量的 23.78%，仅次于欧盟、美国，排名全球第 3 位。

相比论文数量和引用规模指标，我国材料科学学科的论文影响力表现不佳。其中，引文影响力指标即论文篇均被引频次为 9.56 次，排名全球第 51 位，低于美国、英国等欧美科技强国和日本韩国等亚洲国家，略高于全球平均水平。我国材料科学学科论文被引百分比为 77.24%，略高于全球平均水平。

在论文合作方面，我国材料科学学科共有 30 083 篇国际合作论文和 893 篇横向合作论文，分别占我国发表 SCI 论文数量的 17.19% 和 0.51%。

中国在顶级论文上表现良好。我国材料科学学科共有高被引论文 1 968 篇，占全球高被引论文总量的 30.76%。2016 年 6 月的 InCites 数据显示，我国当期共有材料科学学科热点论文 52 篇，占全球热点论文总量的 40.36%。

从论文国家分布和排名情况看，全球材料科学学科较为发达的国家主要分布在北美、欧洲和亚太地区。美国、德国、英国、法国等欧美科技强国在论文总被引频次和论文数量上均进入全球前 10 位，中国、日本、韩国、印度等亚洲国家在论文总被引频次和论文数量上均进入全球前 10 位，但在引文影响力上明显低于欧美国家。这说明亚洲国家在材料科学学科的研究规模上已经与欧美等科技强国不相上下，但在论文质量上还有一定差距。

详细概览数据和排名情况见表 9-1 和图 9-1。

表 9-1　中国概览数据

Web of Science 论文数	175 007	论文数量全球百分比	27.17
被引频次	1 673 364	被引频次全球百分比	23.78
引文影响力	9.56	论文被引百分比	77.24
国际合作论文	30 083	国际合作论文百分比	17.19
横向合作论文	893	横向合作论文百分比	0.51
高被引论文	1 968	高被引论文全球百分比	30.76
热门论文	52	热门论文全球百分比	40.36

图 9-1　主要国家 / 地区论文排名情况

主要国家/地区的论文篇数排名		主要国家/地区论文被引频次排名		主要国家/地区引文影响力排名	
1 欧盟	176 268	1 欧盟	2 131 579	10 美国	19.11
2 中国	175 007	2 美国	1787 188	14 英国	16.84
3 美国	93 541	3 中国	1673 364	20 德国	14.51
4 日本	47 215	4 德国	563 904	24 加拿大	13.16
5 韩国	42 794	5 日本	523 271	25 法国	13.02
6 德国	38 856	6 英国	449 728	29 欧盟	12.09
8 法国	27 907	7 韩国	446 804	30 西班牙	11.99
9 英国	26 712	8 法国	363 253	40 日本	11.08
10 俄罗斯	18 140	9 印度	326 053	44 中国台湾	10.54
11 中国台湾	18 115	10 澳大利亚	214 184	45 韩国	10.44
12 西班牙	16 226	11 加拿大	205 249	51 中国	9.56
14 加拿大	15 602	14 意大利	189 342	131 俄罗斯	4.31
		23 俄罗斯	78 209		

说明：数据来源于 InCites，时间范围为 2006—2015 年。

第二节　目标国家对比分析

（一）论文数量发展趋势对比分析

目标国家材料科学学科论文数量发展趋势见图 9-2。可以看出 2006 年至 2015 年目标国家材料科学学科论文数量整体处于增长趋势，中国、欧盟、美国分别位于目标国家中论文数量的前 3 位，2012 年中国材料科学学科论文数量首次超越欧盟，成为最大的论文产出国。

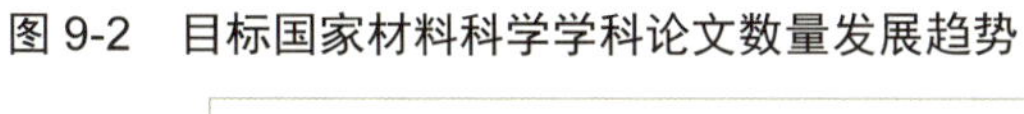
图 9-2　目标国家材料科学学科论文数量发展趋势

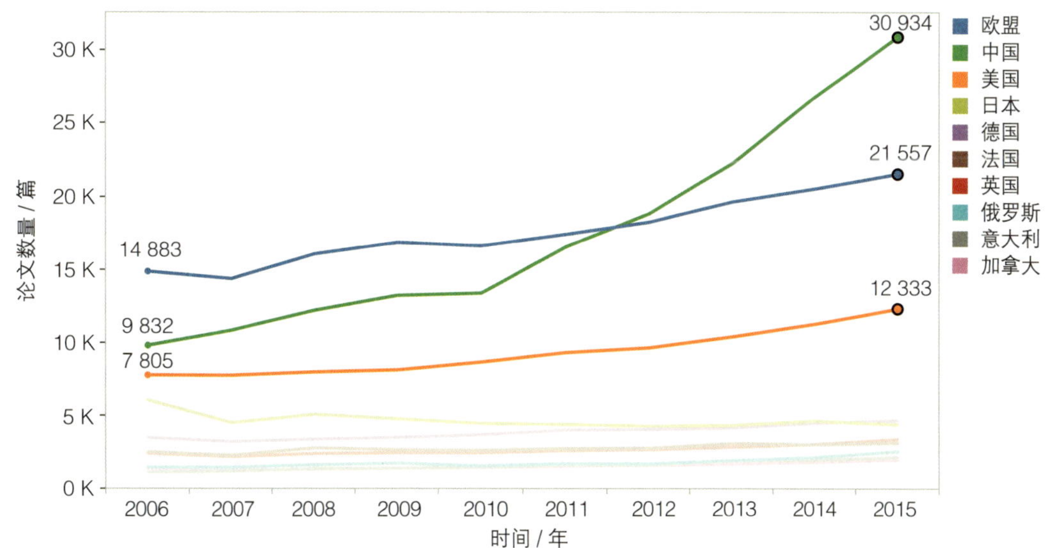

图 9-3 计算了目标国家材料科学学科在 2010—2015 年度的论文数量年增长率，可以更清楚地展现出不同国家的发展态势。中国处于高速发展阶段，年均增长率在 15% 以上，增长速度明显高于其他国家；美国、英国、德国、加拿大、法国、意大利、欧盟的论文数量年均增长率在 4% ～ 8%，属于缓慢增长阶段；日本论文数量年均增长率呈现负增长趋势，但近 3 年论文数量开始回升；俄罗斯论文数量的年增长率波动较大，近 3 年论文数量的年均增长率超过 10%，2015 年以 18.69% 的高增长率超过中国，位居目标国家首位。

图 9-3 论文数量年增长率（2010—2015 年）

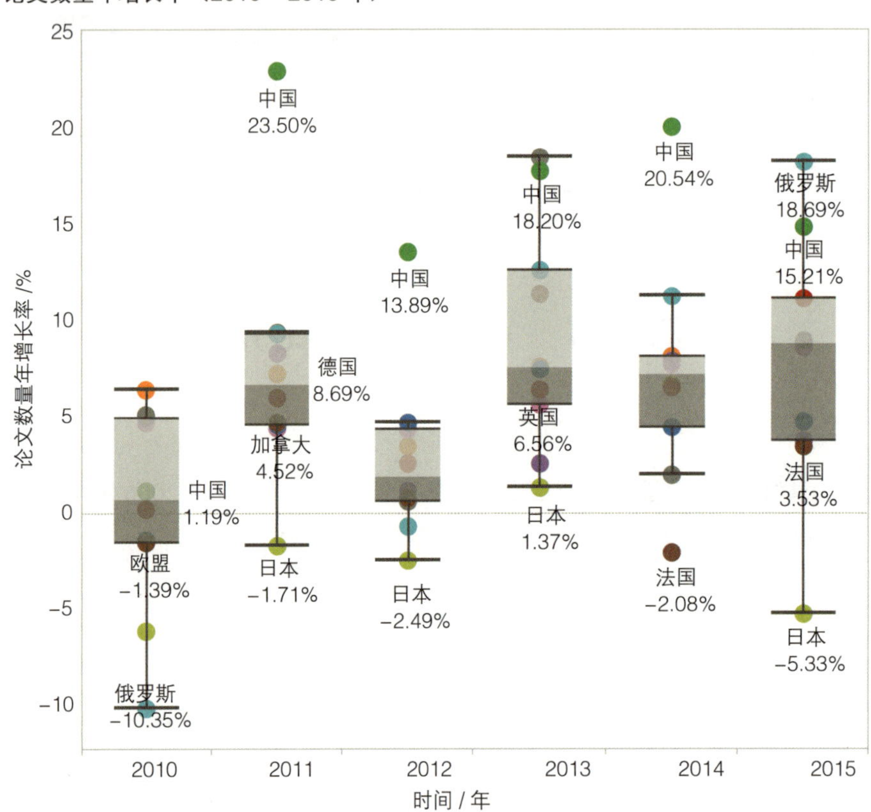

（二）论文引用份额对比分析

目标国家 2006—2015 年材料科学学科论文引用份额发展趋势见图 9-4。

可以看出，2006 年至 2015 年欧盟和美国的论文引用份额持续下降，分别从 2006 年的 34.01% 和 27.05% 下降到 2015 年的 25.04% 和 21.12%；相反，中国的论文引用份额大幅提升，由 15.91% 提升到 40.53%，并于 2012 年首次超过欧盟；日本、英国、德国、法国等其他七国的论文引用份额也呈现下降趋势。

图 9-4　论文引用份额发展趋势

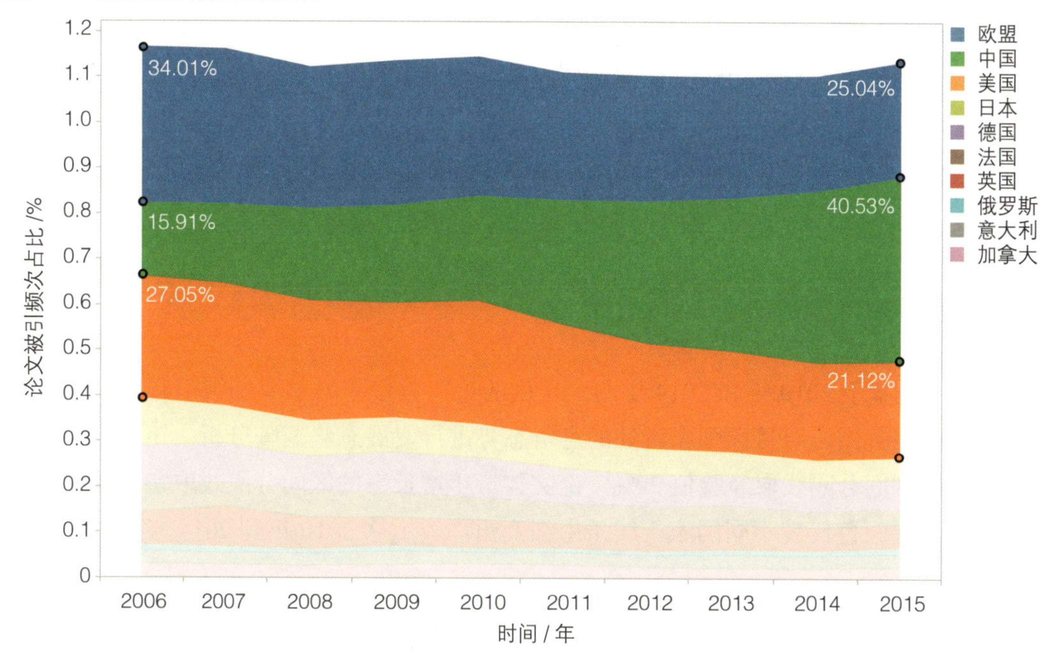

（三）论文影响力对比分析

图 9-5 以 2014 年的引文影响力、相对于全球平均水平的影响力、论文被引百分比和平均百分位四个指标，将目标国家论文影响力与全球平均值进行对比分析。

图 9-5　全球与目标国家论文影响力指标（2014 年）

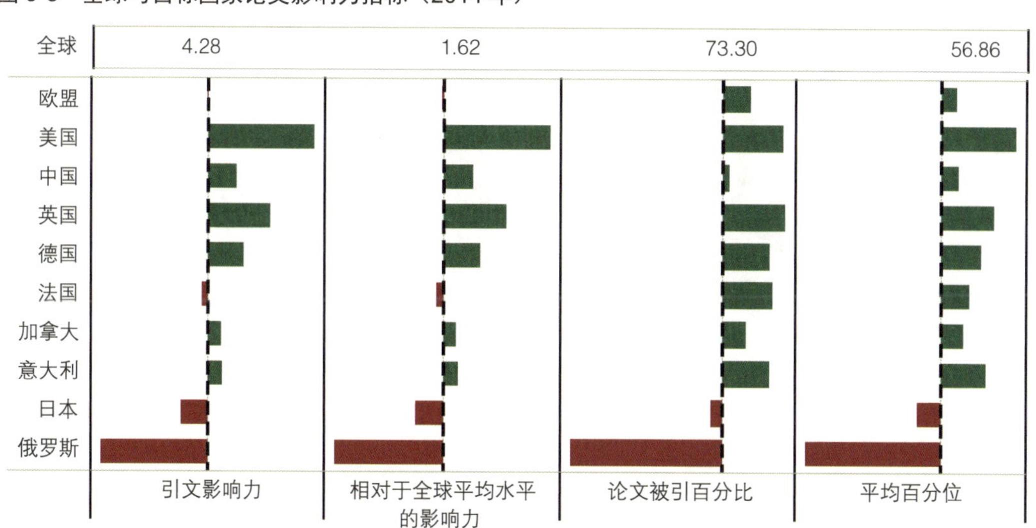

说明：图中以虚线代表的全球影响力指标为基准展示目标国家论文影响力。红色表示目标国家影响力指标低于全球，绿色表示目标国家影响力指标高于全球。由于平均百分位数值越大，表示论文质量越低，为与前三个指标保持一致，这里在显示上采用倒序处理。

可以看到，美国、中国、英国、德国、加拿大和意大利的四个影响力指标均显示高于全球平均水平，表明这些国家的论文质量表现良好，其中美国和英国明显高于全球平均水平和其他国家。与之相反，日本和俄罗斯的四个影响力指标均明显低于全球平均水平，表明这两个国家的论文质量表现不佳。欧盟、法国在引文影响力和相对于全球平均水平的影响力两个指标上略低于全球平均水平，但在论文被引百分比和平均百分位两个指标上略高于全球平均水平，表明欧盟和法国的论文质量接近世界平均水平。

（四）发展态势矩阵分析

图 9-6 是基于 2010 年和 2014 年两个年度的论文数量年增长率和被引频次份额两个指标构建的矩阵图，对目标国家所处的竞争态势进行发展态势矩阵分析。矩阵图中被引频次份额的区间分隔线取经验值 20%，论文数量年增长率的区间分隔线取参照国家平均增长率。不同颜色代表不同国家，线条由细变粗，表示从 2010 年到 2014 年各国位置的变化情况。

图 9-6 “论文数量年增长率—被引频次份额”矩阵图

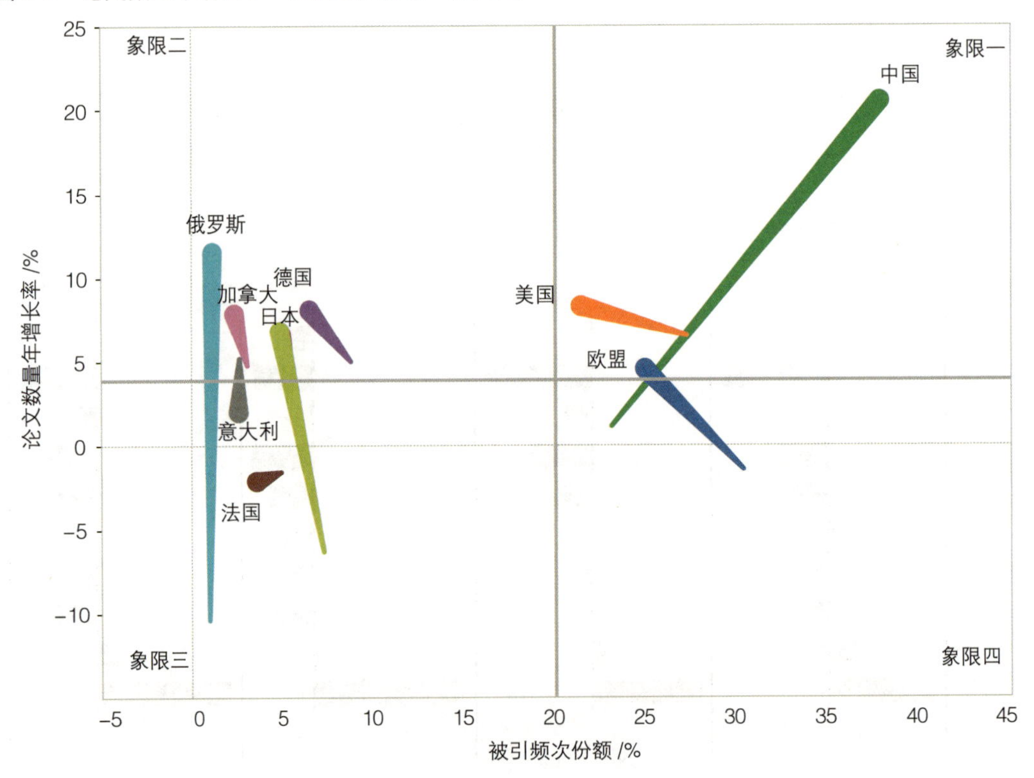

说明：被引频次份额的区间分隔线取经验值 20%，论文数量年增长率的区间分隔线取目标国家平均增长率。不同颜色代表不同国家，线条由细变粗，表示从 2010 年到 2014 年各国位置的变化情况。

矩阵图中第一象限的特征是被引频次份额且论文数量年增长率均较高，代表处于领先的优势竞争地位，第二象限的特征是论文数量年增长率较高但被引频次份额较低，代表具有发展潜力和机会，可能进入第一象限，但也有可能跌入第三象限；第三象限的特征是论文数量年增长率和被引频次份额均较低，代表相对领先国家处于较为弱势的竞争地位；第四象限的特征是论文数量年增长率较低但被引频次份额较高，代表处于稳定成熟发展阶段，但面临被竞争者超越或自身竞争实力衰退的威胁。

从图 9-6 中可以看出，中国从 2010 年处于第四象限到 2014 年进入第一象限，表示中国材料科学学科近年来依靠论文数量的高速增长，引用份额已经领先于其他国家或地区，处于领先者的位置。美国、欧盟 2014 年处于第一象限，论文数量增长，但受中国影响，被引频次份额下降。

处于第二象限的俄罗斯、加拿大、日本、德国是具有未来发展潜力的国家，但其论文被引频次份额均较低，短期内难以在竞争中超越中国和美国。法国论文增长速度处于负增长，相对其他目标国家均处于竞争劣势。

（五）顶级论文对比分析

目标国家顶级论文（包括高被引论文和热点论文）数量和百分比见图 9-7。

图 9-7　目标国家顶级论文数量和百分比

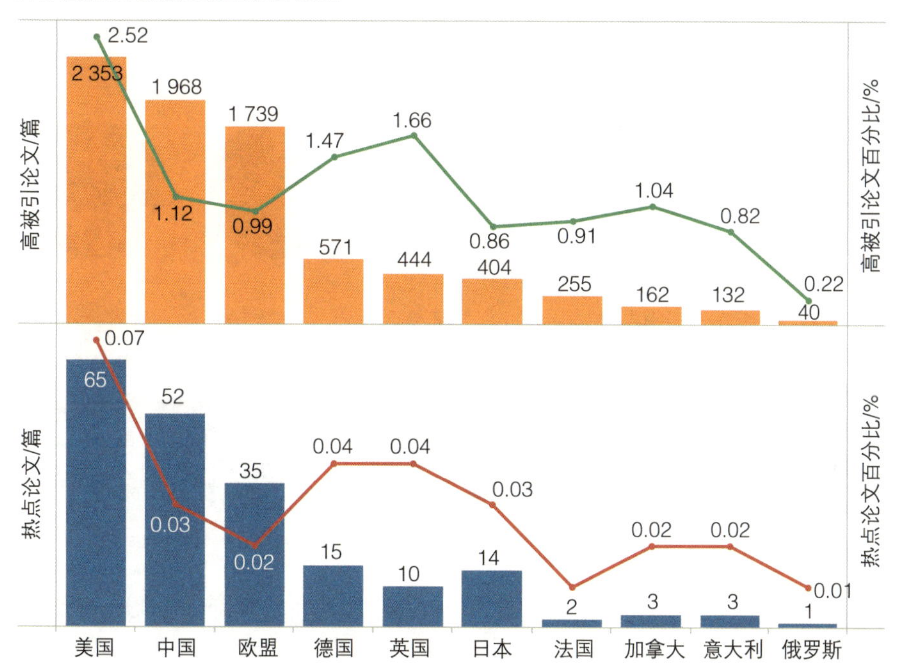

在高被引论文方面，美国以 2 352 篇居于目标国家的首位，中国紧随其后，有 1 968 篇高被引论文。美国的高被引论文百分比最高，占美国材料科学学科论文的 2.52%。美国、中国、英国、德国和加拿大的高被引论文百分比均超过 1% 的期望值，而欧盟、法国、意大利、日本和俄罗斯则低于 1% 的期望值。

在热点论文方面，美国以 65 篇居于目标国家的首位，中国紧随其后，有 52 篇，占中国材料科学论文总量的 0.03%。

（六）高影响力机构对比分析

图 9-8 是对材料科学学科进入全球 ESI 排名，即被引频次排名全球前 1% 的机构按照类型和目标国家的分布统计情况。

图 9-8 ESI 全球前 1% 机构

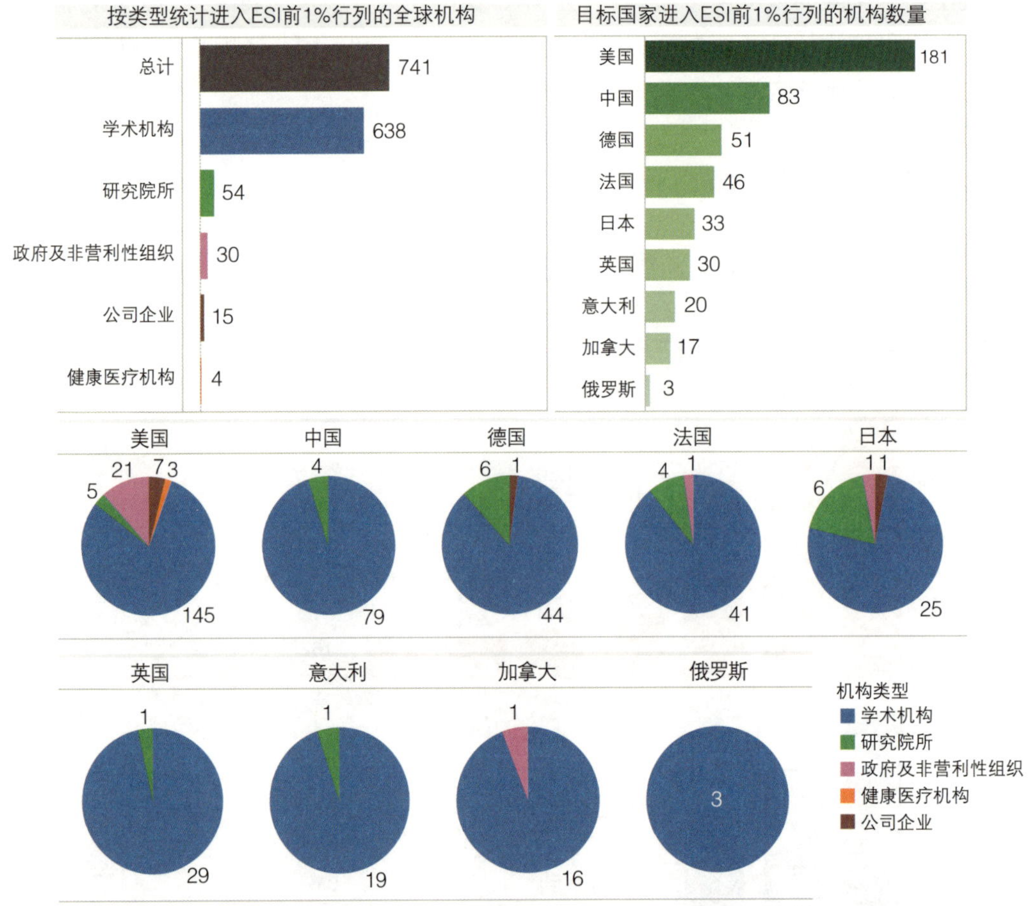

全球材料科学学科进入 ESI 的机构共有 741 家，美国进入 ESI 的机构数量高达 181 个，处于全球领先的位置，中国以 83 家机构位于美国之后。

全球材料科学学科进入 ESI 的机构大多集中在学术机构。除了学术机构外，研究院所、政府及非营利性组织、公司企业、健康医疗机构均有进入。

（七）中国高影响力机构

按照被引频次统计，中国进入 ESI 的前 20 家机构见表 9-2。

表 9-2 按照被引频次中国进入 ESI 的前 20 家机构

位次	机构	被引频次/次	论文数量/篇	高被引论文/篇	国际合作论文/篇	引文影响力	*h* 指数
1	中国科学院	405 289●	27 004●	624●	4211●	18.10	182●
2	清华大学	89 974	6 783	163	1 058	17.13	114
3	上海交通大学	63 605	5 491	80	967	14.25	85
4	浙江大学	59 475	4 681	67	795	15.47	86
5	复旦大学	57 013	2 522	120	526	25.67●	101
6	哈尔滨工业大学	55 021	7 130	33	950	10.02	65
7	吉林大学	45 954	3 862	43	481	14.30	74
8	北京大学	43 912	2 641	82	513	19.69	83
9	中国科学技术大学	41 281	2 839	66	397	17.38	77
10	中国科学院大学	39 437	3 197	86	249	15.62	80
11	中南大学	37 288	6 182	22	686	8.10	54
12	北京科技大学	35 523	6 057	16	740	8.41	56
13	华南理工大学	34 783	3 598	45	545	12.53	61
14	天津大学	32 027	3 426	31	455	12.27	63
15	南京大学	31 734	2 366	48	333	16.19	72
16	大连理工大学	31 443	3 640	31	619	11.17	59
17	四川大学	31 418	3 519	26	372	11.65	62
18	西安交通大学	29 662	3 800	27	641	10.36	54
19	华中科技大学	29 603	3 153	47	415	12.11	60
20	山东大学	28 708	3 092	34	403	11.90	60

说明：数据来自 InCites，因为统计规则和范围不同，导致与 ESI 中的数据可能有不同。圆点表示本机构在当前指标排名第 1 位。

中国科学院在被引频次、论文数量、高被引论文、国际合作论文、*h* 指数等多项指标上都位居中国进入 ESI 的前 20 家机构首位。清华大学则位居中国学术机构被引频次排名的首位。复旦大学在引文影响力指标上位居 20 家机构的首位。

第三节 我国论文合作情况分析

（一）论文合作发展趋势

图 9-9 是中国国际合作论文和横向合作论文数量和百分比的发展趋势。

图 9-9 中国国际合作论文与横向合作论文数量和百分比

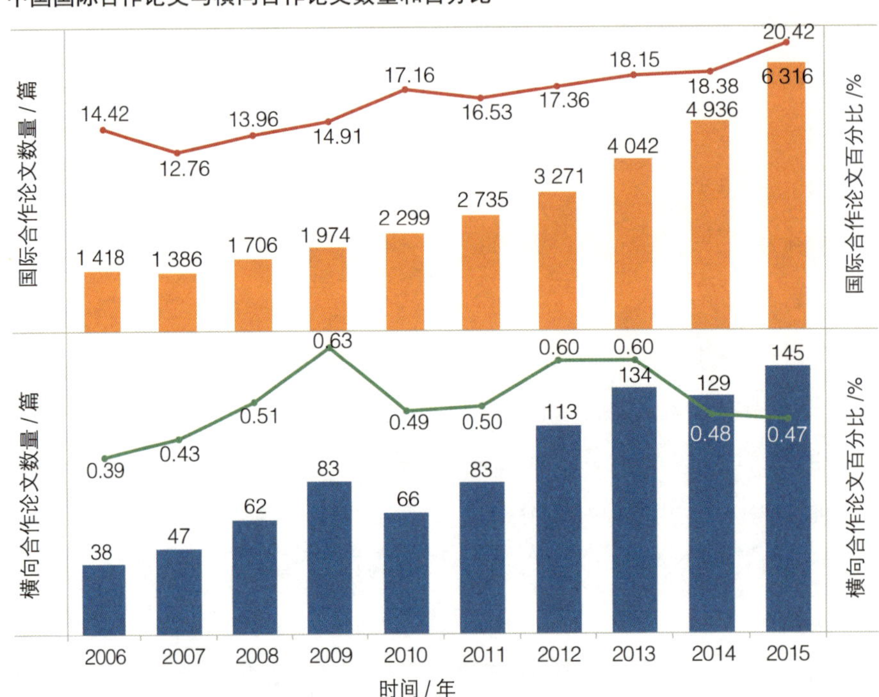

2006—2015 年，我国材料科学学科国际合作论文数量和百分比呈逐步上升趋势，从 2006 年的 1 418 篇（14.42%）增长到 2015 年的 6 316 篇（20.42%）。相比之下，我国材料科学学科横向合作论文在数量和百分比上则呈波动趋势，2009 年横向合作论文占比最高，为 0.63%，2015 年论文数量增长到 145 篇，但横向合作论文百分比下降 0.47%。

（二）主要合作国家和发展趋势

图 9-10 给出了与我国在材料科学学科合作论文排名前 10 位的国家和合作论文发展趋势。美国是与中国合作论文数量最多的国家，国际合作论文数量达到 10 125 篇，并且合作论文数量呈快速增长趋势，从 2006 年的 308 篇增长到 2015 年的 2 548 篇。与中国合作的亚洲国家主要包括日本、新加坡、韩国。

图 9-10　中国主要合作国家和发展趋势

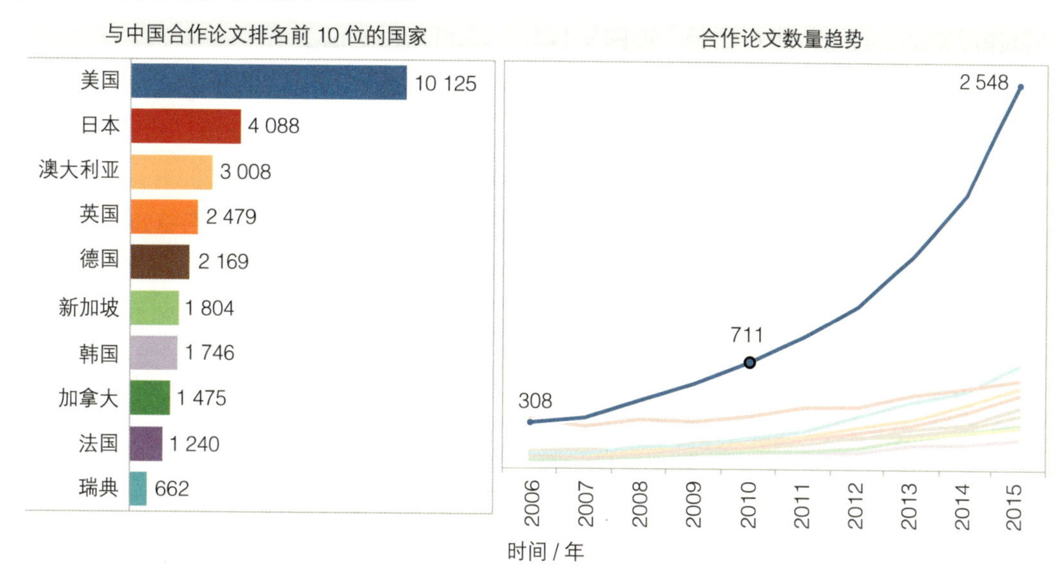

（三）中国国际合作论文的收益分析

图 9-11 是基于论文百分位指标对中国国际合作论文的收益进行分析。从图 9-11 中可以看到，材料科学学科中国国际合作论文的平均百分位低于中国所有论文，即中国国际合作论文的平均水平高于整体平均水平，这也说明中国材料科学学科从国际合作中获得收益。

图 9-11　基于论文百分位的中国国际合作论文分析

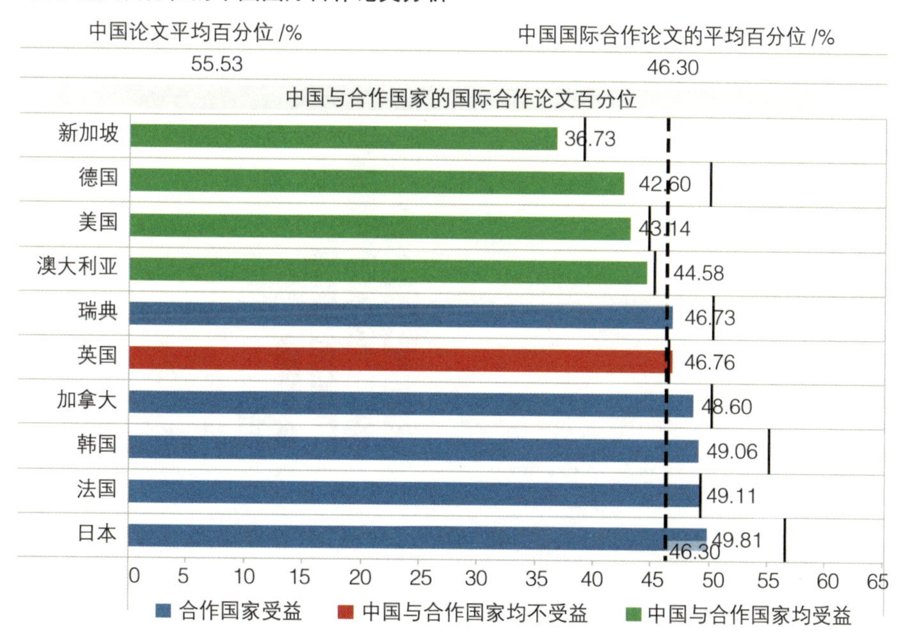

说明：图中条状图数值是中国与合作国家的国际合作论文百分位。短实线代表与中国合作国家的论文百分位，长虚线代表中国国际合作论文百分位。条状图的颜色代表中国与合作国家的合作受益情况。

进一步将中国主要合作国家的国际合作论文百分位指标与中国国际合作论文百分位和合作国家论文百分位进行比较，如图 9-11 所示，可以得到以下结果：

- 中国与新加坡、德国、美国、澳大利亚的合作提升了合作双方的论文水平，即中国与合作国家均从国际合作中获得收益。
- 中国与瑞典、加拿大、法国、日本、韩国的合作提升了合作国家的论文水平，但拉低了中国国际合作论文的水平，即仅合作国家从国际合作中获得收益。
- 中国与英国的合作拉低了中国国际合作论文和英国论文的水平，即合作双方均没有从合作中获得收益。

鉴于以上分析结果，在材料科学学科领域，在某种程度上应更多鼓励中国与新加坡、德国、美国、澳大利亚等国开展国际合作。

第四节　我国高被引论文表现分析

（一）高被引论文合著分析

图 9-12 是中国材料科学学科高被引论文的平均合著者和平均合著机构统计。

图 9-12　中国高被引论文合著分析

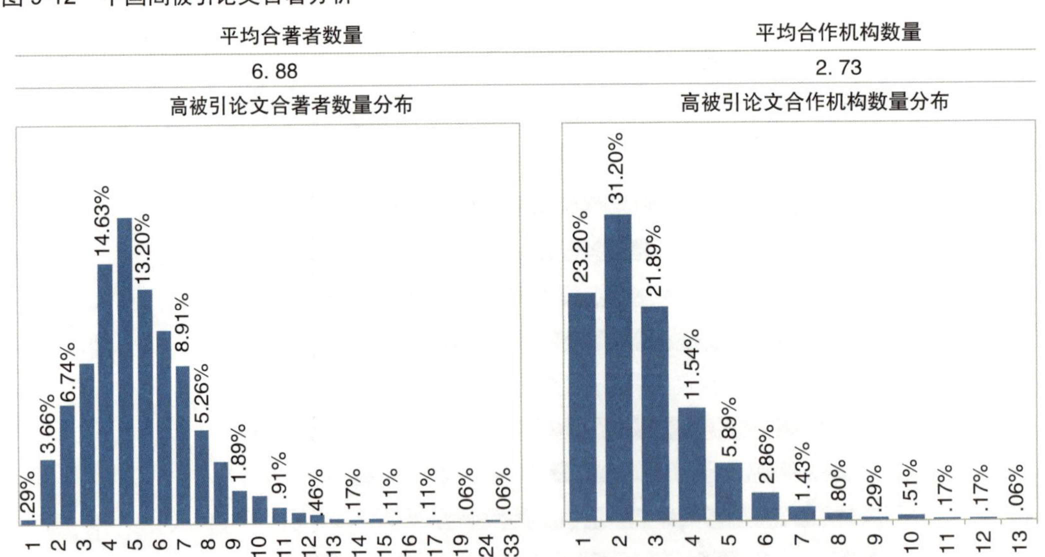

中国材料科学学科高被引论文的篇均作者数量为 6.88，论文作者分布主要集中在 5～7 人，作者数量最高达到 33 人。中国材料科学学科高被引论文的篇均机构数量为 2.73，合作机构数量主要集中在 1～3 家，合作机构数量最高达到 13 家。

（二）高被引论文主导性分析

高被引论文代表了一个国家在高水平研究成果方面的产出能力，在高水平论文方面做出主要贡献的国家被认为对论文产出具有主导性，可以用高被引论文中中国作者担任第一作者的论文数量占中国高水平论文的百分比来计算主导率。主导率越高，则说明中国作者在高水平研究中的主导性越强，可以认为中国处于主导地位。图 9-13 是第一作者为中国的高被引论文数量和发展趋势。

图 9-13　第一作者为中国的高被引论文数量和发展趋势

可以看到，第一作者为中国的高被引论文总计有 1 457 篇，占中国高被引论文总量的 83.26%，说明中国在高被引论文中主导性较强。从发展趋势上看，中国在材料科学学科高被引论文的主导性上整体呈小幅增长趋势。

（三）高被引论文来源机构

表 9-3 是统计第一作者为中国的高被引论文按照被引频次排名前 20 位的机构。

表 9-3　按照第一作者统计中国发表高被引论文被引频次排名前 20 位的机构

位次	机构	被引频次 / 次	论文数 / 篇	篇均被引频次 / 次
1	中国科学院	56 482•	337•	167.60
2	清华大学	13 723	85	161.45
3	复旦大学	12 347	82	150.57
4	浙江大学	5 097	39	130.69

续表

位次	机构	被引频次 / 次	论文数 / 篇	篇均被引频次 / 次
5	北京大学	5 051	35	144.31
6	苏州大学	4 757	37	128.57
7	上海交通大学	4 427	41	107.98
8	中国科学技术大学	4 178	30	139.27
9	南开大学	4 070	31	131.29
10	华南理工大学	2 934	22	133.36
11	南京大学	2 792	21	132.95
12	上海大学	2 516	13	193.54
13	华中科技大学	2 483	27	91.96
14	天津大学	2 466	13	189.69
15	山东大学	2 458	21	117.05
16	哈尔滨工程大学	2 433	14	173.79
17	华东理工大学	2 423	20	121.15
18	武汉理工大学	2 408	16	150.50
19	厦门大学	2 228	15	148.53
20	北京理工大学	2 163	22	98.32

中国科学院在材料科学学科高被引论文被引频次和论文篇数上排名首位，上海大学篇均被引频次最高。

（四）高被引论文来源期刊

表 9-4 是中国高被引论文按被引频次排名前 20 位的来源期刊。期刊 ADVANCED MATERIALS 按照高被引论文被引频次和论文数量排在首位，期刊 APPLIED SURFACE SCIENCE 的期刊规范化引文影响力最高，期刊 NATURE MATERIALS 的期刊影响因子最高。

表 9-4　中国高被引论文按被引频次排名前 20 位的来源期刊

位次	期刊	被引频次 / 次	论文数 / 篇	期刊规范化引文影响力	期刊影响因子
1	ADVANCED MATERIALS	70 484●	433●	3.40	18.96
2	ADVANCED FUNCTIONAL MATERIALS	26 523	173	4.31	11.38
3	JOURNAL OF MATERIALS CHEMISTRY	25 447	161	5.37	
4	BIOMATERIALS	17 484	122	4.14	8.39
5	CHEMISTRY OF MATERIALS	16 560	102	5.31	9.41
6	NATURE MATERIALS	12 656	55	1.86	38.89●
7	ACS APPLIED MATERIALS & INTERFACES	9 326	133	5.57	7.15
8	NATURE NANOTECHNOLOGY	9 210	41	2.35	35.27
9	JOURNAL OF MATERIALS CHEMISTRY A	8 043	166	4.87	8.26
10	SMALL	6 298	50	5.77	8.32
11	ADVANCED ENERGY MATERIALS	4 687	48	2.75	15.23
12	SCIENCE	3 371	13	2.43	34.66
13	NANO ENERGY	2 152	42	3.91	11.55
14	NATURE	1 863	5	1.91	38.14
15	ACTA MATERIALIA	1 789	10	6.33	5.06
16	NANOTECHNOLOGY	1 778	10	9.27	3.57
17	APPLIED SURFACE SCIENCE	1 347	13	14.13●	3.15
18	NATURE COMMUNICATIONS	1 176	13	7.40	11.33
19	JOURNAL OF ALLOYS AND COMPOUNDS	1 066	18	10.36	3.01
20	JOURNAL OF MATERIALS CHEMISTRY C	1 061	26	7.78	5.07

>

第十章　工程学科计量评估

第一节 我国工程学科发展概况

根据 2016 年 6 月 Incites 最新统计数据显示，我国 10 年内（2006 年 1 月 1 日至 2015 年 12 月 31 日）共有 179 039 篇工程学科论文被 SCI 收录，占全球工程学科论文总量的 27.79%，仅次于欧盟、美国，排名全球第 3 位。

在 10 年统计期间，我国工程学科论文被引总频次为 1 271 258 次，占全球引用总量的 18.06%，仅次于欧盟、美国，排名全球第 3 位。

相比论文数量和引用规模指标，我国工程学科的论文影响力表现不佳。其中，引文影响力指标即论文篇均被引频次为 7.10 次，排名全球第 80 位，低于美国、加拿大、英国、法国、德国等欧美科技强国，也低于中国台湾、印度等亚洲国家或地区，略高于全球平均水平。我国工程学科论文被引百分比为 70.61%，略高于全球平均水平。

在论文合作方面，我国工程学科共有 44 076 篇国际合作论文和 2 417 篇横向合作论文，分别占我国发表 SCI 论文数量的 24.62% 和 1.35%。

中国在顶级论文上表现亮眼。我国工程学科共有高被引论文 2 783 篇，占全球高被引论文总量的 43.50%。2016 年 6 月的 InCites 数据显示，我国当期共有工程学科热点论文 107 篇，占全球热点论文总量的 83.05%。

从论文国家分布和排名情况看，全球工程学科较为发达的国家主要分布在北美、欧洲和亚洲地区。美国、英国、法国、德国和加拿大等欧美科技强国在论文总被引频次和论文数量上均进入全球前 10 位，中国、日本、韩国、中国台湾等亚洲国家或地区在论文总被引频次和论文数量上均进入全球前 10 位，印度在论文数量上进入全球前 10 位，但在引文影响力上亚洲国家明显低于欧美国家。这说明亚洲国家在工程学科研究规模上已经与欧美等科技强国不相上下，但在论文质量上还有一定差距。

详细概览数据和排名情况见表 10-1 和图 10-1。

表 10-1 中国概览数据

Web of Science 论文数	179 039	论文数量全球百分比	27.79
被引频次	1 271 258	被引频次全球百分比	18.06
引文影响力	7.10	论文被引百分比	70.61
国际合作论文	44 076	国际合作论文百分比	24.62
横向合作论文	2 417	横向合作论文百分比	1.35
高被引论文	2 783	高被引论文全球百分比	43.50
热门论文	107	热门论文全球百分比	83.05

图 10-1　主要国家 / 地区论文排名情况

主要国家/地区的论文篇数排名		主要国家/地区论文被引频次排名		主要国家/地区引文影响力排名	
1 欧盟	313 863	1 欧盟	2 690 555	27 美国	10.01
2 美国	202 005	2 美国	2 021 499	33 加拿大	9.76
3 中国	179 039	3 中国	1 271 258	35 英国	9.65
4 英国	59 977	4 英国	578 776	46 意大利	9.21
5 韩国	53 756	5 加拿大	435 116	54 法国	8.98
6 日本	51 134	6 法国	427 857	57 欧盟	8.57
7 法国	47 667	7 德国	385 298	60 德国	8.37
8 德国	46 024	8 意大利	371 050	74 印度	7.61
9 加拿大	44 559	9 中国台湾	341 870	80 中国	7.10
10 印度	42 734	10 日本	339 932	87 日本	6.65
12 意大利	40 270	33 俄罗斯	50 261	97 韩国	6.19
19 俄罗斯	16 379			169 俄罗斯	3.07

说明：数据来源于 InCites，时间范围为 2006—2015 年。

第二节　目标国家对比分析

（一）论文数量发展趋势对比分析

目标国家工程学科论文数量发展趋势见图 10-2。可以看出，2006 年至 2015 年目标国家工程学科论文数量整体处于增长趋势，欧盟、美国、中国分别位于目标国家中论文数量的前 3 位，2013 年中国工程学科论文数量首次超越美国，仅次于欧盟，成为第二大论文产出国。

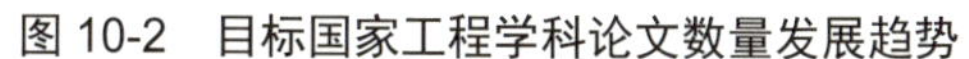
图 10-2　目标国家工程学科论文数量发展趋势

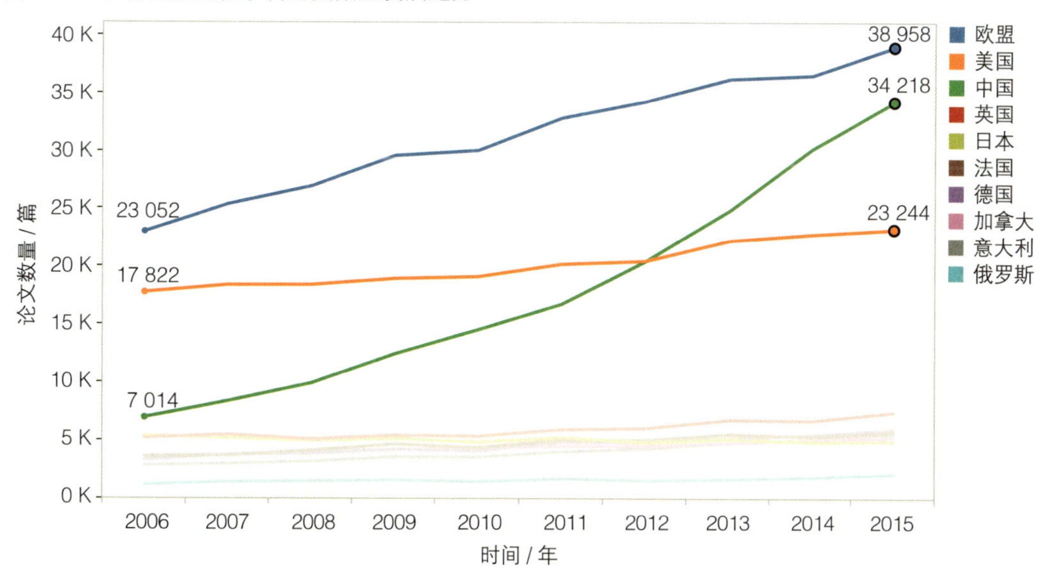

图 10-3 计算了目标国家工程学科在 2010—2015 年度的论文数量年增长率，可以更清楚地展现出不同国家的发展态势。中国处于高速发展阶段，年均增长率在 18% 以上，增长速度明显高于其他国家；美国、英国、德国、加拿大、法国、意大利、欧盟的论文数量年均增长率在 3% ～ 7%，属于缓慢增长阶段；日本的论文数量年均增长率呈现负增长趋势，且论文的年增长率波动较大；俄罗斯的论文数量年增长率波动较大，2011 年的增长率最高，为 17.51%，2015 年俄罗斯的年增长率超过中国，位居目标国家首位。

图 10-3　论文数量年增长率（2010—2015 年）

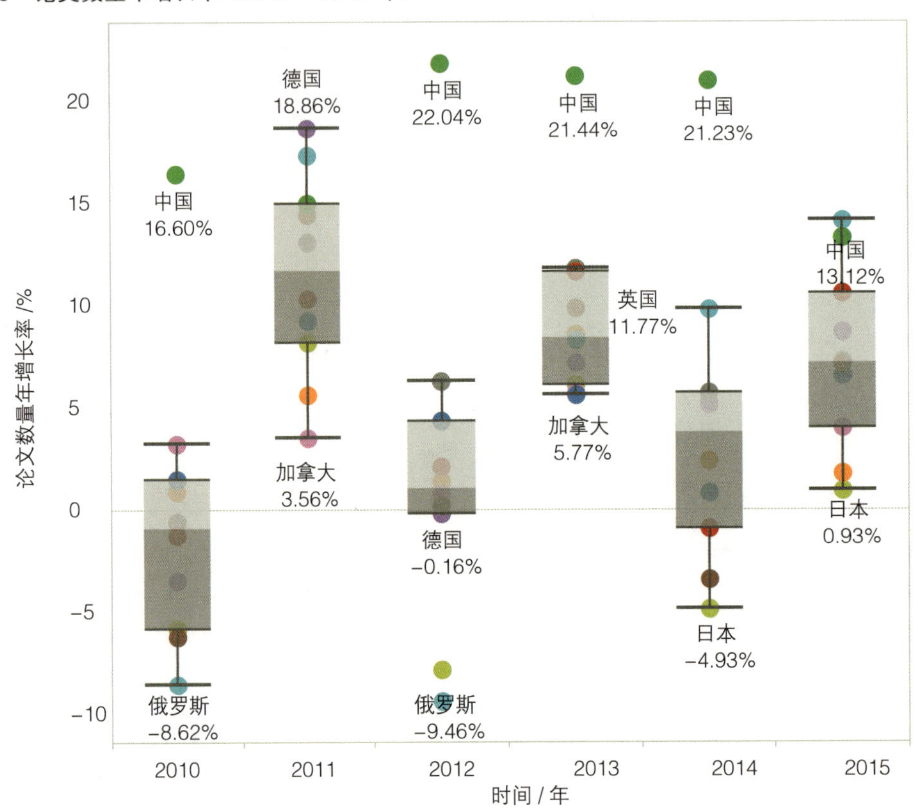

（二）论文引用份额对比分析

目标国家 2006—2015 年工程学科论文引用份额发展趋势见图 10-4。

从图 10-4 中可以看出，2006 年至 2015 年欧盟的论文引用份额基本保持稳定，而美国的论文引用份额持续下降，从 2006 年的 31.30% 下降到 2015 年的 18.49%；相反，中国的论文引用份额大幅提升，由 2006 年的 9.13% 提升到 2015 年的 28.97%，并于 2013 年首次超过美国；日本、英国、德国、法国等其他七国的论文引用份额基本保持稳定。

图 10-4　论文引用份额发展趋势

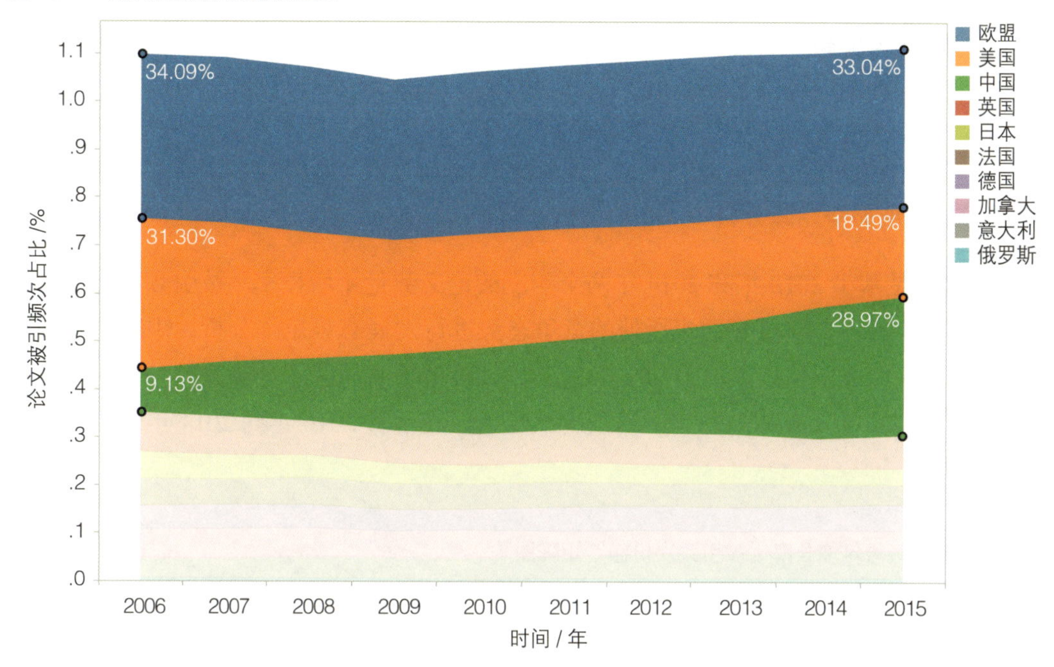

（三）论文影响力对比分析

图 10-5 以 2014 年的引文影响力、相对于全球平均水平的影响力、论文被引百分比和平均百分位四个指标，将目标国家的论文影响力与全球平均值进行对比分析。

图 10-5　全球与目标国家论文影响力指标（2014 年）

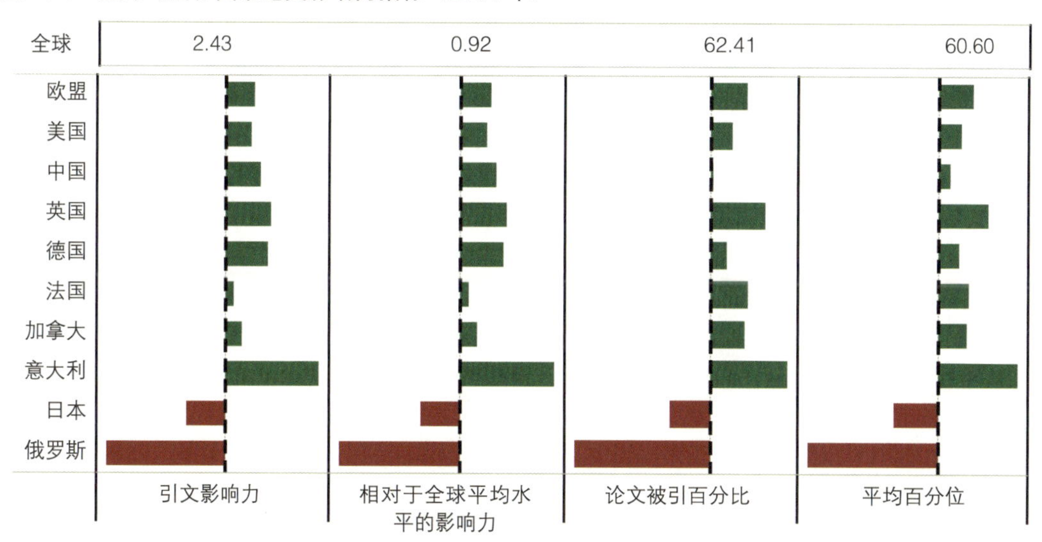

说明：图中以虚线代表的全球影响力指标为基准展示目标国家论文影响力。红色表示目标国家影响力指标低于全球，绿色表示目标国家影响力指标高于全球。由于平均百分位数值越大，表示论文质量越低，为与前三个指标保持一致，这里在显示上采用倒序处理。

可以看到，欧盟、美国、中国、英国、德国、法国、加拿大和意大利的四个影响力指标均高于全球平均水平，表明这些国家的论文质量表现良好，其中意大利明显高于全球平均水平和其他国家。与之相反，日本和俄罗斯的四个影响力指标均明显低于全球平均水平，表明这两个国家的论文质量表现不佳。

（四）发展态势矩阵分析

图 10-6 是基于 2010 年和 2014 年两个年度的论文数量年增长率和被引频次份额两个指标构建的矩阵图，对目标国家所处的竞争态势进行发展态势矩阵分析。矩阵图中被引频次份额的区间分隔线取经验值 20%，论文数量年增长率的区间分隔线取参照国家平均增长率。不同颜色代表不同国家，线条由细变粗，表示从 2010 年到 2014 年各国位置的变化情况。

图 10-6 “论文数量年增长率—被引频次份额”矩阵图

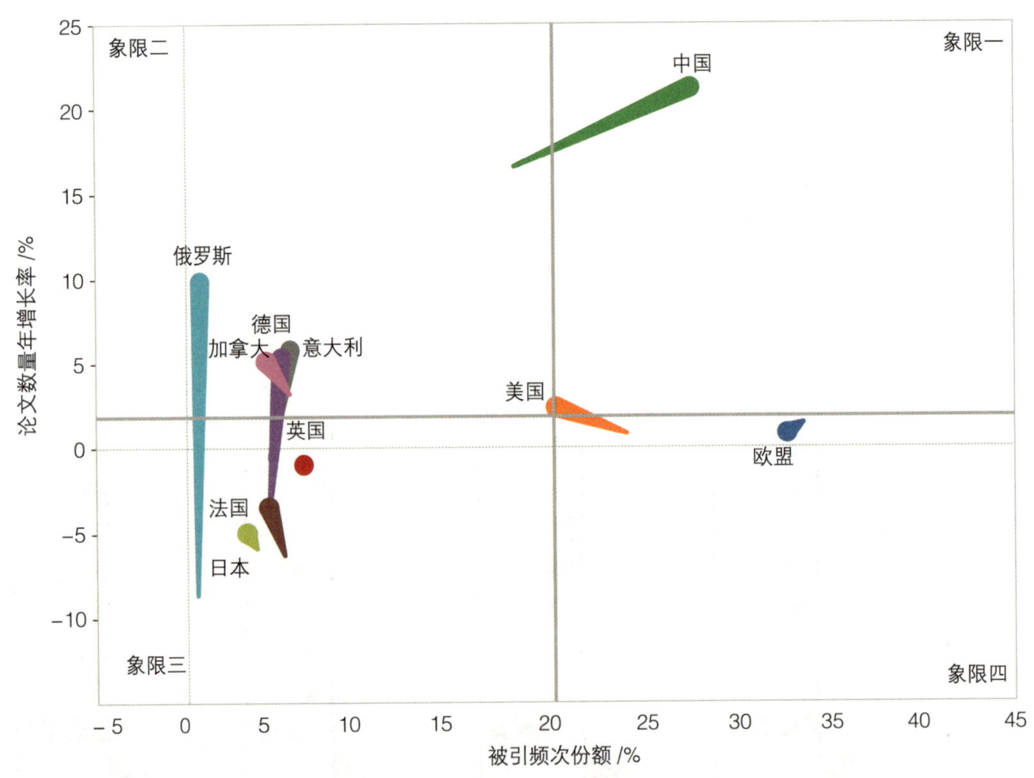

说明：被引频次份额的区间分隔线取经验值 20%，论文数量年增长率的区间分隔线取目标国家平均增长率。不同颜色代表不同国家，线条由细变粗，表示从 2010 年到 2014 年各国位置的变化情况。

矩阵图中第一象限的特征是被引频次份额且论文数量年增长率均较高，代表处于优势竞争地位，第二象限的特征是论文数量年增长率较高但被引频次份额较低，代表具有发展潜力和机会，可能进入第一象限，但也有可能跌入第三象限；第三象限的特征是论

文数量年增长率和被引频次份额均较低，代表是细分领域的竞争者；第四象限的特征是论文数量年增长率较低但被引频次份额较高，代表处于稳定成熟发展阶段，但面临被竞争者超越或自身竞争实力衰退的威胁。

从图 10-6 中可以看出，中国从 2010 年处于第二象限到 2014 年进入第一象限，表示中国工程学科在保持论文数量高速增长的情况下，论文引用份额持续提高，处于领先者的位置。相比之下，美国从第四象限向第二、三象限转移，表明美国在工程学科中的领导力下降；欧盟在论文引用份额上基本保持稳定，仍处于领先者的位置上。

处于第二象限的俄罗斯、加拿大、意大利、德国是具有未来发展潜力的国家，但其论文被引频次份额均较低，短期内难以在竞争中超越中国和美国。英国、法国、日本则在论文增长速度、被引频次和论文影响力上相对其他目标国家均处于竞争劣势。

（五）顶级论文对比分析

目标国家顶级论文（包括高被引论文和热点论文）数量和百分比见图 10-7。

图 10-7　目标国家顶级论文数量和百分比

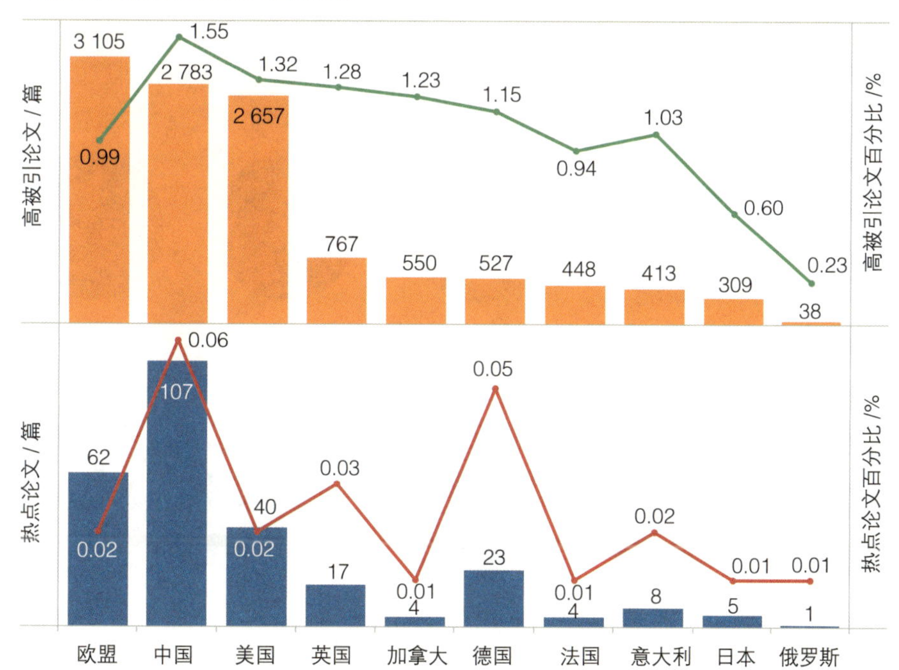

在高被引论文方面，欧盟以 3 105 篇居于目标国家的首位，中国紧随其后，有 2 783 篇高被引论文。中国的高被引论文百分比最高，占中国工程学科论文的 1.55%。中国、美国、英国、加拿大、德国和意大利的高被引论文百分比均超过 1% 的期望值，而欧盟、法国、日本和俄罗斯则低于 1% 的期望值。

在热点论文方面，中国以 107 篇居于目标国家的首位，占中国工程学科论文总量的

0.06%，高于其他目标国家。

（六）高影响力机构对比分析

图 10-8 是对工程学科进入全球 ESI 排名，即被引频次排名全球前 1% 的机构按照类型和目标国家的分布统计情况。

图 10-8　ESI 全球前 1% 机构

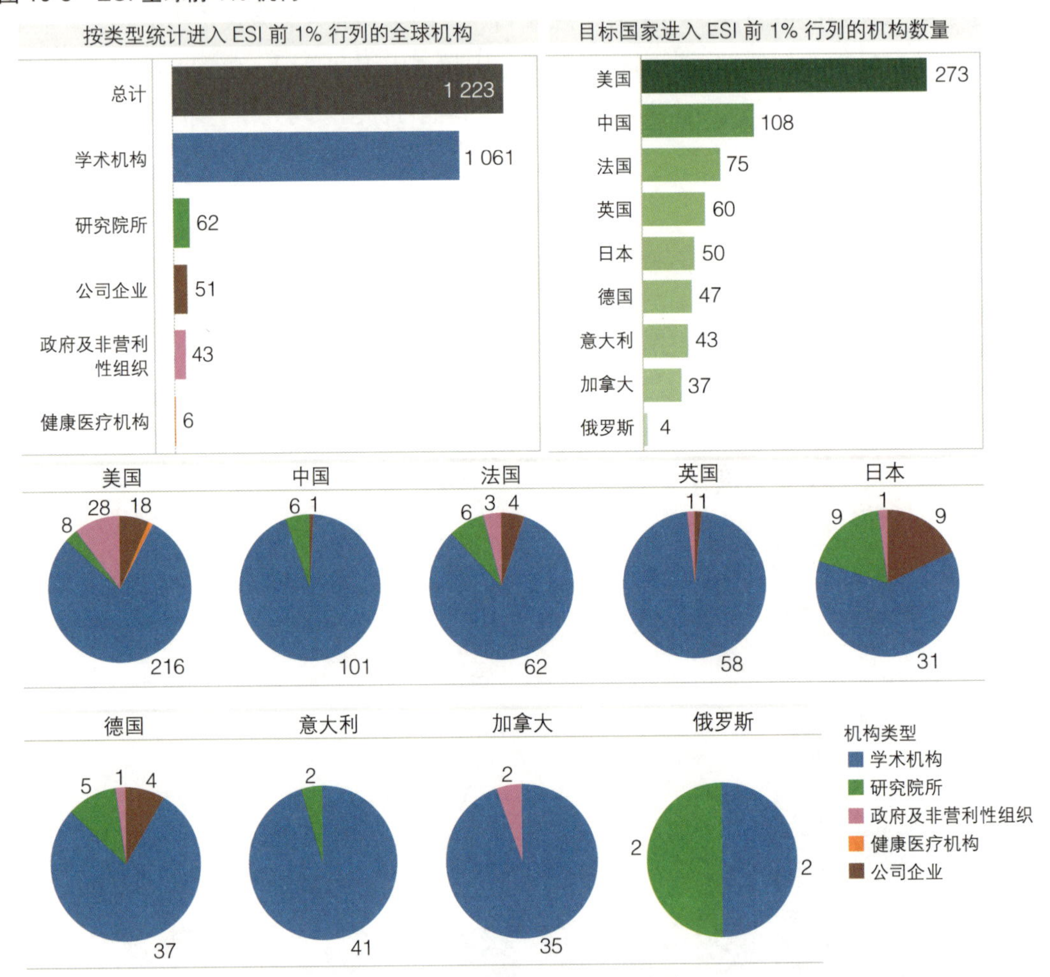

全球工程学科进入 ESI 的机构共有 1 223 家，美国进入 ESI 的机构数量高达 273 个，处于全球领先的位置，中国以 108 家机构位于美国之后。

全球工程学科进入 ESI 的机构大多集中在学术机构。除了学术机构外，研究院所、公司企业、政府及非营利性组织、健康医疗机构均有进入。中国进入 ESI 的 108 家机构包括 101 家学术机构、6 家研究院所和 1 家公司企业。

（七）中国高影响力机构

按照被引频次统计，中国进入 ESI 的前 20 家机构见表 10-2。

表 10-2　按照被引频次中国进入 ESI 的前 20 家机构

位次	机构	被引频次/次	论文数量/篇	高被引论文/篇	国际合作论文/篇	引文影响力	h 指数
1	中国科学院	145 949●	15 788●	425●	2 907●	12.53●	107●
2	清华大学	91 876	11 375	172	2 385	10.81	85
3	上海交通大学	68 598	9 349	90	1 590	9.93	70
4	哈尔滨工业大学	65 673	7 410	200	1 438	12.49	92
5	浙江大学	58 274	7 718	103	1 609	10.3	71
6	西安交通大学	44 969	6 570	67	941	9.69	65
7	华中科技大学	42 118	5 487	75	956	10.59	62
8	东南大学	37 724	5 197	80	1026	10.67	67
9	大连理工大学	32 470	4 906	50	882	9.15	57
10	中国科学技术大学	29 967	3 264	60	656	12.43	62
11	天津大学	29 141	4 248	65	804	9.75	56
12	华南理工大学	26 524	3 004	69	497	12.05	57
13	北京大学	26 259	2 957	65	699	11.85	60
14	北京航空航天大学	24 605	5 269	37	723	7.19	46
15	同济大学	24 207	4 043	46	948	8.76	52
16	电子科技大学	23 435	4 443	25	824	8.12	49
17	西安电子科技大学	22 276	3 741	30	454	9.07	54
18	南京航空航天大学	20 445	3 165	31	460	9.61	52
19	北京理工大学	18 836	3 087	60	531	9.45	50
20	重庆大学	17 976	3 114	37	663	8.79	47

说明：数据来自 InCites，因为统计规则和范围不同，导致与 ESI 中的数据可能有不同。圆点表示本机构在当前指标排名第 1 位。

中国科学院在被引频次、论文数量、高被引论文、国际合作论文、引文影响力、h 指数等多项指标上都位居中国进入 ESI 的前 20 家机构首位。清华大学则位居中国学术型机构被引频次排名的首位。

第三节　我国论文合作情况分析

（一）论文合作发展趋势

图 10-9 是中国国际合作论文和横向合作论文数量和百分比的发展趋势。

图 10-9　中国国际合作论文与横向合作论文数量和百分比

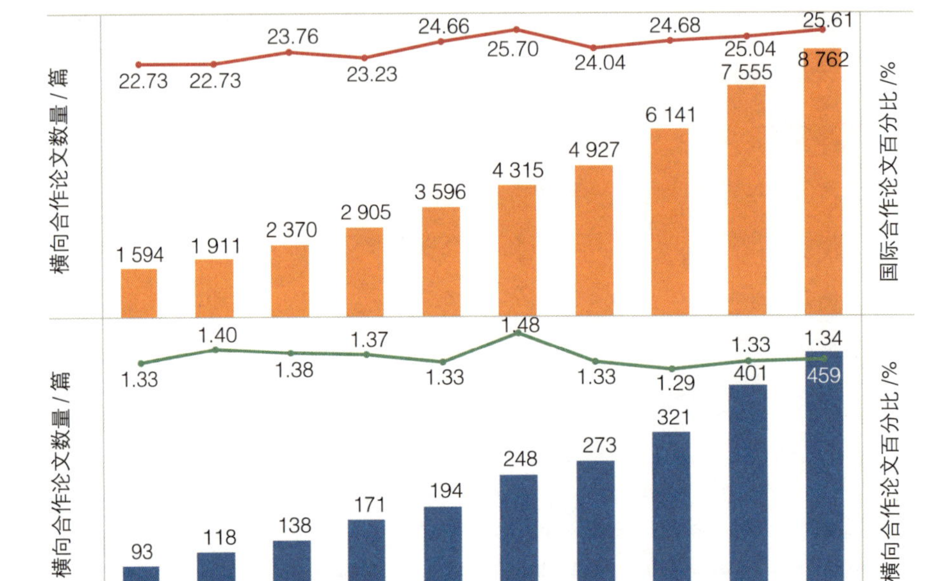

2006—2015 年，我国工程学科国际合作论文数量和百分比呈逐步上升趋势，从 2006 年的 1 594 篇（22.73%）增长到 2015 年的 8 762 篇（25.61%）。相比之下，我国工程学科横向合作论文数量持续增长，但百分比保持稳定，2011 年横向合作论文占比最高为 1.48%，2015 年横向合作论文数量为 459 篇，占 1.34%。

（二）主要合作国家和发展趋势

图 10-10 给出了与我国在工程学科合作论文排名前 10 位的国家和合作论文发展趋势。美国是与中国合作论文数量最多的国家，国际合作论文数量达到 15 642 篇，并且合作论文数量呈快速增长趋势，从 2006 年的 465 篇增长到 2015 年的 3 327 篇。与中国合作的亚洲国家或地区主要包括日本、新加坡、中国香港、韩国。

图 10-10 中国主要合作国家和发展趋势

与中国合作论文排名前 10 位的国家

国家	合作论文数
美国	15 642
英国	6 215
澳大利亚	4 508
加拿大	3 915
日本	3 380
新加坡	3 186
中国香港	1 676
德国	1 600
法国	1 573
韩国	1 467

合作论文数量趋势

3 327

1 160

465

2006 2007 2008 2009 2010 2011 2012 2013 2014 2015

时间 / 年

（三）中国国际合作论文的收益分析

图 10-11 是基于论文百分位指标对中国国际合作论文的收益进行分析。工程学科中国国际合作论文的平均百分位低于中国所有论文，即中国国际合作论文的平均水平高于整体平均水平，这也说明中国工程学科从国际合作中获得收益。

图 10-11 基于论文百分位的中国国际合作论文分析

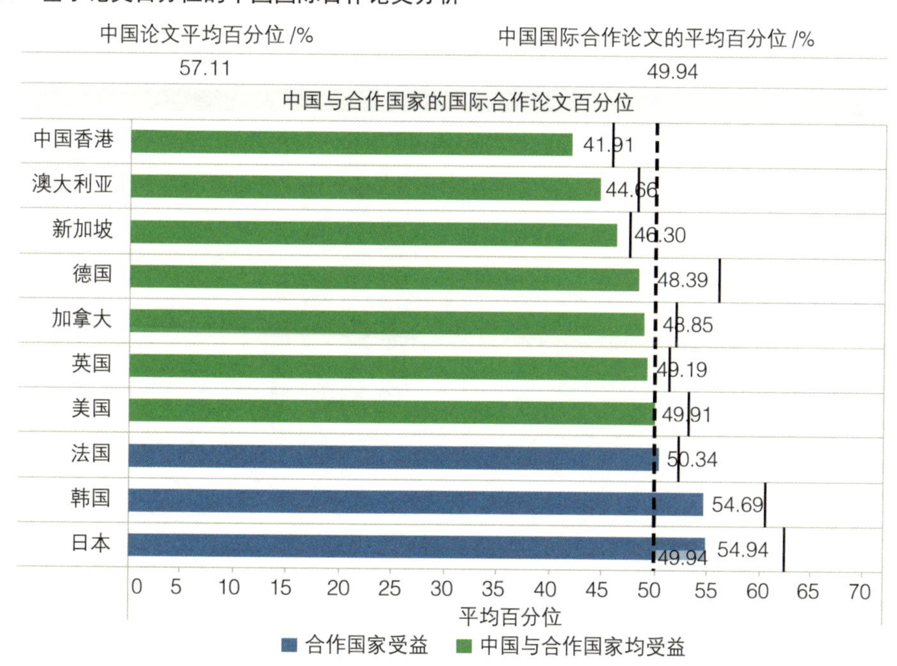

说明：图中条状图数值是中国与合作国家的国际合作论文百分位。短实线代表与中国合作国家的论文百分位，长虚线代表中国国际合作论文百分位。条状图的颜色代表中国与合作国家的合作受益情况。

进一步将中国主要合作国家的国际合作论文百分位指标与中国国际合作论文百分位和合作国家论文百分位进行比较，如图 10-11 所示，可以得到以下结果：

- 中国与中国香港、澳大利亚、新加坡、德国、加拿大、英国、美国的合作提升了合作双方的论文水平，即中国与合作国家或地区均从国际合作中获得收益。
- 中国与法国、日本、韩国的合作提升了合作国家的论文水平，但拉低了中国国际合作论文的水平，即仅合作国家从国际合作中获得收益。

鉴于以上分析结果，在工程学科领域，在某种程度上应更多鼓励中国与中国香港、澳大利亚、新加坡、德国、加拿大、英国、美国等国家或地区开展国际合作。

第四节 我国高被引论文表现分析

（一）高被引论文合著分析

图 10-12 是中国工程学科高被引论文的平均合著者和平均合著机构统计。

图 10-12 中国高被引论文合著分析

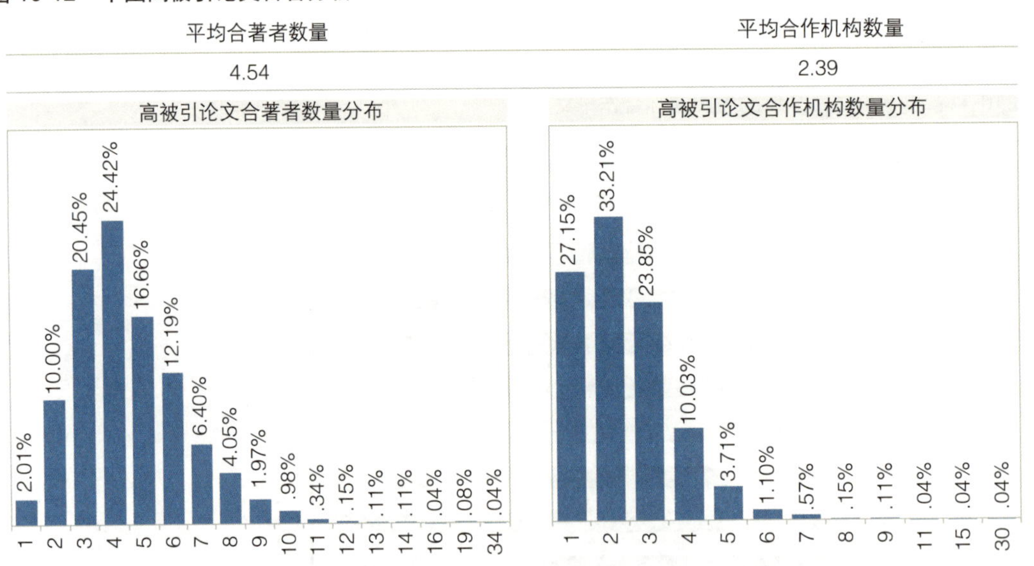

中国工程学科高被引论文的篇均作者数量为 4.54，论文作者分布主要集中在 3 ～ 4 人，作者数量最高达到 34 人。中国工程学科高被引论文的篇均机构数量为 2.39，合作机构数量主要集中在 1 ～ 3 家，合作机构数量最高达到 30 家。

（二）高被引论文主导性分析

高被引论文代表了一个国家在高水平研究成果方面的产出能力，在高水平论文方面做出主要贡献的国家被认为对论文产出具有主导性，可以用高被引论文中中国作者担任第一作者的论文数量占中国高水平论文的百分比来计算主导率。主导率越高，则说明中国作者在高水平研究中的主导性越强，可以认为中国处于主导地位。图 10-13 是第一作者为中国的高被引论文数量和发展趋势。

图 10-13　第一作者为中国的高被引论文数量和发展趋势

从图 10-13 中可以看到，第一作者为中国的高被引论文总计有 2 398 篇，占中国高被引论文总量的 90.80%，说明中国在高被引论文中主导性较强。从发展趋势上看，中国在工程学科高被引论文的主导性上整体呈逐步增长趋势。

（三）高被引论文来源机构

表 10-3 是统计第一作者为中国的高被引论文按照被引频次排名前 20 位的机构。

表 10-3　按照第一作者统计中国发表高被引论文被引频次排名前 20 位的机构

位次	机构	被引频次 / 次	论文数 / 篇	篇均被引频次 / 次
1	中国科学院	18 941•	229•	82.71
2	哈尔滨工业大学	14 197	130	109.21•
3	清华大学	8 304	103	80.62
4	浙江大学	5 311	87	61.05

续表

位次	机构	被引频次 / 次	论文数 / 篇	篇均被引频次 / 次
5	东南大学	5 162	63	81.94
6	上海交通大学	4 104	43	95.44
7	华中科技大学	3 876	49	79.10
8	北京大学	3 743	41	91.29
9	江南大学	2 927	34	86.09
10	南京航空航天大学	2 846	35	81.31
11	西安交通大学	2 728	46	59.30
12	中南大学	2 671	42	63.60
13	辽宁工业大学	2 280	23	99.13
14	东北大学	2 262	22	102.82
15	复旦大学	2 238	26	86.08
16	南京大学	2 221	23	96.57
17	西安电子科技大学	2 177	29	75.07
18	北京理工大学	2 157	41	52.61
19	大连理工大学	2 126	31	68.58
20	东华大学	2 101	22	95.50

中国科学院在工程学科高被引论文被引频次和论文篇数上排名首位，哈尔滨工业大学篇均被引频次最高。

（四）高被引论文来源期刊

表 10-4 是中国高被引论文按被引频次排名前 20 位的来源期刊。期刊 JOURNAL OF POWER SOURCES 按照高被引论文被引频次和论文数量排在首位，期刊 IEEE TRANSACTIONS ON CIRCUITS AND SYSTEMS I-REGULAR PAPERS 的期刊规范化引文影响力最高，期刊 IEEE TRANSACTIONS ON FUZZY SYSTEMS 的期刊影响因子最高。

表 10-4 中国高被引论文按被引频次排名前 20 位的来源期刊

位次	期刊	被引频次 / 次	论文数 / 篇	期刊规范化引文影响力	期刊影响因子
1	JOURNAL OF POWER SOURCES	23 988●	498●	3.48	6.33
2	JOURNAL OF HAZARDOUS MATERIALS	17 518	227	4.15	4.84
3	AUTOMATICA	16 476	132	6.54	3.64
4	IEEE TRANSACTIONS ON AUTOMATIC CONTROL	9 174	68	7.73	2.78
5	CHEMICAL ENGINEERING JOURNAL	8 123	197	3.93	5.31
6	IEEE TRANSACTIONS ON NDUSTRIAL ELECTRONICS	6 121	82	5.75	6.38
7	IEEE TRANSACTIONS ON FUZZY SYSTEMS	6 063	70	5.03	6.70●
8	IEEE TRANSACTIONS ON SYSTEMS MAN AND CYBERNETICS PART B-CYBER..	6 007	44	5.11	
9	IEEE TRANSACTIONS ON IMAGE PROCESSING	5 729	57	6.84	3.74
10	IEEET RANSACTIONS ON PATTER NANALYSIS AND MACHINE INTELLIGENCE	5 018	41	4.92	6.08
11	INTERNATIONAL JOURNAL OF HYDROGEN ENERGY	4 571	58	5.46	3.21
12	IEEE TRANSACTIONS ON NEURAL NETWORKS	4 476	36	5.11	
13	APPLIED ENERGY	4 177	83	3.82	5.75
14	IEEE TRANSACTIONS ON CIRCUITS AND SYSTEMS I-REGULAR PAPERS	3 108	25	10.73●	2.39
15	FUEL	2 962	44	5.74	3.61
16	PATTERN RECOGNITION	2 493	28	6.84	3.40
17	IEEE TRANSACTIONS ON POWER ELECTRONICS	2 218	48	3.26	4.95
18	SYSTEMS & CONTROL LETTERS	2 178	19	8.00	1.91
19	JOURNAL OF HYDROLOGY	1 982	19	4.72	3.04
20	ENERGY & FUELS	1 953	18	6.39	2.84

第十一章　农业科学学科计量评估

第一节　我国农业学科发展概况

根据2016年6月Incites最新统计数据显示，我国10年内（2006年1月1日至2015年12月31日）共有35 287篇农业科学学科论文被SCI收录，占全球农业科学学科论文总量的9.94%，仅次于欧盟、美国、巴西，排名全球第4位。

在10年统计期间，我国农业科学学科论文被引总频次为288 439次，占全球引用总量的9.60%，仅次于欧盟、美国，排名全球第3位。

相比论文数量和引用规模指标，我国农业科学学科的论文影响力表现一般。其中，引文影响力指标即论文篇均被引频次为8.17次，排名全球第66位，低于法国、西班牙、美国、澳大利亚、意大利、德国等欧美国家，高于全球平均水平。我国农业科学学科论文被引百分比为78.24%，高于全球平均水平。

在论文合作方面，我国农业科学学科共有10 405篇国际合作论文和134篇横向合作论文，分别占我国发表SCI论文数量的29.49%和0.38%。

我国在顶级论文上表现良好。我国农业科学学科共有高被引论文414篇，占全球高被引论文总量的11.48%。2016年6月的InCites数据显示，我国当期共有农业科学学科热点论文10篇，占全球热点论文总量的14.09%。

从论文国家分布和排名情况看，全球农业科学学科较为发达的国家主要分布在北美、南美、欧洲和亚太地区。美国、西班牙、德国、法国、意大利、澳大利亚等欧美国家在论文总被引频次和论文数量上均进入全球前10位，亚洲地区的中国在论文总被引频次和论文数量上均进入全球前10位，印度、日本在论文数量上进入全球前10位，南美洲的巴西在论文总被引频次和论文数量上均进入全球前10位。中国、日本、印度、巴西、俄罗斯在引文影响力上明显低于欧美科技领先国家，说明以上国家的农业科学学科在论文质量上与欧美等科技强国还有一定差距。

详细概览数据和排名情况见表11-1和图11-1。

表11-1　中国概览数据

Web of Science 论文数	35 287	论文数量全球百分比	9.94
被引频次	288 439	被引频次全球百分比	9.60
引文影响力	8.17	论文被引百分比	78.24
国际合作论文	10 405	国际合作论文百分比	29.49
横向合作论文	134	横向合作论文百分比	0.38
高被引论文	414	高被引论文全球百分比	11.48
热门论文	10	热门论文全球百分比	14.09

图 11-1 主要国家 / 地区论文排名情况

主要国家 / 地区的论文篇数排名		主要国家 / 地区论文被引频次排名		主要国家 / 地区引文影响力排名	
1 欧盟	117 107	1 欧盟	1 252 878	5 英国	14.42
2 美国	62 395	2 美国	700 314	16 法国	12.42
3 巴西	35 666	3 中国	288 439	17 加拿大	12.37
4 中国	35 287	4 西班牙	264 688	29 西班牙	11.42
5 印度	23 739	5 英国	186 763	33 美国	11.22
6 西班牙	23 181	6 德国	174 078	36 意大利	10.76
7 德国	16 781	7 法国	168 175	37 欧盟	10.70
8 日本	15 770	8 加拿大	162 054	38 德国	10.37
9 意大利	15 045	9 意大利	161 938	66 中国	8.17
10 法国	13 540	10 巴西	153 519	96 日本	6.91
12 加拿大	13 101	13 日本	109 033	142 俄罗斯	4.82
13 英国	12 956			145 印度	4.69
41 俄罗斯	2 061	46 俄罗斯	9 924	157 巴西	4.30

说明：数据来源于 InCites，时间范围为 2006—2015 年。

第二节 目标国家对比分析

（一）论文数量发展趋势对比分析

目标国家农业科学学科论文数量发展趋势见图 11-2。可以看出，2006 年至 2015 年目标国家农业科学学科论文数量整体处于增长趋势，欧盟、美国、中国分别位于目标国家中论文数量的前 3 位。欧盟论文数量明显高于其他目标国家，中国论文数量逐渐接近美国。

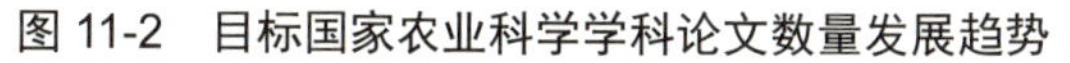
图 11-2 目标国家农业科学学科论文数量发展趋势

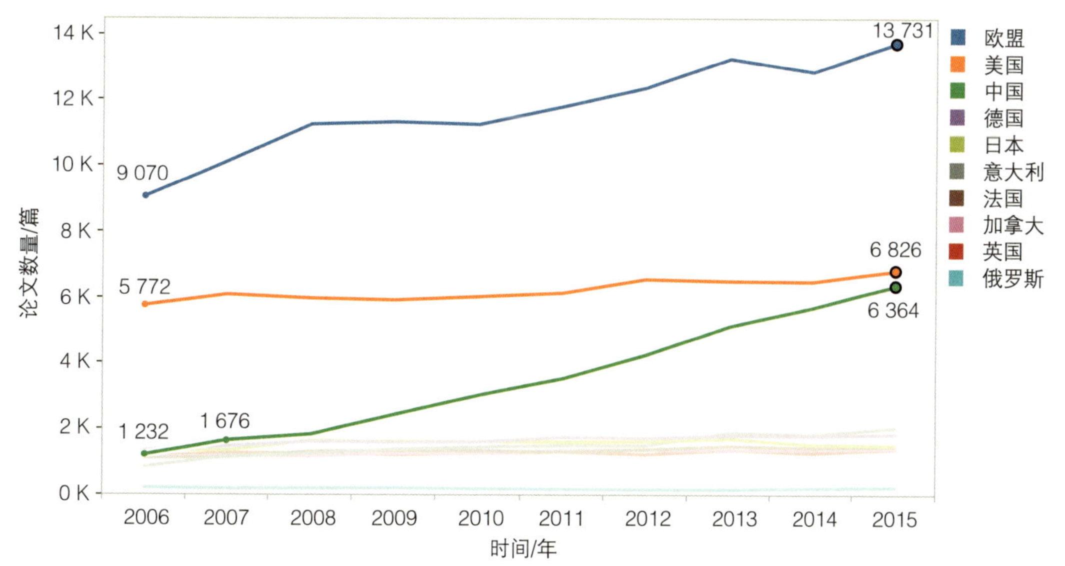

图 11-3 计算了目标国家农业科学学科在 2010—2015 年度的论文数量年增长率，可以更清楚地展现出不同国家的发展态势。中国论文进入高速发展阶段，年均增长率在 18% 以上，增长速度明显高于其他国家；美国、英国、德国、加拿大、法国、意大利、欧盟的论文数量年均增长率在 5% ～ 7%，属于缓慢增长阶段；日本论文基本保持稳定，年均增长率为 1%，某些年份出现负增长；俄罗斯的年增长率波动较大，年均增长率为 2%，2014 年的年增长率最高，达到 20.88%，高于除中国和意大利外的其他国家。

图 11-3　论文数量年增长率（2010—2015 年）

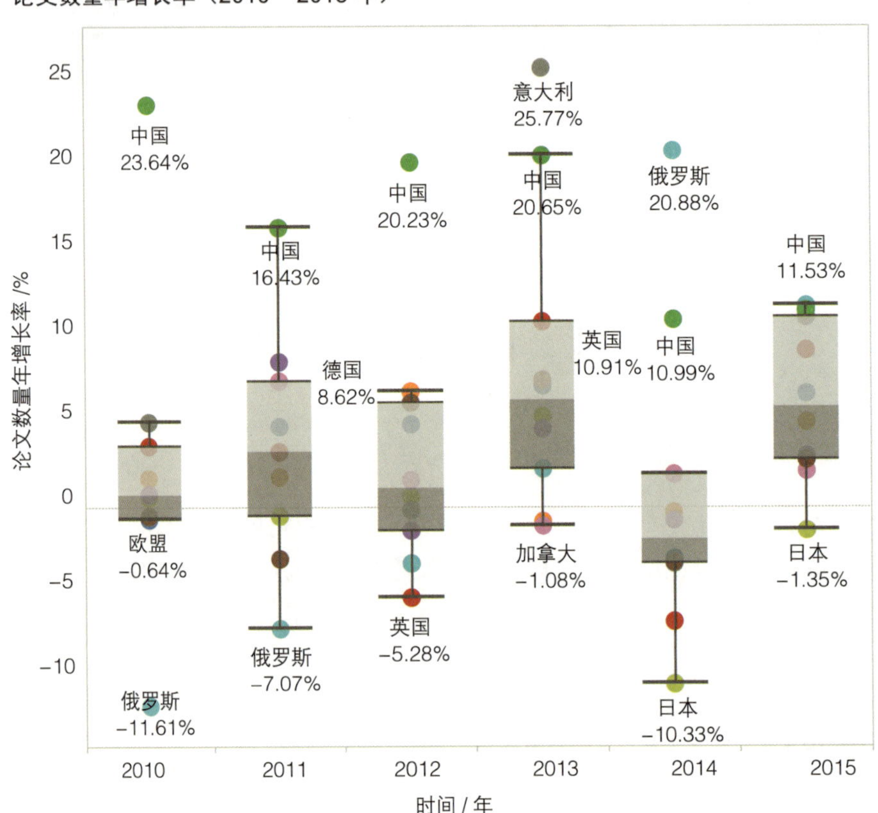

（二）论文引用份额对比分析

目标国家 2006—2015 年农业科学学科论文引用份额发展趋势见图 11-4。

从图 11-4 中可以看出，2006 年至 2015 年欧盟的论文引用份额基本保持稳定，美国的论文引用份额则持续下降，而中国的论文引用份额得到较快增长，由 2006 年的 5.96% 提升到 2015 年的 17.80%，并在 2013 年首次超过英国，论文引用份额位居欧盟和美国之后。

图 11-4 论文引用份额发展趋势

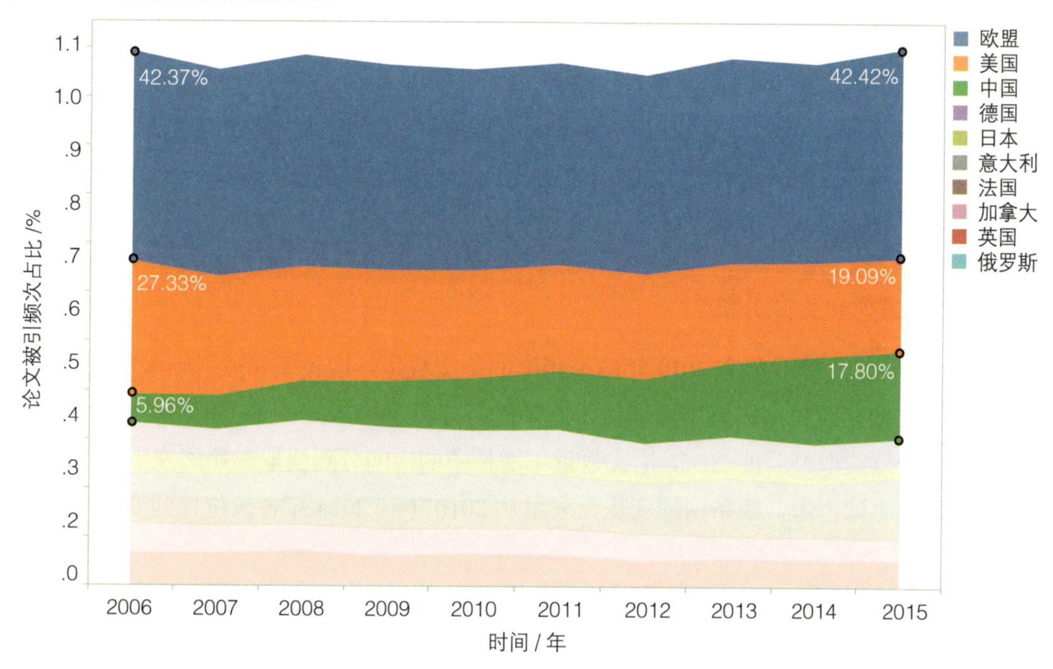

（三）论文影响力对比分析

图 11-5 以 2014 年的引文影响力、相对于全球平均水平的影响力、论文被引百分比和平均百分位四个指标，将目标国家的论文影响力与全球平均值进行对比分析。

图 11-5 全球与目标国家论文影响力指标（2014 年）

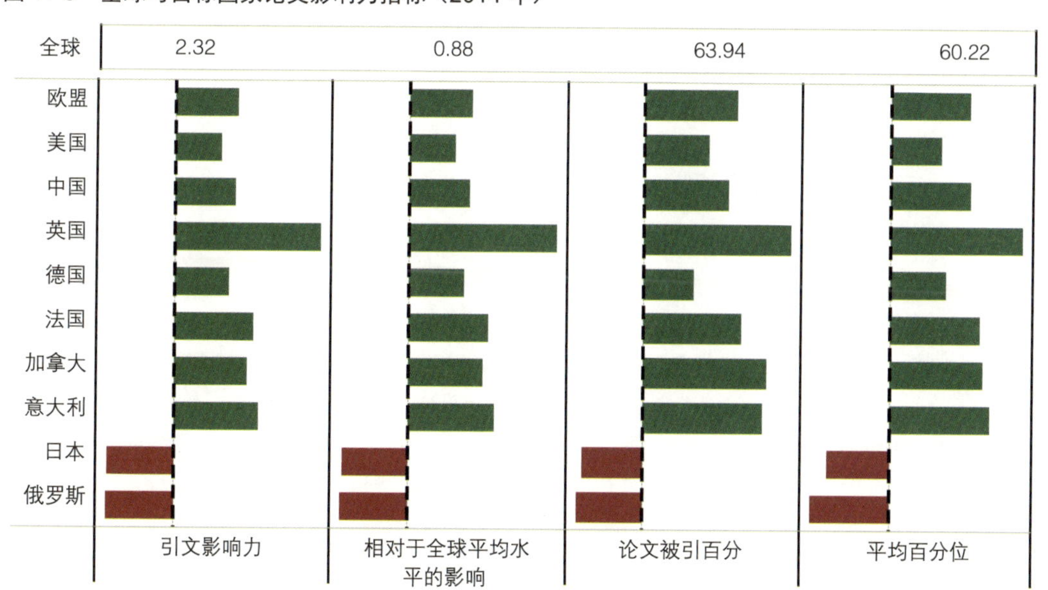

说明：图中以虚线代表的全球影响力指标为基准展示目标国家论文影响力。红色表示目标国家影响力指标低于全球，绿色表示目标国家影响力指标高于全球。由于平均百分位数值越大，表示论文质量越低，为与前三个指标保持一致，这里在显示上采用倒序处理。

可以看到，美国、英国、德国、法国、加拿大、意大利、日本的四个影响力指标均高于全球平均水平，表明这些国家的论文质量表现良好，其中英国明显高于全球平均水平和其他国家。与之相反，俄罗斯的四个影响力指标均明显低于全球平均水平，表明其论文质量表现不佳。中国论文在被引百分比和平均百分位指标上略低于全球平均水平，但在全球平均水平的影响力和论文被引百分比两个指标上略高于于全球平均水平，表明中国论文质量接近世界平均水平。

（四）发展态势矩阵分析

图 11-6 是基于 2010 年和 2014 年两个年度的论文数量年增长率和被引频次份额两个指标构建的矩阵图，对目标国家所处的竞争态势进行发展态势矩阵分析。矩阵图中被引频次份额的区间分隔线取经验值 20%，论文数量年增长率的区间分隔线取参照国家平均增长率。不同颜色代表不同国家，线条由细变粗，表示从 2010 年到 2014 年各国位置的变化情况。

图 11-6 “论文数量年增长率—被引频次份额”矩阵图

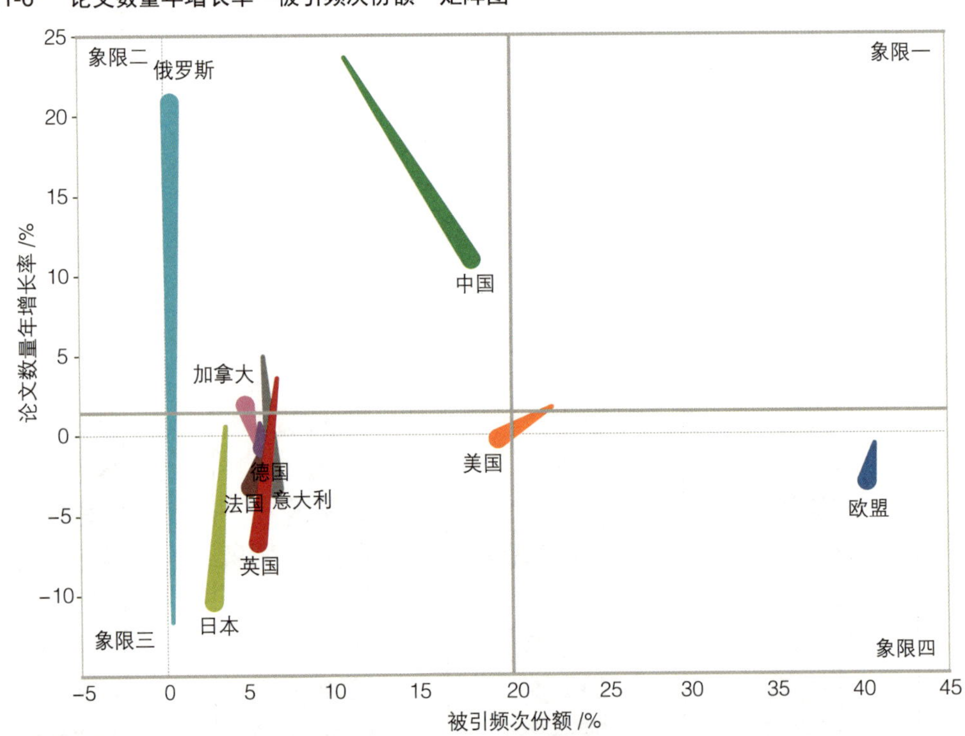

说明：被引频次份额的区间分隔线取经验值 20%，论文数量年增长率的区间分隔线取目标国家平均增长率。不同颜色代表不同国家，线条由细变粗，表示从 2010 年到 2014 年各国位置的变化情况。

矩阵图中第一象限的特征是被引频次份额且论文数量年增长率均较高，代表处于优势竞争地位，第二象限的特征是论文数量年增长率较高但被引频次份额较低，代表具有发展潜力和机会，可能进入第一象限，但也有可能跌入第三象限；第三象限的特征是论

文数量年增长率和被引频次份额均较低，代表是细分领域的竞争者；第四象限的特征是论文数量年增长率较低但被引频次份额较高，代表处于稳定成熟发展阶段，但面临被竞争者超越或自身竞争实力衰退的局面。

从图 11-6 中可以看出，中国逐渐接近第一象限，表示中国农业科学学科如果能保持较高的增长速度，将有可能从具有潜力者成为领导者。欧盟始终位于第四象限，表示其已经进入成熟的稳定发展期，依然占据领先者的位置。美国从第一象限和第四象限边界到进入第三象限，表示由于较低的增长速度，导致其领先地位已经受到威胁。

俄罗斯的高增长率表示其是具有未来发展潜力的国家，但其引用份额相对较低，短期内还不能对领先者构成威胁。相比之下，日本、英国、德国、法国、意大利的发展速度出现负增长，在竞争中处于劣势地位。

（五）顶级论文对比分析

目标国家顶级论文（包括高被引论文和热点论文）数量和百分比见图 11-7。

图 11-7 目标国家顶级论文数量和百分比

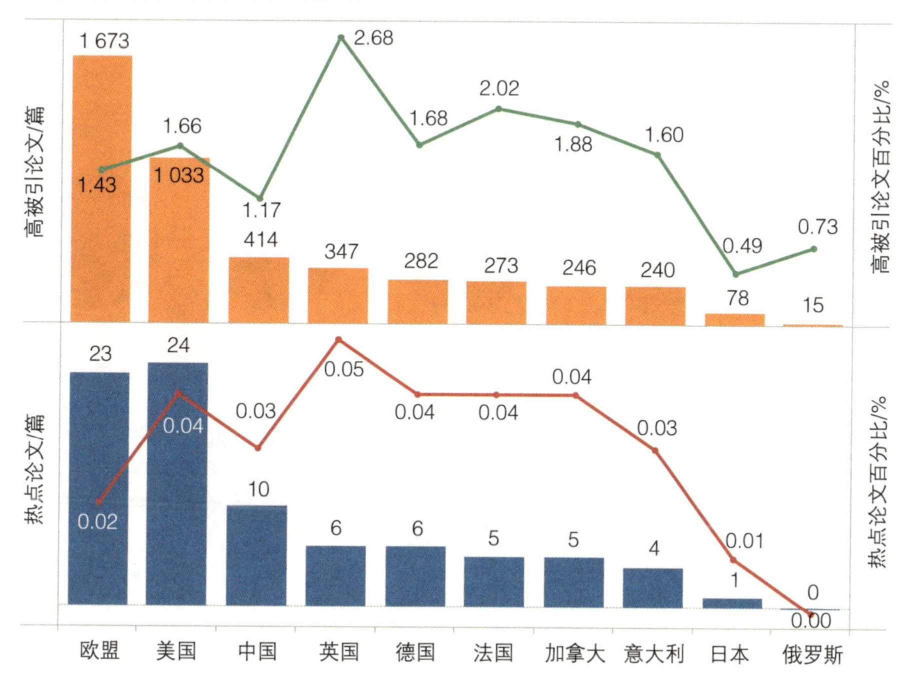

在高被引论文方面，欧盟以 1 673 篇居于目标国家的首位，中国在欧盟、美国之后，有 414 篇高被引论文。英国的高被引论文百分比最高，占英国农业科学学科论文的 2.68%。欧盟、美国、中国、德国、英国、法国、意大利、加拿大的高被引论文百分比均超过 1% 的期望值，而日本和俄罗斯则低于 1% 的期望值。

在热点论文方面，美国以 24 篇居于目标国家的首位，英国的热点论文百分比最高，为 0.05%，中国以 10 篇仅次于美国、欧盟，中国的热点论文占其论文总量的 0.03%。

（六）高影响力机构对比分析

图 11-8 是对农业科学学科进入全球 ESI 排名，即被引频次排名全球前 1% 的机构按照类型和目标国家的分布统计情况。

图 11-8　ESI 全球前 1% 机构

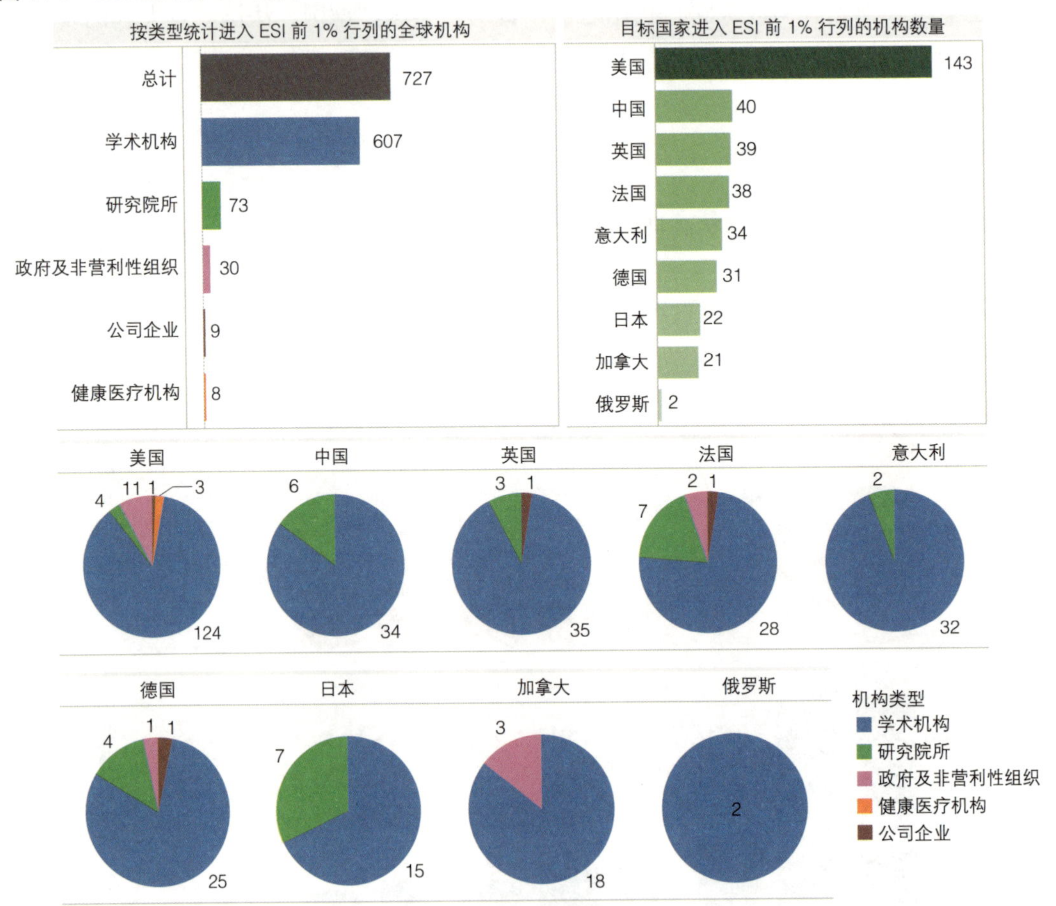

全球农业科学学科进入 ESI 的机构共有 727 家，美国进入 ESI 的机构数量高达 143 个，处于全球领先的位置，中国以 40 家机构仅次于美国，排名第 2 位。

全球农业科学学科进入 ESI 的机构大多集中在学术机构。除了学术机构外，研究院所、政府及非营利性组织、公司企业、健康医疗机构均有进入。中国进入 ESI 的 40 家机构包括 34 家学术机构和 6 家研究院所。

（七）中国高影响力机构

按照被引频次统计，中国进入 ESI 的前 20 家机构见表 11-2。

表 11-2　按照被引频次中国进入 ESI 的前 20 家机构

位次	机构	被引频次/次	论文数量/篇	高被引论文/篇	国际合作论文/篇	引文影响力	*h* 指数
1	中国科学院	59 033●	5 818●	78●	1 762●	12.42●	68●
2	中国农业大学	32 648	3 509	33	1 032	11.78	58
3	浙江大学	21 551	2 102	31	497	12.44	49
4	中国农业科学院	17 250	2 457	19	582	9.47	46
5	南京农业大学	16 606	1 909	15	363	10.97	44
6	江南大学	16 249	1 783	23	448	11.33	45
7	西北农林科技大学	12 200	1 784	16	479	9.41	39
8	华中农业大学	10 672	1 278	12	255	10.50	40
9	华南理工大学	10 605	1 004	20	200	12.90	42
10	中国科学院大学	8 364	1 170	12	287	9.28	36
11	上海交通大学	4 459	582	9	175	9.67	27
12	南昌大学	4 318	453	18	131	12.10	31
13	国科学院水利部水土保持研究所	4 151	428	5	116	13.01	29
14	华南农业大学	3 911	644	4	132	8.05	24
15	兰州大学	3 873	407	5	129	11.53	30
16	山东农业大学	3 830	590	4	50	8.76	27
17	北京大学	3 578	321	7	88	13.11	31
18	中山大学	3 496	334	9	39	12.67	29
19	北京师范大学	3 281	354	4	101	11.51	28
20	东北农业大学	3 183	538	3	85	8.38	24

说明：数据来自 InCites，因为统计规则和范围不同，导致与 ESI 中的数据可能有不同。圆点表示本机构在当前指标排名第 1 位。

中国科学院在被引频次、论文数量、高被引论文、国际合作论文、*h* 指数等多项指标上都位居中国进入 ESI 的前 20 家机构首位。中国农业大学则位居中国学术机构被引频次排名的首位。浙江大学在引文影响力指标上位居 20 家机构的首位。

第三节　我国论文合作情况分析

（一）论文合作发展趋势

图 11-9 是中国国际合作论文和横向合作论文数量和百分比的发展趋势。

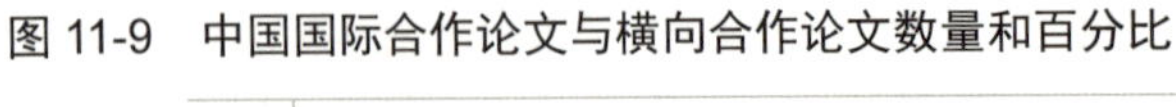

图 11-9　中国国际合作论文与横向合作论文数量和百分比

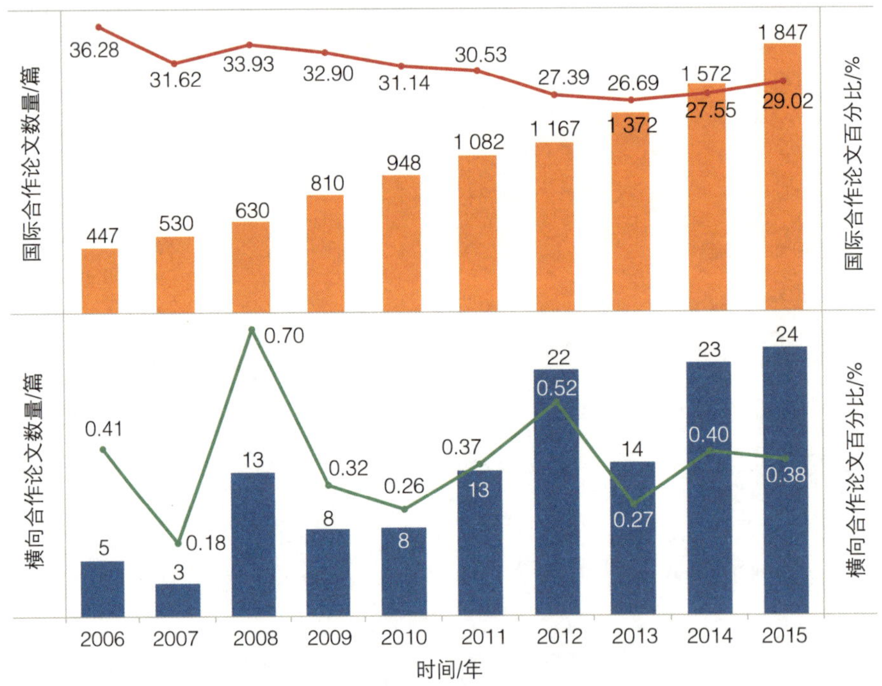

2006—2015 年，我国农业科学学科国际合作论文数量呈逐步上升但百分比呈逐步下降趋势，从 2006 年的 447 篇（36.28%）变化到 2015 年的 1 847 篇（29.02%）。相比之下，我国农业科学学科横向合作论文在数量和百分比上呈波动趋势，2008 年横向合作论文占比最高，为 0.70%，2015 年论文数量增长到 24 篇，但横向合作论文百分比下降 0.38%。

（二）主要合作国家和发展趋势

图 11-10 给出了与我国在农业科学学科合作论文排名前 10 位的国家和合作论文发展趋势。美国是与中国合作论文数量最多的国家，国际合作论文数量达到 4 250 篇，并且合作论文数量呈快速增长趋势，从 2006 年的 166 篇增长到 2015 年的 799 篇。与中国合作的亚洲国家主要包括日本、韩国和巴基斯坦。

图 11-10　中国主要合作国家和发展趋势

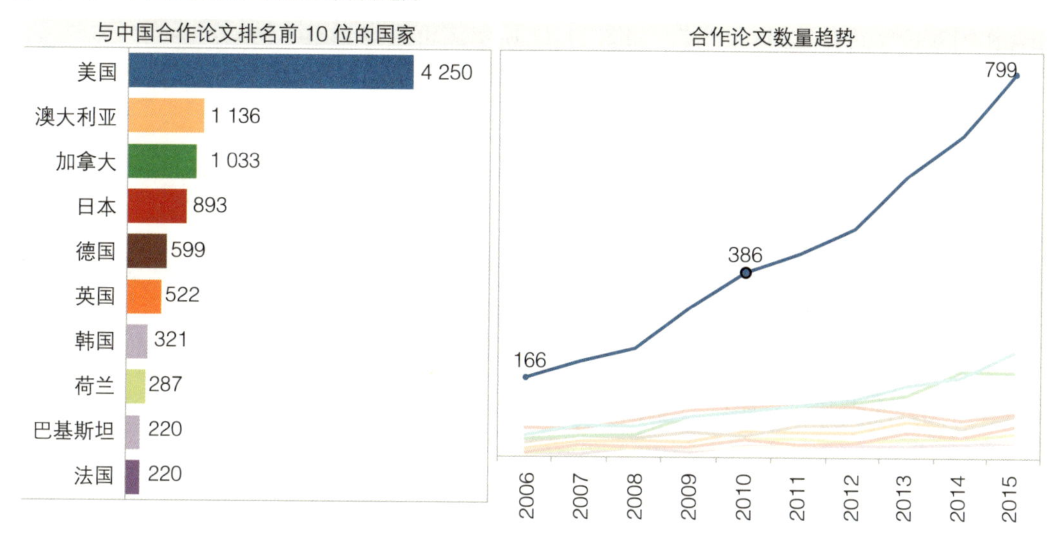

（三）中国国际合作论文的收益分析

图 11-11 是基于论文百分位指标对中国国际合作论文的收益进行分析。可以看到，农业科学学科中国国际合作论文的平均百分位低于中国所有论文，即中国国际合作论文的平均水平高于整体平均水平，这也说明中国农业科学学科从国际合作中获得收益。

图 11-11　基于论文百分位的中国国际合作论文分析

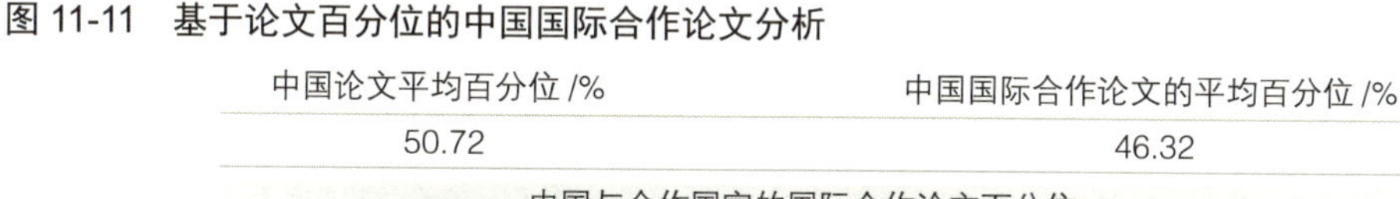

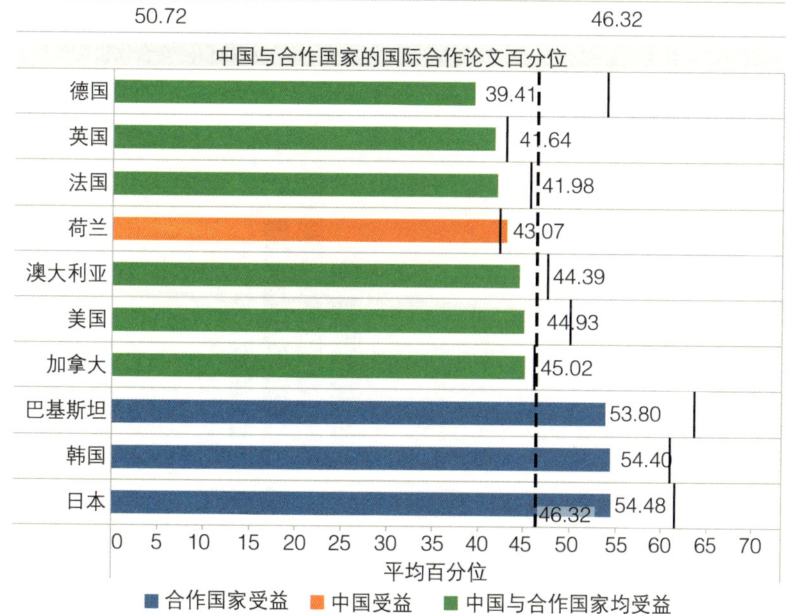

说明：图中条状图数值是中国与合作国家的国际合作论文百分位。短实线代表与中国合作国家的论文百分位，长虚线代表中国国际合作论文百分位。条状图的颜色代表中国与合作国家的合作受益情况。

进一步将中国主要合作国家的国际合作论文百分位指标与中国国际合作论文百分位和合作国家论文百分位进行比较，如图 11-11 所示，可以得到以下结果：

- 中国与德国、英国、法国、澳大利亚、美国、加拿大的合作提升了合作双方的论文水平，即中国与合作国家均从国际合作中获得收益。
- 中国与荷兰的合作提升了中国国际合作论文的水平，但拉低了荷兰论文的水平，即仅中国从国际合作中获得收益。
- 中国与巴基斯坦、韩国、日本的合作提升了合作国家的论文水平，但拉低了中国国际合作论文的水平，即仅合作国家从国际合作中获得收益。

鉴于以上分析结果，在农业科学学科领域，在某种程度上应更多鼓励中国与德国、英国、法国、澳大利亚、美国、加拿大、荷兰等国开展国际合作。

第四节 我国高被引论文表现分析

（一）高被引论文合著分析

图 11-12 是中国农业科学学科高被引论文的平均合著者和平均合著机构统计。

图 11-12 中国高被引论文合著分析

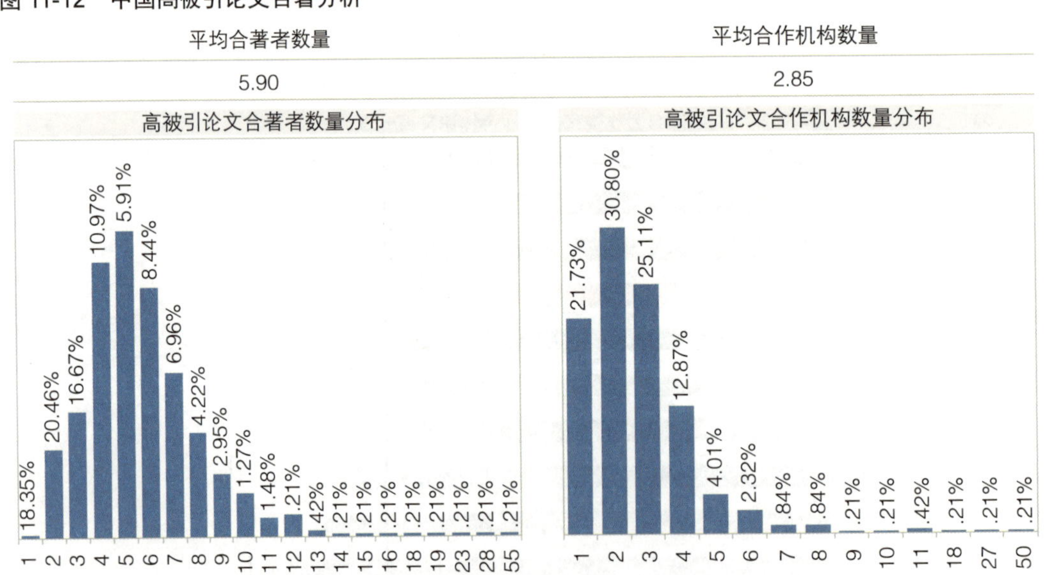

中国农业科学学科高被引论文的篇均作者数量为 5.90，论文作者分布主要集中在 4～6 人，作者数量最高达到 55 人。中国农业科学学科高被引论文的篇均机构数量为 2.85，合作机构数量主要集中在 1～3 家，合作机构数量最高达到 50 家。

（二）高被引论文主导性分析

高被引论文代表了一个国家在高水平研究成果方面的产出能力，在高水平论文方面做出主要贡献的国家被认为对论文产出具有主导性，可以用高被引论文中中国作者担任第一作者的论文数量占中国高水平论文的百分比来计算主导率。主导率越高，则说明中国作者在高水平研究中的主导性越强，可以认为中国处于主导地位。图 11-13 是第一作者为中国的高被引论文数量和发展趋势。

图 11-13　第一作者为中国的高被引论文数量和发展趋势

可以看到，第一作者为中国的高被引论文总计有 405 篇，占中国高被引论文总量的 85.44%，说明中国在高被引论文中主导性极强；从发展趋势上看，中国在农业科学学科高被引论文的主导性上整体呈明显增长趋势。

（三）高被引论文来源机构

表 11-3 是统计第一作者为中国的高被引论文按照被引频次排名前 20 位的机构。

表 11-3　按照第一作者统计中国发表高被引论文被引频次排名前 20 位的机构

位次	机构	被引频次 / 次	论文数 / 篇	篇均被引频次 / 次
1	中国科学院	2 675●	43●	62.21
2	中国农业大学	2 471	30	82.37
3	浙江大学	1 280	32	40.00
4	南京农业大学	1 090	17	64.12

续表

位次	机构	被引频次 / 次	论文数 / 篇	篇均被引频次 / 次
5	南昌大学	898	17	52.82
6	华中农业大学	848	8	106.00
7	华南理工大学	674	21	32.10
8	江南大学	662	16	41.38
9	陕西师范大学	524	6	87.33
10	西北农林科技大学	432	6	72.00
11	兰州大学	400	6	66.67
12	东北农业大学	375	4	93.75
13	天津大学	368	6	61.33
14	中国农业科学院	357	9	39.67
15	北京林业大学	287	6	47.83
16	北京大学	273	4	68.25
17	上海师范大学	260	4	65.00
18	武汉大学	253	5	50.60
19	江苏大学	248	7	35.43
20	中山大学	231	4	57.75

中国科学院在农业科学学科高被引论文被引频次和论文篇数上排名首位，华中农业大学篇均被引频次最高。

（四）高被引论文来源期刊

表 11-4 是中国高被引论文按被引频次排名前 20 位的来源期刊。期刊 FOOD CHEMISTRY 按照高被引论文被引频次和论文数量排在首位，期刊 FIELD CROPS RESEARCH 的期刊规范化引文影响力最高，期刊 SCIENCE 的期刊影响因子最高。

表 11-4　中国高被引论文按被引频次排名前 20 位的来源期刊

位次	期刊	被引频次/次	论文数/篇	期刊规范化引文影响力	期刊影响因子
1	FOOD CHEMISTRY	6 678	128	3.67	4.05
2	JOURNAL OF AGRICULTURAL AND FOOD CHEMISTRY	2 355	47	4.93	2.86
3	THEORETICAL AND APPLIED GENETICS	1 688	16	3.97	3.90
4	SOIL BIOLOGY & BIOCHEMISTRY	1159	12	4.64	4.15
5	AGRICULTURAL AND FOREST METEOROLOGY	1047	19	4.25	4.46
6	FOOD HYDROCOLLOIDS	937	27	3.49	3.86
7	JOURNAL OF FOOD ENGINEERING	867	17	4.50	3.20
8	GEODERMA	863	13	5.27	2.86
9	PROCEEDINGS OF THE NATIONAL ACADEMY OF SCIENCES OF THE UNITED ST..	796	5	3.03	9.42
10	FIELD CROPS RESEARCH	684	8	5.82	2.93
11	JOURNAL OF NUTRITION	671	7	4.40	3.74
12	FOOD AND CHEMICAL TOXICOLOGY	650	14	4.49	3.58
13	PLANT AND SOIL	646	12	5.25	2.97
14	FOOD CONTROL	553	21	4.91	3.39
15	INTERNATIONAL JOURNAL OF FOOD MICROBIOLOGY	538	4	3.76	3.45
16	INDUSTRIAL CROPS AND PRODUCTS	489	11	4.38	3.45
17	SCIENCE	488	2	1.68	34.66
18	FOOD RESEARCH INTERNATIONAL	444	8	4.31	3.18
19	AGRICULTURAL WATER MANAGEMENT	434	7	5.74	2.60
20	LWT-FOOD SCIENCE AND TECHNOLOGY	359	6	5.64	2.71

第十二章　临床医学学科计量评估

第一节　我国临床医学学科发展概况

根据 2016 年 6 月 Incites 最新统计数据显示，我国 10 年内（2006 年 1 月 1 日至 2015 年 12 月 31 日）共有 155 463 篇临床医学学科论文被 SCI 收录，占全球临床医学学科论文总量的 6.64%，仅次于欧盟、美国、英国、德国，排名全球第 5 位。

在 10 年统计期间，我国临床医学学科论文被引总频次为 1 191 829 次，占全球引用总量的 4.01%，排名全球第 11 位。

相比论文数量和引用规模指标，我国临床医学学科的论文影响力表现较差。其中，引文影响力指标即论文篇均被引频次为 7.67 次，排名全球第 155 位，低于美国、英国等欧美国家以及日本，也低于全球平均水平。我国临床医学学科论文被引百分比为 74.75%，略高于全球平均水平。

在论文合作方面，我国临床医学学科共有 35 005 篇国际合作论文和 1 197 篇横向合作论文，分别占我国发表 SCI 论文数量的 22.52% 和 0.77%。

中国在顶级论文上表现一般。我国临床医学学科共有高被引论文 901 篇，占全球高被引论文总量的 3.87%。2016 年 6 月的 InCites 数据显示，我国当期有临床医学学科热点论文 31 篇，占全球热点论文总量的 6.62%。

从论文国家分布和排名情况看，全球临床医学学科较为发达的国家主要分布在北美、欧洲和亚太地区。美国、英国、德国、法国、加拿大、意大利、荷兰等欧美国家在论文总被引频次和论文数量上均进入全球前 10 位，在亚太地区，中国、日本、澳大利亚在论文总被引频次和论文数量上均进入全球前 10 位。中国、日本、俄罗斯在引文影响力上明显低于欧美国家。这说明两国在临床医学学科上与欧美等科技强国还有一定差距。

详细概览数据和排名情况见表 12-1 和图 12-1。

表 12-1　中国概览数据

Web of Science 论文数	155 463	论文数量全球百分比	6.64
被引频次	1 191 829	被引频次全球百分比	4.01
引文影响力	7.67	论文被引百分比	74.75
国际合作论文	35 005	国际合作论文百分比	22.52
横向合作论文	1 197	横向合作论文百分比	0.77
高被引论文	901	高被引论文全球百分比	3.87
热门论文	31	热门论文全球百分比	6.62

图 12-1　主要国家 / 地区论文排名情况

主要国家 / 地区的论文篇数排名		主要国家 / 地区论文被引频次排名		主要国家 / 地区引文影响力排名	
1 欧盟	872 329	1 美国	13 875 867	28 加拿大	20.13
2 美国	758 469	2 欧盟	12 584 010	37 英国	19.07
3 英国	200 727	3 英国	3 828 123	45 美国	18.29
4 德国	179 997	4 德国	2 917 387	48 意大利	17.90
5 中国	155 463	5 加拿大	2 256 672	51 法国	17.47
6 日本	154 891	6 意大利	2 245 508	56 澳大利亚	16.80
7 意大利	125 458	7 法国	1 949 119	67 德国	16.21
8 加拿大	112 078	8 荷兰	1 811 045	82 欧盟	14.43
9 法国	111 553	9 日本	1 744 827	114 日本	11.26
10 澳大利亚	90 824	10 澳大利亚	1 525 970	137 俄罗斯	9.20
33 俄罗斯	12 839	11 中国	1 191 829	155 中国	7.67
		39 俄罗斯	118 103		

说明：数据来源于 InCites，时间范围为 2006—2015 年。

第二节　目标国家对比分析

（一）论文数量发展趋势对比分析

目标国家临床医学学科论文数量发展趋势见图 12-2。可以看出，2006 年至 2015 年目标国家临床医学学科论文数量整体处于增长趋势，欧盟、美国论文数量明显高于其他目标国家。中国从 2006 年位于目标国家的最后一位逐渐上升，2013 年超越英国，仅次于欧盟、美国，位居全球第 3 位。

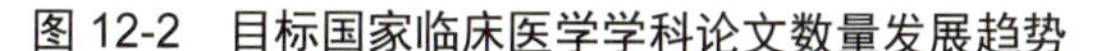

图 12-2　目标国家临床医学学科论文数量发展趋势

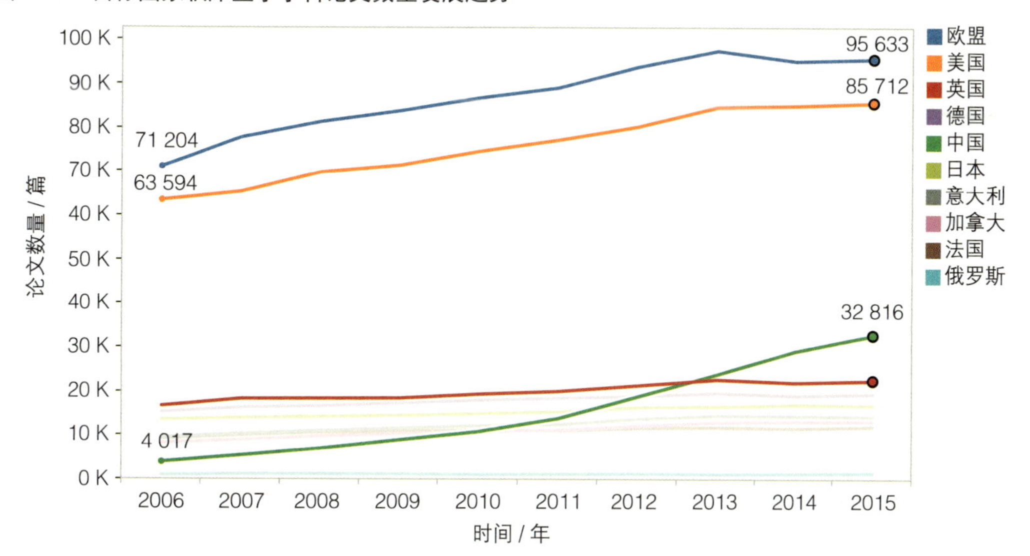

图 12-3 计算了目标国家临床医学学科在 2010—2015 年的论文数量年增长率，可以更清楚地展现出不同国家的发展态势。中国论文进入高速发展阶段，年均增长率在 24% 以上，增长速度明显高于其他国家；美国、英国、德国、加拿大、法国、意大利、欧盟的论文数量年均增长率在 2% ~ 4%，属于缓慢增长阶段；俄罗斯的年增长率波动较大，年均增长率为 4%，2011 年的年增长率最高，达到 11.55%，仅次于中国，明显高于其他国家。

图 12-3 论文数量年增长率（2010—2015 年）

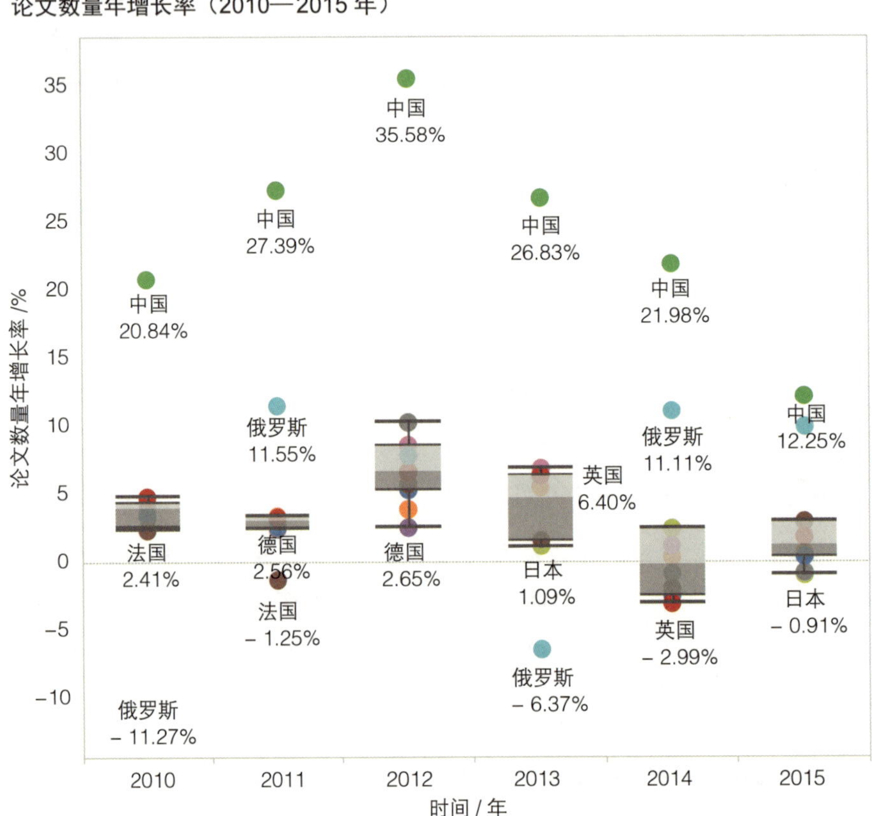

（二）论文引用份额对比分析

目标国家 2006—2015 年临床医学学科论文引用份额发展趋势见图 12-4。

从图 12-4 中可以看出，2006 年至 2015 年欧盟、英国、德国的论文引用份额小幅增长，美国的论文引用份额出现小幅下降，而中国的论文引用份额得到较快增长，由 2006 年的 1.69% 提升到 2015 年的 9.20%。

图 12-4 论文引用份额发展趋势

（三）论文影响力对比分析

图 12-5 以 2014 年的引文影响力、相对于全球平均水平的影响力、论文被引百分比和平均百分位四个指标，将目标国家的论文影响力与全球平均值进行对比分析。

图 12-5 全球与目标国家论文影响力指标（2014 年）

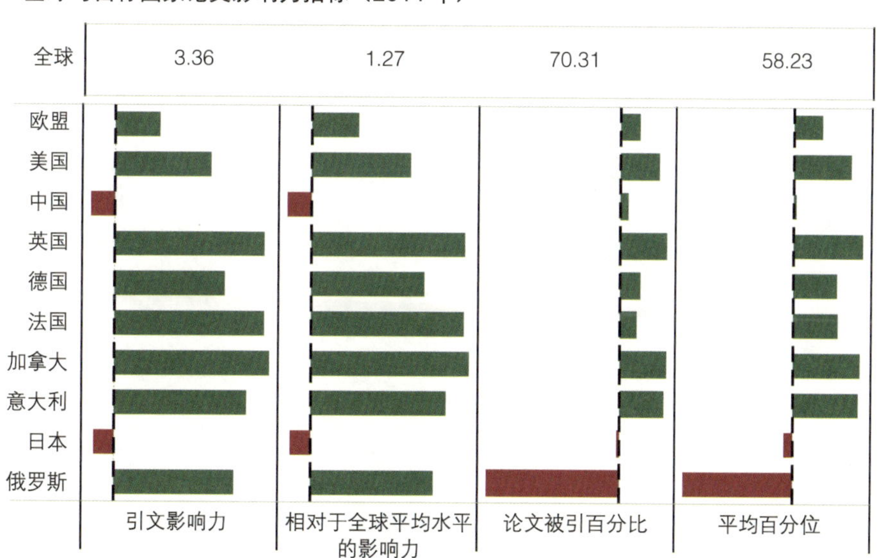

说明：图中以虚线代表的全球影响力指标为基准展示目标国家论文影响力。红色表示目标国家影响力指标低于全球，绿色表示目标国家影响力指标高于全球。由于平均百分位数值越大，表示论文质量越低，为与前三个指标保持一致，这里在显示上采用倒序处理。

可以看到，欧盟、美国、英国、德国、法国、加拿大、意大利的四个影响力指标均高于全球平均水平，表明这些国家的论文质量表现良好，其中英国、法国、加拿大明显高于全球平均水平和其他国家。中国在引文影响力和相对于全球平均水平的影响力两个指标上低于全球平均水平，而在论文百分比和平均百分位两个指标上略高于全球平均水平，表明中国论文质量接近全球平均值。相反，俄罗斯在论文被引百分比和平均百分位上明显低于全球平均水平，而在引文影响力和相对于全球水平的影响力两个指标上略高于全球平均水平，表明俄罗斯论文质量两极分化比较明显，日本则在四个指标上均略低于全球平均水平，表明其论文质量接近全球平均值。

（四）发展态势矩阵分析

图 12-6 是基于 2010 年和 2014 年两个年度的论文数量年增长率和被引频次份额两个指标构建的矩阵图，对目标国家所处的竞争态势进行发展态势矩阵分析。矩阵图中被引频次份额的区间分隔线取经验值 20%，论文数量年增长率的区间分隔线取参照国家平均增长率。不同颜色代表不同国家，线条由细变粗，表示从 2010 年到 2014 年各国位置的变化情况。

图 12-6 “论文数量年增长率—被引频次份额”矩阵图

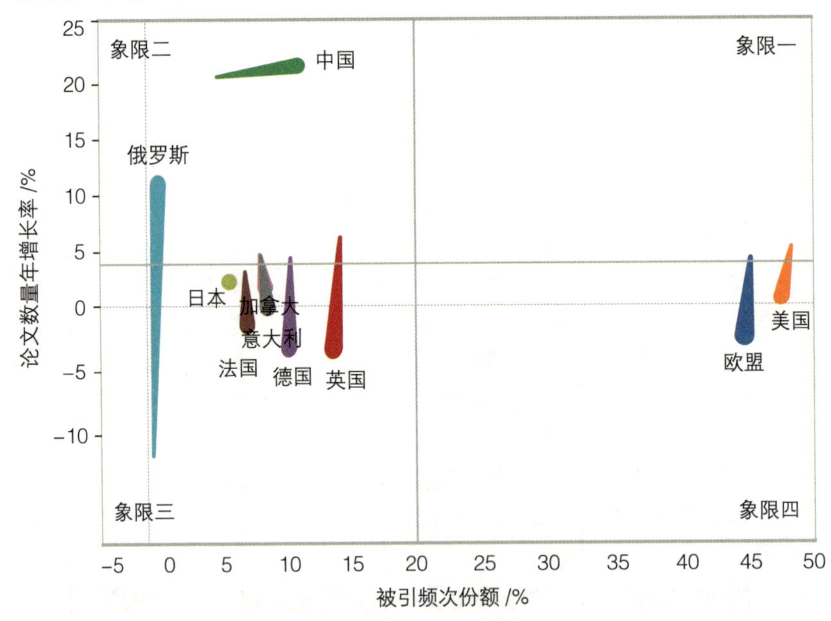

说明：被引频次份额的区间分隔线取经验值 20%，论文数量年增长率的区间分隔线取目标国家平均增长率。不同颜色代表不同国家，线条由细变粗，表示从 2010 年到 2014 年各国位置的变化情况。

矩阵图中第一象限的特征是被引频次份额且论文数量年增长率均较高，代表处于优势竞争地位，第二象限的特征是论文数量年增长率较高但被引频次份额较低，代表具有发展潜力和机会，可能进入第一象限，但也有可能跌入第三象限；第三象限的特征是论文数量年增长率和被引频次份额均较低，代表是细分领域的竞争者；第四象限的特征是论文数量年增长率较低但被引频次份额较高，代表处于稳定成熟发展阶段，但面临被竞争者超越或自身竞争实力衰退的威胁。

从图 12-6 中可以看出，中国位于第二象限，表示中国临床医学学科如果能保持较高的增长速度，将有可能从具有潜力者进入领导者行列。美国、欧盟位于第四象限，表示其已经进入成熟的稳定发展期，并保持较强领先者的位置。俄罗斯尽管也位于第二象限，但由于论文引用份额较低，短期内还不能对领先者构成威胁。

英国、德国、加拿大、意大利、俄罗斯、法国处于第二象限和第三象限的边界，处于低增长态势，特别是日本，发展速度出现负增长，在竞争中处于劣势地位。

（五）顶级论文对比分析

目标国家顶级论文（包括高被引论文和热点论文）数量和百分比见图 12-7。

图 12-7　目标国家顶级论文数量和百分比

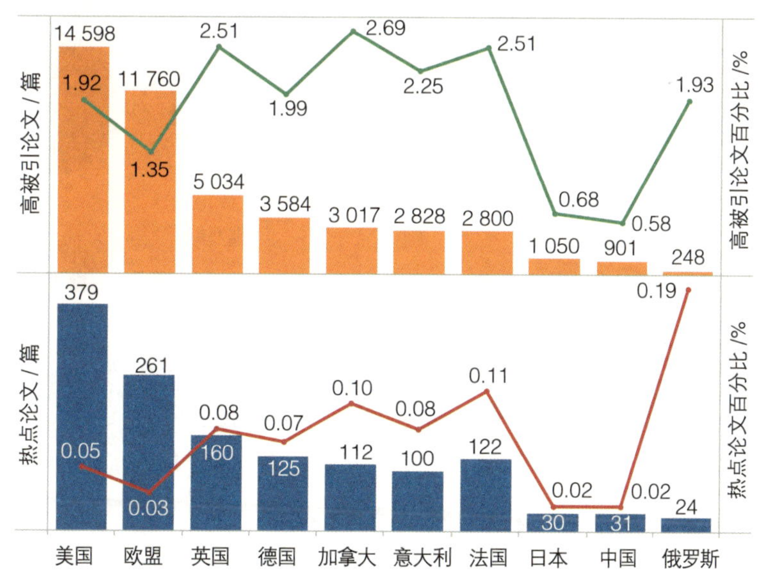

在高被引论文方面，美国以 14 598 篇居于目标国家的首位，中国排名第 9 位，有 901 篇高被引论文。加拿大的高被引论文百分比最高，占加拿大临床医学学科论文的 2.69%。美国、英国、德国、加拿大、意大利、法国、意大利、俄罗斯的高被引论文百分比均超过 1% 的期望值，而中国、日本则低于 1% 的期望值。

在热点论文方面，美国以 379 篇居于目标国家的首位，俄罗斯的热点论文百分比最高，为 0.19%，中国以 31 篇排名第 8 位，中国的热点论文占中国论文总量的 0.02%。

（六）高影响力机构对比分析

图 12-8 是对临床医学学科进入全球 ESI 排名，即被引频次排名全球前 1% 的机构按照类型和目标国家的分布统计情况。

图 12-8 ESI 全球前 1% 机构

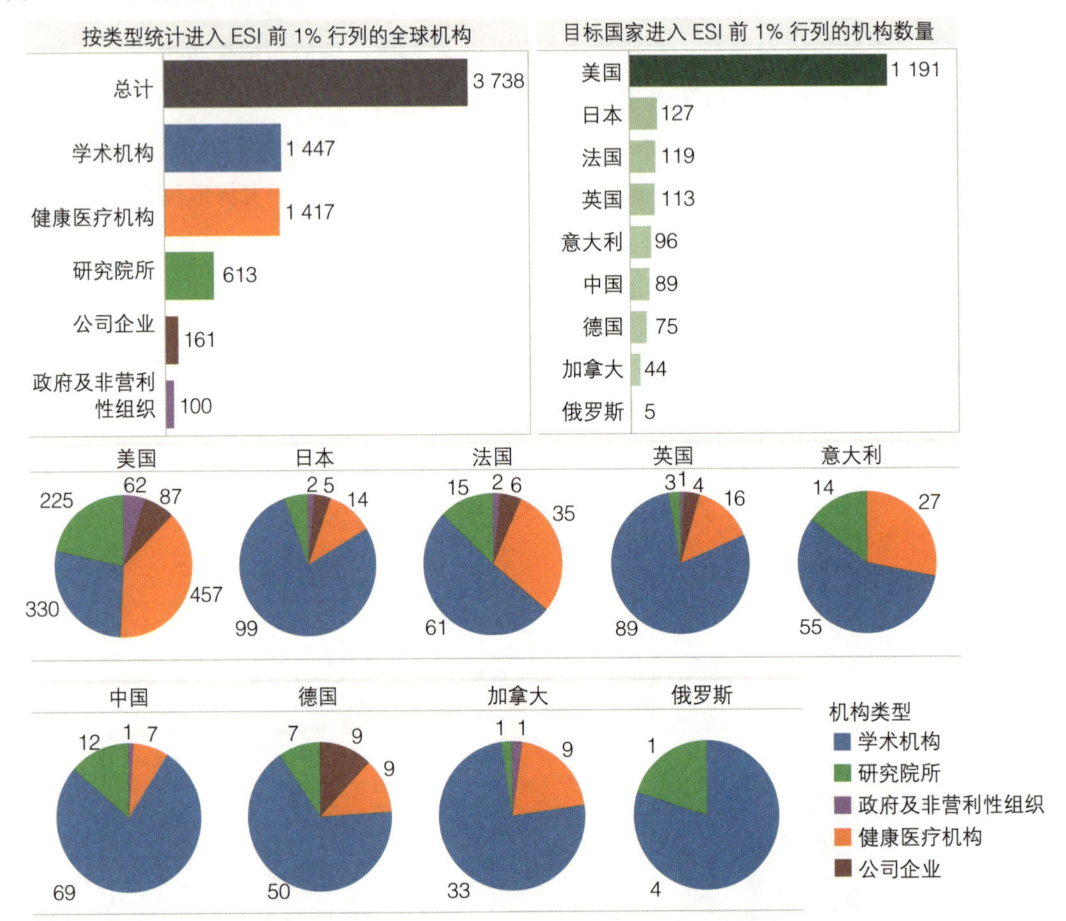

全球临床医学学科进入 ESI 的机构共有 3 738 家，美国进入 ESI 的机构数量高达 1 191 个，处于全球领先的位置，中国以 89 家机构排名目标国家第 6 位。

全球临床医学学科进入 ESI 的机构大多集中在健康医疗机构和学术机构，此外，研究院所、公司企业、政府及非营利性组织均有进入。中国临床医学学科进入 ESI 的 89 家机构包括 69 家学术机构、12 家研究院所、7 家健康医疗机构和 1 家政府及非营利性组织。

（七）中国高影响力机构

按照被引频次统计，中国进入 ESI 的前 20 家机构见表 12-2。

表 12-2 按照被引频次中国进入 ESI 的前 20 家机构

位次	机构	被引频次/次	论文数量/篇	高被引论文/篇	国际合作论文/篇	引文影响力	h 指数
1	上海交通大学	120 064●	12 278●	116	2 327●	12.87	99●
2	中山大学	91 603	9 389	82	1 770	12.68	85
3	北京大学	85 185	8 099	90	2 032	13.71	90
4	复旦大学	84 877	9 130	93	1 929	12.15	88
5	中国医学科学院北京协和医学院	82 716	7 128	118●	1 560	15.38	94
6	浙江大学	54 205	7 097	40	1 081	10.41	70
7	中国科学院	52 823	4 133	52	1 216	15.52	80
8	首都医科大学	52 041	7 136	41	1 407	10.36	67
9	四川大学	46 164	6 757	34	983	9.35	57
10	华中科技大学	42 690	5 926	24	1 141	9.42	62
11	第二军医大学	41 861	4 360	38	635	12.41	66
12	南京医科大学	41 847	5 351	53	826	10.26	60
13	山东大学	37 384	5 473	17	947	9.44	58
14	第四军医大学	37 070	3 937	27	718	11.63	56
15	中南大学	33 064	4 446	32	717	10.43	57
16	中国医科大学	28 528	4 204	19	667	9.28	49
17	南京大学	26 294	3 025	33	511	11.39	53
18	第三军医大学	25 432	3 116	18	464	10.72	52
19	中国医学科学院阜外医院	24 746	1 667	40	408	18.80●	56
20	哈尔滨医科大学	24 446	3 067	16	583	10.52	47

说明：数据来自 InCites，因为统计规则和范围不同，导致与 ESI 中的数据可能有不同。圆点表示本机构在当前指标排名第 1 位。

上海交通大学在被引频次、论文数量、高被引论文、国际合作论文、*h* 指数等多项指标上都位居中国进入 ESI 的前 20 家机构首位。中国医学科学院阜外医院在引文影响力指标上位居 20 家机构的首位。

第三节　我国论文合作情况分析

（一）论文合作发展趋势

图 12-9 是中国国际合作论文和横向合作论文数量和百分比的发展趋势。

图 12-9　中国国际合作论文与横向合作论文数量和百分比

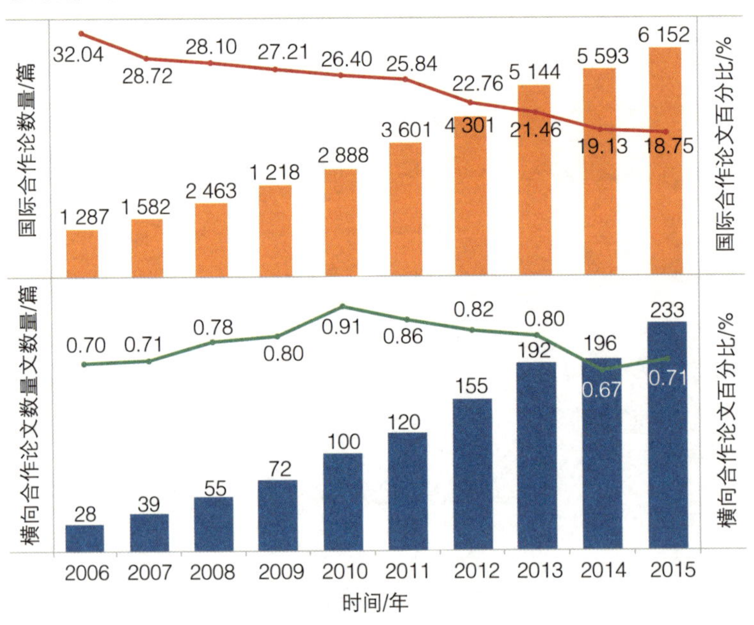

2006—2015 年，我国临床医学学科国际合作论文数量呈逐步上升但百分比呈逐步下降趋势，从 2006 年的 1 287 篇（32.04%）变化到 2015 年的 6 152 篇（18.75%）。相比之下，我国临床医学学科横向合作论文百分比上整体保持稳定，2008 年横向合作论文占比最高，为 0.91%，2015 年论文数量增长到 233 篇，但横向合作论文百分比下降 0.71%。

（二）主要合作国家 / 地区和发展趋势

图 12-10 给出了与我国在临床医学学科合作论文排名前 10 位的国家 / 地区和合作论文发展趋势。美国是与中国合作论文数量最多的国家，国际合作论文数量达到 21 517 篇，并且合作论文数量呈快速增长趋势，从 2006 年的 705 篇增长到 2015 年的 3 994 篇。与中国合作的亚洲国家或地区主要包括日本、韩国和中国香港。

图 12-10 中国主要合作国家 / 地区和发展趋势

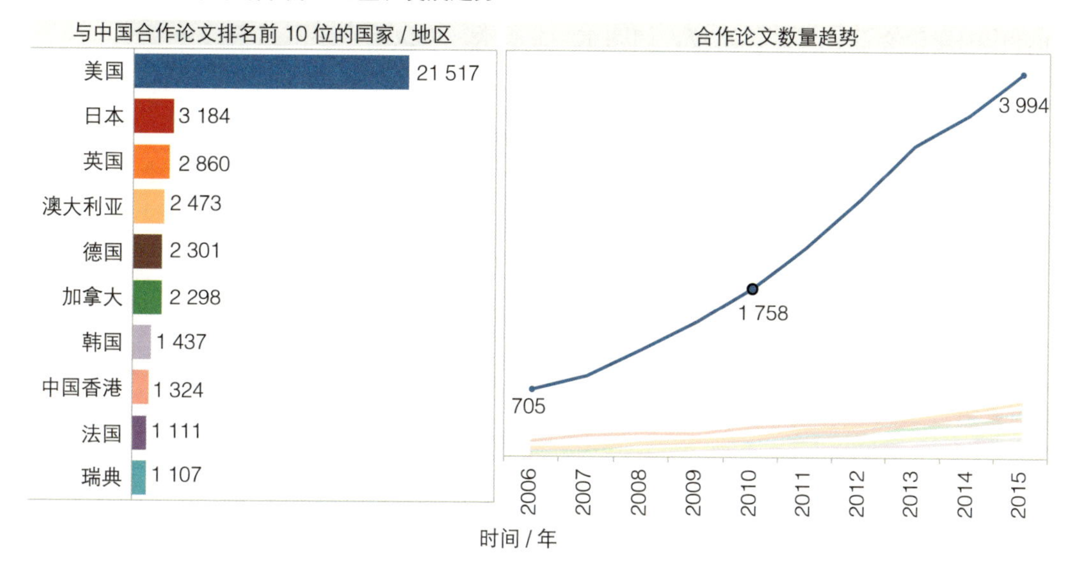

（三）中国国际合作论文的收益分析

图 12-11 是基于论文百分位指标对中国国际合作论文的收益进行分析。可以看到，临床医学学科中国国际合作论文的平均百分位低于中国所有论文，即中国国际合作论文的平均水平高于整体平均水平，这也说明中国临床医学学科从国际合作中获得收益。

图 12-11 基于论文百分位的中国国际合作论文分析

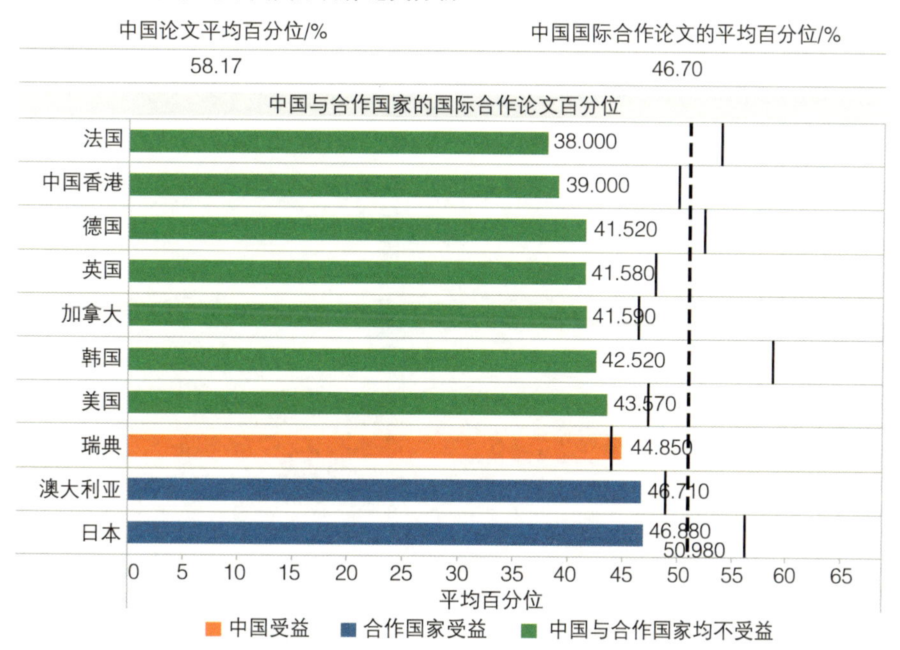

说明：图中条状图数值是中国与合作国家的国际合作论文百分位。短实线代表与中国合作国家的论文百分位，长虚线代表中国国际合作论文百分位。条状图的颜色代表中国与合作国家的合作受益情况。

进一步将中国主要合作国家的国际合作论文百分位指标与中国国际合作论文百分位和合作国家论文百分位进行比较，如图 12-11 所示，可以得到以下结果：

- 中国与法国、中国香港、德国、英国、加拿大、韩国、美国的合作提升了合作双方的论文水平，即中国与合作国家或地区均从国际合作中获得收益。
- 中国与瑞典的合作提升了中国国际合作论文的水平，但拉低了瑞典论文的水平，即仅中国从国际合作中获得收益。
- 中国与澳大利亚、日本的合作提升了合作国家的论文水平，但拉低了中国国际合作论文的水平，即仅合作国家从国际合作中获得收益。

鉴于以上分析结果，在临床医学学科领域，在某种程度上应更多鼓励中国与法国、中国香港、德国、英国、加拿大、韩国、美国、瑞典等国家或地区开展国际合作。

第四节 我国高被引论文表现分析

（一）高被引论文合著分析

图 12-12 是中国临床医学学科高被引论文的平均合著者和平均合著机构统计。

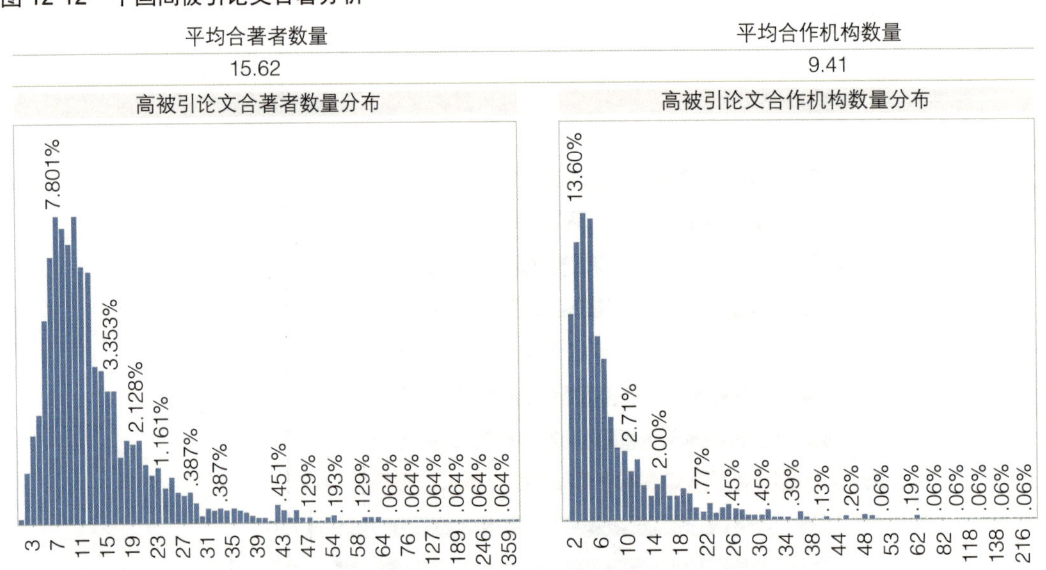

图 12-12 中国高被引论文合著分析

中国临床医学学科高被引论文的篇均作者数量为 15.62，论文作者分布主要集中在 6 ～ 12 人，作者数量最高达到 366 人。中国临床医学学科高被引论文的篇均机构数量为 9.41，合作机构数量主要集中在 2 ～ 4 家，合作机构数量最高达到 303 家。

（二）高被引论文主导性分析

高被引论文代表了一个国家在高水平研究成果方面的产出能力，在高水平论文方面做出主要贡献的国家被认为对论文产出具有主导性，可以用高被引论文中中国作者担任第一作者的论文数量占中国高水平论文的百分比来计算主导率。主导率越高，则说明中国作者在高水平研究中的主导性越强，可以认为中国处于主导地位。图 12-13 是第一作者为中国的高被引论文数量和发展趋势。

图 12-13　第一作者为中国的高被引论文数量和发展趋势

可以看到，第一作者为中国的高被引论文总计有 1 197 篇，占中国高被引论文总量的 64.11%，说明中国在高被引论文中主导性一般。从发展趋势上看，中国在临床医学学科高被引论文的主导性上整体呈增长趋势。

（三）高被引论文来源机构

表 12-3 是统计第一作者为中国的高被引论文按照被引频次排名前 20 位的机构。

表 12-3　按照第一作者统计中国发表高被引论文被引频次排名前 20 位的机构

位次	机构	被引频次 / 次	论文数 / 篇	篇均被引频次 / 次
1	中山大学	7 045	75	93.93
2	上海交通大学	5 462	60	91.03
3	复旦大学	3 976	53	75.02
4	北京大学	3 966	35	113.31

续表

位次	机构	被引频次 / 次	论文数 / 篇	篇均被引频次 / 次
5	南京医科大学	3 305	51	64.80
6	中国医学科学院	3 223	29	111.14
7	中国科学院	3 177	34	93.44
8	第二军医大学	2 593	28	92.61
9	中国疾病预防控制中心	2 195	11	199.55
10	浙江大学	2 182	22	99.18
11	首都医科大学	1 620	16	101.25
12	同济大学	1 561	15	104.07
13	第四军医大学	1 402	18	77.89
14	中日友好医院	1 222	4	305.50
15	南京大学	1 121	19	59.00
16	第三军医大学	1 092	17	64.24
17	中南大学	1 065	14	76.07
18	苏州大学	1 036	16	64.75
19	华中科技大学	1 007	19	53.00
20	天津医科大学	974	14	69.57

中山大学在临床医学学科高被引论文被引频次和论文篇数上排名首位，中日友好医院篇均被引频次最高。

（四）高被引论文来源期刊

表 12-4 是中国高被引论文按被引频次排名前 20 位的来源期刊。期刊 LANCET 按照高被引论文被引频次和论文数量排在首位，期刊 PLOS ONE 的期刊规范化引文影响力最高，期刊 NEW ENGLAND JOURNAL OF MEDICINE 的期刊影响因子最高。

表 12-4　中国高被引论文按被引频次排名前 20 位的来源期刊

位次	期刊	被引频次/次	论文数/篇	期刊规范化引文影响力	期刊影响因子
1	LANCET	25 887●	100●	2.13	44.00
2	NEW ENGLAND JOURNAL OF MEDICINE	25 602	67	1.94	59.56●
3	CANCER RESEARCH	6 569	51	3.10	8.56
4	LANCET ONCOLOGY	6 171	40	2.03	26.51
5	JOURNAL OF CLINICAL ONCOLOGY	6 065	49	2.62	20.98
6	HEPATOLOGY	5 447	63	2.49	11.71
7	JOURNAL OF CLINICAL INVESTIGATION	5 200	42	2.30	12.58
8	PLOS ONE	5 171	70	8.48●	3.06
9	PROCEEDINGS OF THE NATIONAL ACADEMY OF SCIENCES OF THE UNITED ST..	3 083	25	2.60	9.42
10	INTERNATIONAL JOURNAL OF CANCER	2 974	25	5.92	5.53
11	GASTROENTEROLOGY	2 882	22	2.49	18.19
12	CLINICAL CANCER RESEARCH	2 837	33	2.83	8.74
13	JAMA-JOURNAL OF THE AMERICAN MEDICAL ASSOCIATION	2 813	20	1.67	37.68
14	BLOOD	2 403	25	2.65	11.84
15	JOURNAL OF THE AMERICAN COLLEGE OF CARDIOLOGY	2 348	21	2.21	17.76
16	CANCER LETTERS	2 177	43	4.69	5.99
17	DIABETES	1 845	14	3.21	8.78
18	JOURNAL OF THEAMERICAN SOCIETY OF NEPHROLOGY	1 711	14	3.63	8.49
19	ANNALS OF THE RHEUMATIC DISEASES	1 603	9	5.06	12.38
20	NATURE	1 596	8	1.55	38.14

第十三章　基础医学学科计量评估

第一节　我国基础医学学科发展概况

根据2016年6月Incites最新统计数据显示，我国10年内（2006年1月1日至2015年12月31日）共有90 213篇基础医学学科论文被SCI收录，占全球基础医学学科论文总量的6.68%，排名全球第5位。

在10年统计期间，我国基础医学学科论文被引总频次为839 558次，占全球引用总量的4.01%，排名全球第11位。

相比论文数量和引用规模指标，我国基础医学学科的论文影响力表现较差。其中，引文影响力指标即论文篇均被引频次为9.31次，排名全球第141位，低于美国、英国等欧美国家以及日本，也低于全球平均水平。我国基础医学学科论文被引百分比为79.83%，略高于全球平均水平。

在论文合作方面，我国基础医学学科共有25 538篇国际合作论文和695篇横向合作论文，分别占我国发表SCI论文数量的28.31%和0.77%。

中国在顶级论文上表现不佳。我国基础医学学科共有高被引论文398篇，占全球高被引论文总量的2.99%。2016年6月的InCites数据显示，我国当期有基础医学学科热点论文18篇，占全球热点论文总量的6.66%。

从论文国家分布和排名情况看，全球基础医学学科较为发达的国家主要分布在北美、欧洲和亚太地区。美国、英国、德国、法国、加拿大、意大利、荷兰等欧美国家在论文总被引频次和论文数量上均进入全球前10位，在亚太地区，中国、日本、澳大利亚在论文总被引频次和论文数量上均进入全球前10位，但中国、俄罗斯在引文影响力上明显低于欧美国家，说明中国、俄罗斯在基础医学学科上与欧美等科技强国还有一定差距。

详细概览数据和排名情况见表13-1和图13-1。

表13-1　中国概览数据

Web of Science 论文数	90 213	论文数量全球百分比	6.68
被引频次	839 558	被引频次全球百分比	4.01
引文影响力	9.31	论文被引百分比	79.83
国际合作论文	25 538	国际合作论文百分比	28.31
横向合作论文	695	横向合作论文百分比	0.77
高被引论文	398	高被引论文全球百分比	2.99
热门论文	18	热门论文全球百分比	6.66

图 13-1　主要国家 / 地区论文排名情况

主要国家 / 地区的论文篇数排名		主要国家 / 地区论文被引频次排名		主要国家 / 地区引文影响力排名	
1 美国	514 828	1 美国	10 526 852	7 英国	20.62
2 欧盟	508 919	2 欧盟	8 388 118	8 美国	20.45
3 英国	127 649	3 英国	2 631 954	21 德国	18.16
4 德国	109 590	4 德国	1 990 017	22 加拿大	18.15
5 中国	90 213	5 加拿大	1 389 252	23 法国	17.84
6 加拿大	76 552	6 法国	1 107 342	30 欧盟	16.48
7 日本	74 257	7 意大利	1 105 253	意大利	16.48
8 意大利	67 061	8 荷兰	1 041 543	33 澳大利亚	16.36
9 法国	62 055	9 日本	1 024 592	63 日本	13.80
10 澳大利亚	55 295	10 澳大利亚	904 824	141 中国	9.31
30 俄罗斯	9 004	11 中国	839 558	191 俄罗斯	6.18
		40 俄罗斯	55 636		

说明：数据来源于 InCites，时间范围为 2006—2015 年。

第二节　目标国家对比分析

（一）论文数量发展趋势对比分析

目标国家基础医学学科论文数量发展趋势见图 13-2。可以看出 2006 年至 2015 年目标国家基础医学学科论文数量整体处于增长趋势，欧盟、美国的论文数量明显高于其他目标国家。中国从 2006 年位于目标国家的最后一位逐渐上升，2015 年在论文数量上超过英国，仅次于欧盟、美国，位居全球第 3 位。

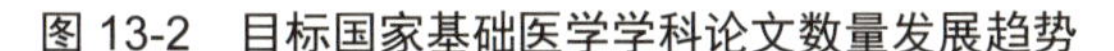

图 13-2　目标国家基础医学学科论文数量发展趋势

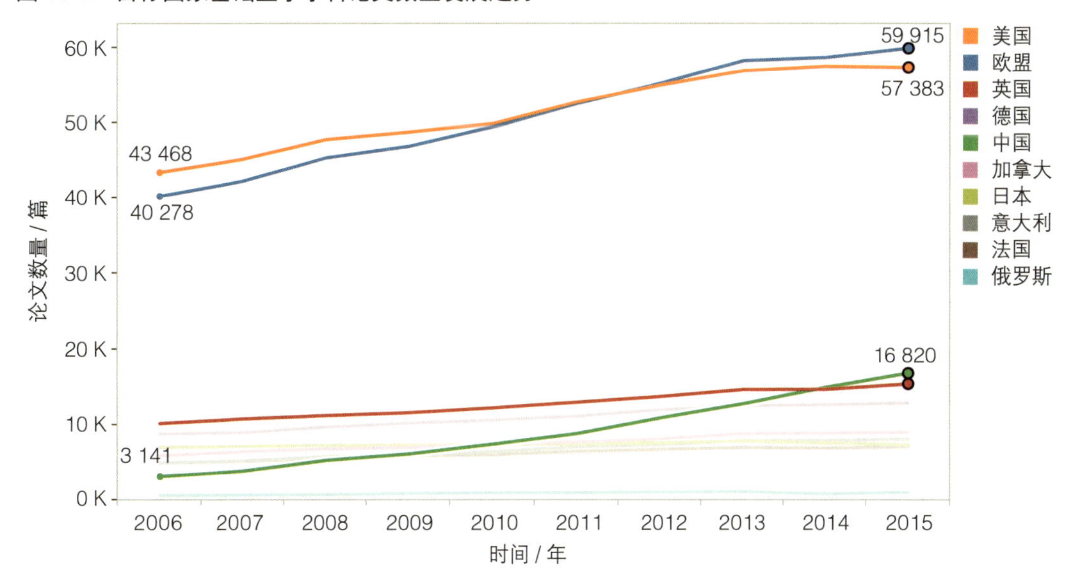

图 13-3 计算了目标国家基础医学学科在 2010—2015 年的论文数量年增长率，可以更清楚地展现出不同国家的发展态势。中国论文进入高速发展阶段，年均增长率在 18% 以上，增长速度明显高于其他国家；美国、英国、德国、加拿大、法国、意大利、欧盟的论文数量年均增长率在 3% ～ 5%，属于缓慢增长阶段；俄罗斯的年增长率波动较大，年均增长率为 4%，2015 年的年增长率超过中国，最高达到 24.85%。日本的论文数量年增长率基本保持稳定，某些年份出现负增长。

图 13-3 论文数量年增长率（2010-2015 年）

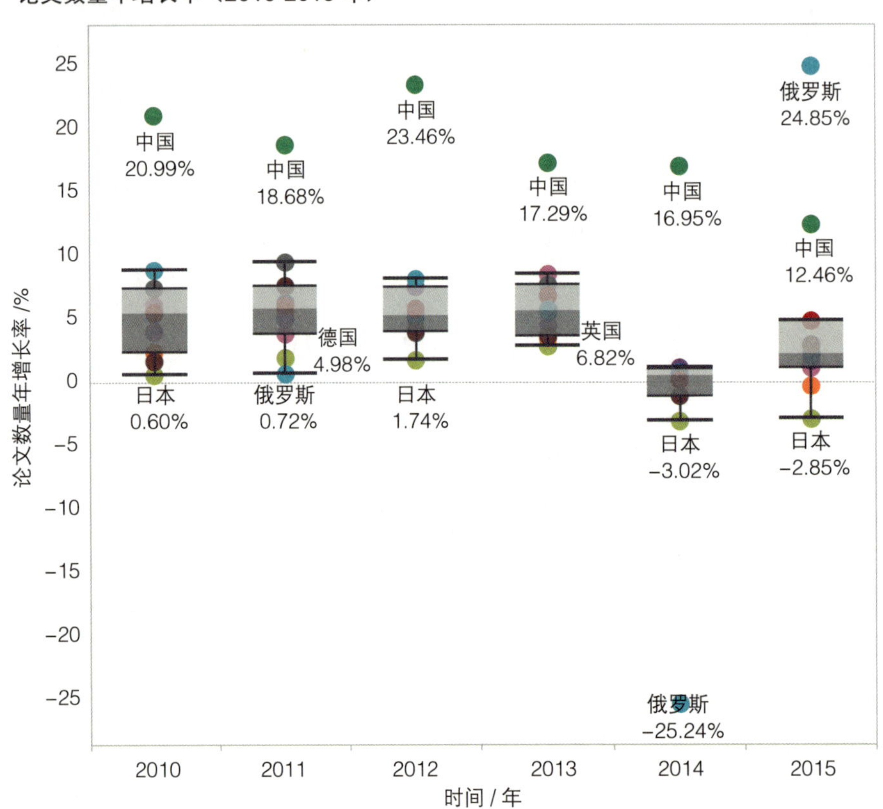

（二）论文引用份额对比分析

目标国家 2006—2015 年基础医学学科论文引用份额发展趋势见图 13-4。

从图 13-4 中可以看出，2006 年至 2015 年欧盟、英国、德国的论文引用份额小幅增长，美国的论文引用份额出现小幅下降，同时中国的论文引用份额小幅增长，由 2006 年的 2.22% 提升到 2015 年的 8.56%。

图 13-4　论文引用份额发展趋势

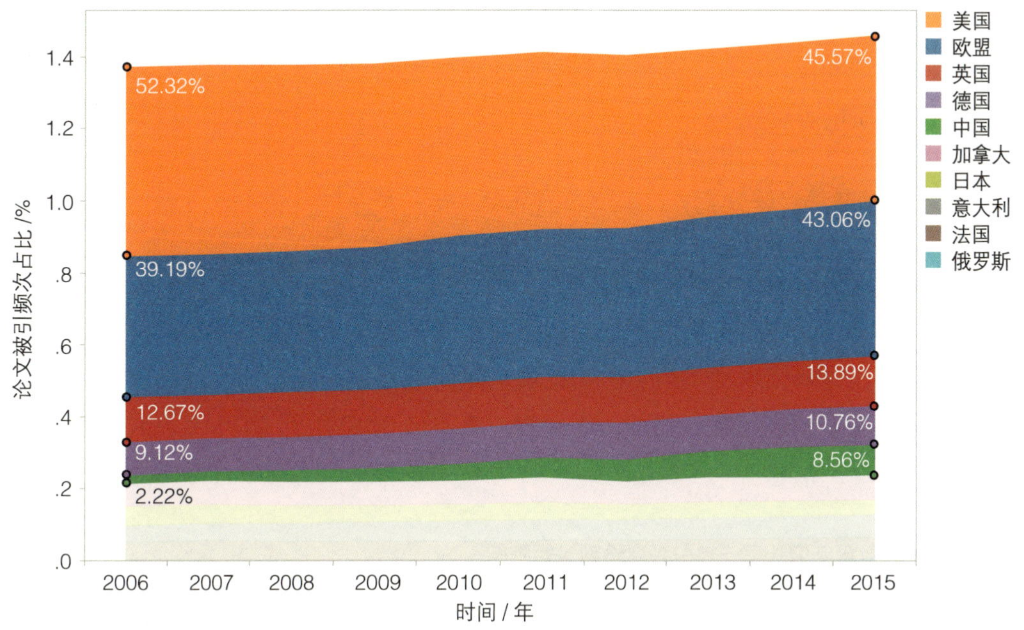

（三）论文影响力对比分析

图 13-5 以 2014 年的引文影响力、相对于全球平均水平的影响力、论文被引百分比和平均百分位四个指标，将目标国家的论文影响力与全球平均值进行对比分析。

图 13-5　全球与目标国家论文影响力指标（2014 年）

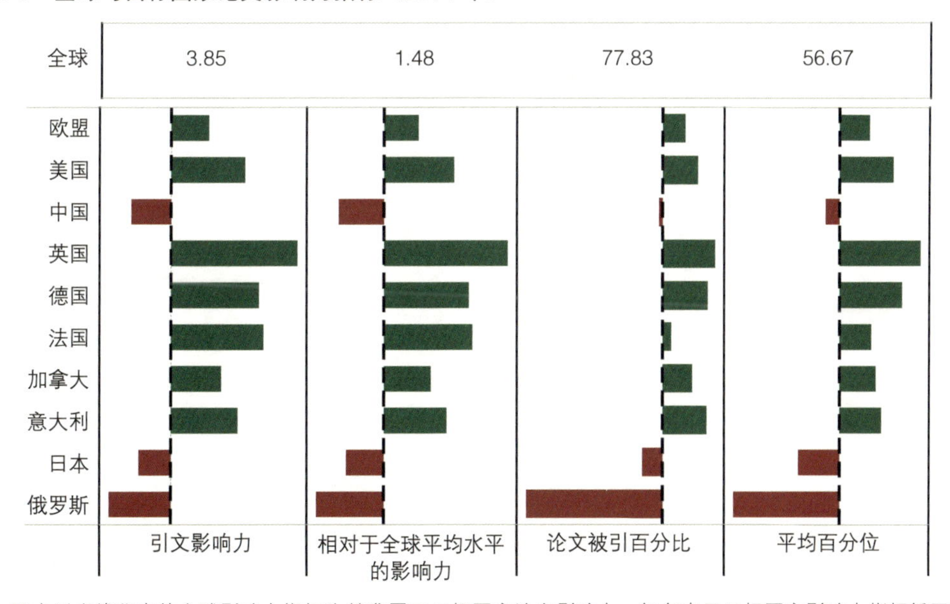

说明：图中以虚线代表的全球影响力指标为基准展示目标国家论文影响力。红色表示目标国家影响力指标低于全球，绿色表示目标国家影响力指标高于全球。由于平均百分位数值越大，表示论文质量越低，为与前三个指标保持一致，这里在显示上采用倒序处理。

可以看到，欧盟、美国、英国、德国、法国、加拿大、意大利的四个影响力指标均高于全球平均水平，表明这些国家的论文质量表现良好，其中英国明显高于全球平均水平和其他国家。相反，中国、日本、俄罗斯的四个指标均低于全球平均水平，表明这三个国家的论文质量表现较差。

（四）发展态势矩阵分析

图 13-6 是基于 2010 年和 2014 年两个年度的论文数量年增长率和被引频次份额两个指标构建的矩阵图，对目标国家所处的竞争态势进行发展态势矩阵分析。矩阵图中被引频次份额的区间分隔线取经验值 20%，论文数量年增长率的区间分隔线取参照国家平均增长率。不同颜色代表国家，线条由细变粗，表示从 2010 年到 2014 年各国位置的变化情况。

图 13-6 “论文数量年增长率—被引频次份额”矩阵图

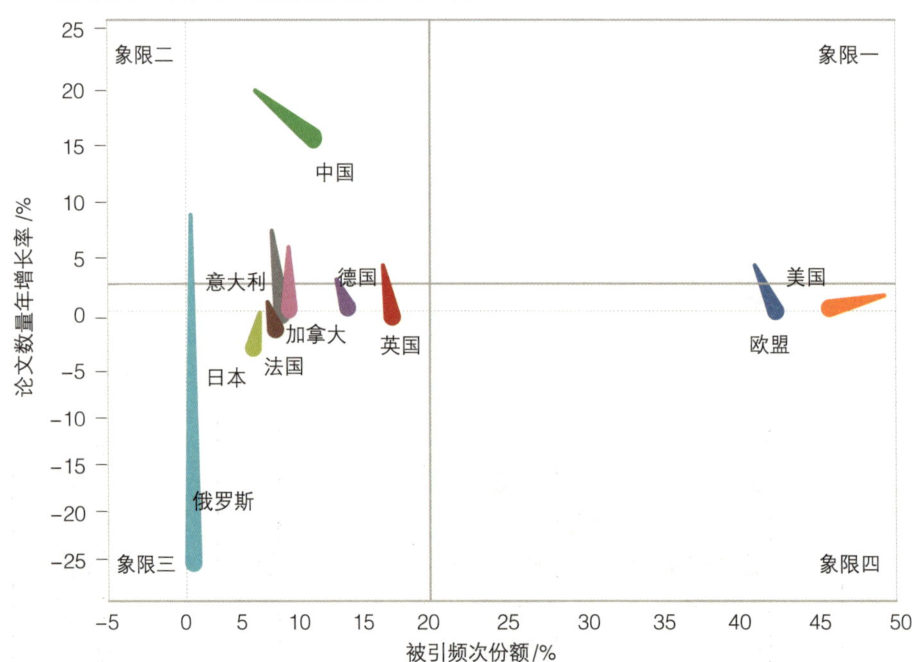

说明：被引频次份额的区间分隔线取经验值 20%，论文数量年增长率的区间分隔线取目标国家平均增长率。不同颜色代表国家，线条由细变粗，表示从 2010 年到 2014 年各国位置的变化情况。

矩阵图中第一象限的特征是被引频次份额且论文数量年增长率均较高，代表处于优势竞争地位，第二象限的特征是论文数量年增长率较高但被引频次份额较低，代表具有发展潜力和机会，可能进入第一象限，但也有可能跌入第三象限；第三象限的特征是论文数量年增长率和被引频次份额均较低，代表是细分领域的竞争者；第四象限的特征是论文数量年增长率较低但被引频次份额较高，代表处于稳定成熟发展阶段，但面临被竞争者超越或自身竞争实力衰退的威胁。

从图 13-6 中可以看出，中国位于第二象限，但距离第一象限还有一段距离，在被引份额上也低于德国和英国，表示中国基础医学学科仍处于潜力者行列。位于第四象限的美国、欧盟尽管论文数量增长速度放缓，但在论文被引份额上远远领先于其他目标国家，表示其已经进入成熟的稳定发展期，并保持极强领先者的位置。

俄罗斯、英国、德国、加拿大、意大利、俄罗斯、法国处于第三象限，处于低增长态势，特别是俄罗斯，处于较大的负增长阶段，在竞争中处于劣势地位。

（五）顶级论文对比分析

目标国家顶级论文（包括高被引论文和热点论文）数量和百分比见图 13-7。

图 13-7　目标国家顶级论文数量和百分比

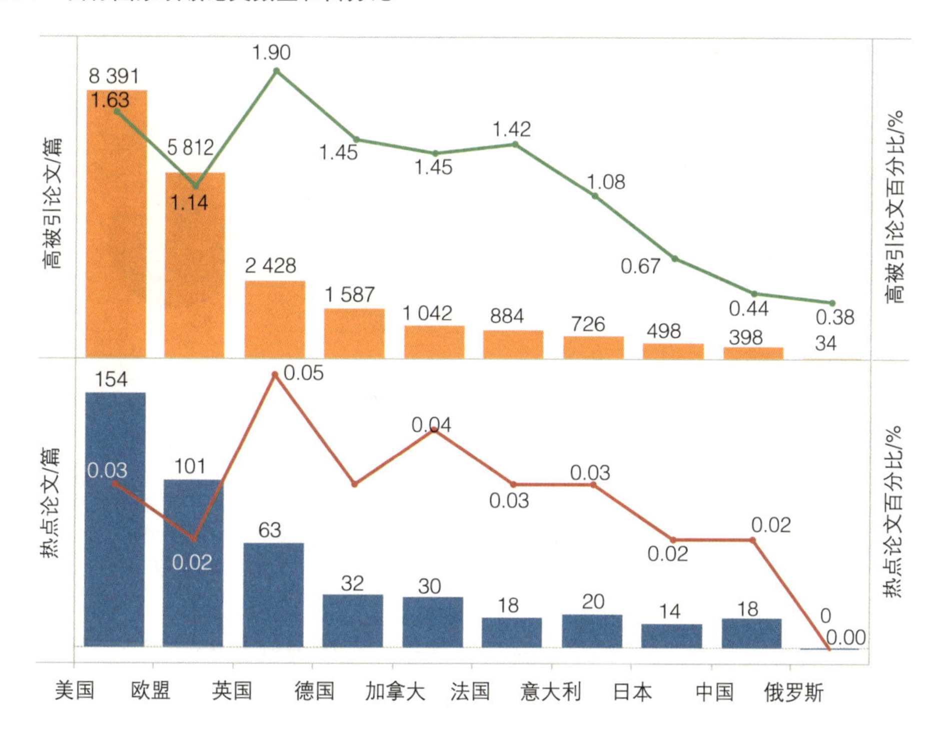

在高被引论文方面，美国以 8 391 篇居于目标国家的首位，中国排名第 9 位，有 398 篇高被引论文。英国的高被引论文百分比最高，占英国基础医学学科论文的 1.90%。美国、欧盟、英国、德国、加拿大、意大利、法国、意大利的高被引论文百分比均超过 1% 的期望值，而中国、日本、俄罗斯则低于 1% 的期望值。

在热点论文方面，美国以 154 篇居于目标国家的首位，英国的热点论文百分比最高，为 0.05%，中国以 18 篇并列排名第 8 位，中国的热点论文占中国论文总量的 0.02%。

（六）高影响力机构对比分析

图 13-8 是对基础医学学科进入全球 ESI 排名，即被引频次排名全球前 1% 的机构按照类型和目标国家的分布统计情况。

图 13-8　ESI 全球前 1% 机构

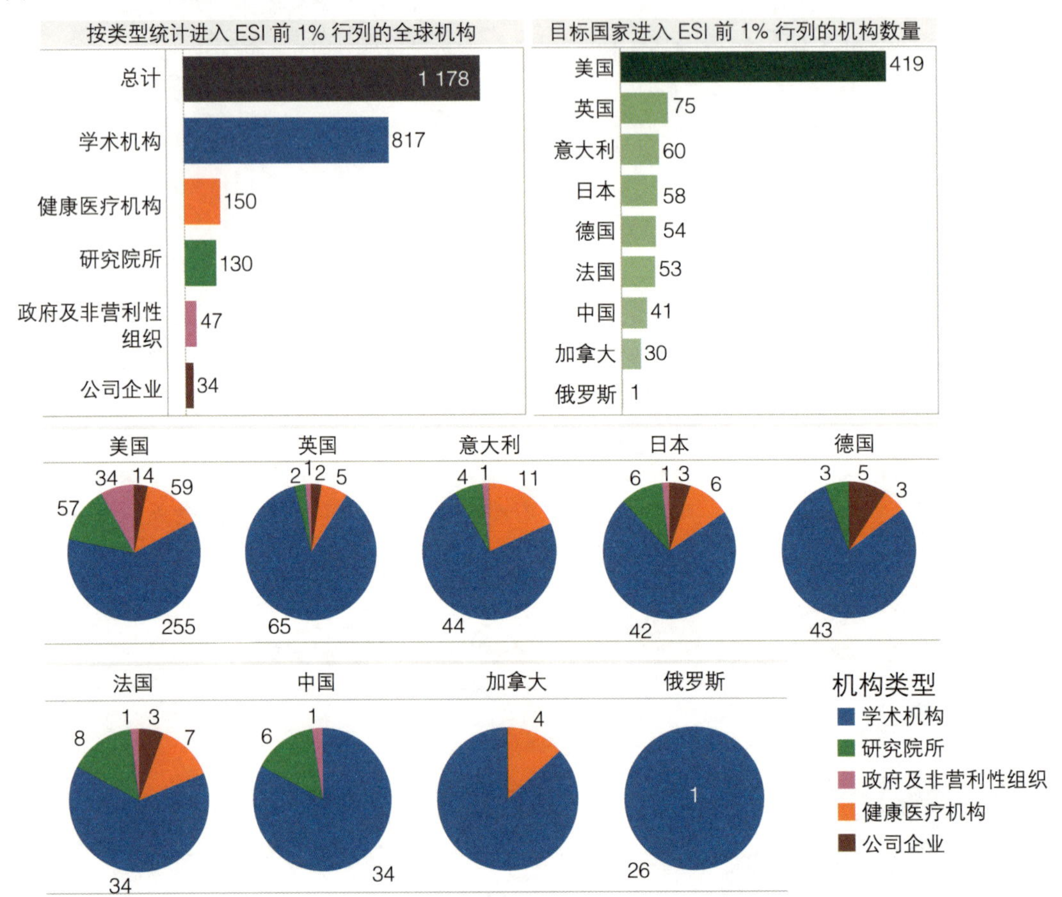

全球基础医学学科进入 ESI 的机构共有 1 178 家，美国进入 ESI 的机构数量高达 419 个，处于全球领先的位置，中国以 41 家机构排名目标国家第 7 位。

全球基础医学学科进入 ESI 的机构大多集中在学术机构。除了学术机构外，健康医疗机构、研究院所、公司企业、政府及非营利性组织均有进入。中国基础医学学科进入 ESI 的 41 家机构包括 34 家学术机构、6 家研究院所和 1 家政府及非营利性组织。

（七）中国高影响力机构

按照被引频次统计，中国进入 ESI 的前 20 家机构见表 13-2。

表 13-2　按照被引频次中国进入 ESI 的前 20 家机构

位次	机构	被引频次/篇	论文数量/篇	高被引论文/篇	国际合作论文/篇	引文影响力	h 指数
1	中国科学院	117 279●	9 108●	92●	2 378●	15.35	99●
2	北京大学	55 391	4 656	35	1 480	14.55	78
3	复旦大学	44 200	3 912	22	1 133	13.24	69
4	上海交通大学	42 996	3 949	21	1 084	12.47	66
5	浙江大学	36 589	3 239	14	679	13.10	61
6	中山大学	33 784	2 994	8	865	12.59	61
7	中国医学科学院北京协和医学院	30 350	3 029	14	594	12.12	58
8	首都医科大学	28 713	3 085	16	937	11.57	58
9	上海生物科学研究所	27 602	1 647	10	450	18.12●	65
10	四川大学	26 572	2 246	22	596	12.19	58
11	华中科技大学	25 858	2 281	9	574	13.29	55
12	山东大学	23 073	2 529	8	537	11.31	51
13	中南大学	22 081	1 794	6	610	12.22	55
14	第二军医大学	21 881	2 052	7	343	12.43	52
15	北京师范大学	21 871	1 462	22	736	17.17	66
16	沈阳药科大学	19 626	1 728	7	304	12.27	52
17	第四军医大学	18 963	1 639	7	386	10.99	43
18	中国药科大学	18 445	2 046	8	233	9.98	45
19	南京医科大学	18 009	1 673	10	444	10.80	46
20	南京大学	17 445	1 282	9	259	13.07	53

说明：数据来自 InCites，因为统计规则和范围不同，导致与 ESI 中的数据可能有不同。圆点表示本机构在当前指标排名第 1 位。

中国科学院在被引频次、论文数量、高被引论文、国际合作论文、h 指数等多项指标上都位居中国进入 ESI 的前 20 家机构首位。北京大学是学术机构被引频次最高的单位，上海生物科学研究所在引文影响力指标上位居 20 家机构的首位。

第三节　我国论文合作情况分析

（一）论文合作发展趋势

图 13-9 是中国国际合作论文和横向合作论文数量和百分比的发展趋势。

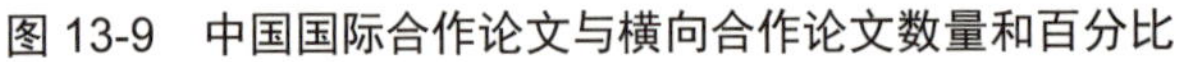
图 13-9　中国国际合作论文与横向合作论文数量和百分比

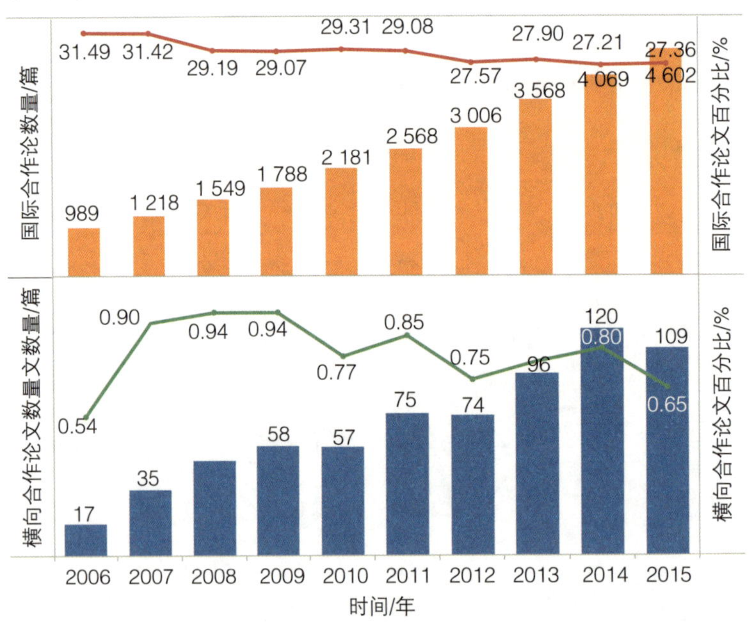

2006—2015 年，我国基础医学学科国际合作论文数量呈逐步上升趋势但百分比呈小幅下降趋势，从 2006 年的 989 篇(31.49%)变化到 2015 年的 4 602 篇(27.36%)。相比之下，我国基础医学学科横向合作论文百分比呈波动趋势，2008 年和 2009 年横向合作论文占比最高为 0.94%，2015 年论文数量增长到 109 篇，但横向合作论文百分比下降 0.65%。

（二）主要合作国家 / 地区和发展趋势

图 13-10 给出了与我国在基础医学学科合作论文排名前 10 位的国家和合作论文发展趋势。美国是与中国合作论文数量最多的国家，国际合作论文数量达到 15 390 篇，并且合作论文数量呈快速增长趋势，从 2006 年的 495 篇增长到 2015 年的 2 892 篇。与中国合作的亚洲国家或地区主要包括日本、中国香港、韩国和新加坡。

图 13-10　中国主要合作国家 / 地区和发展趋势

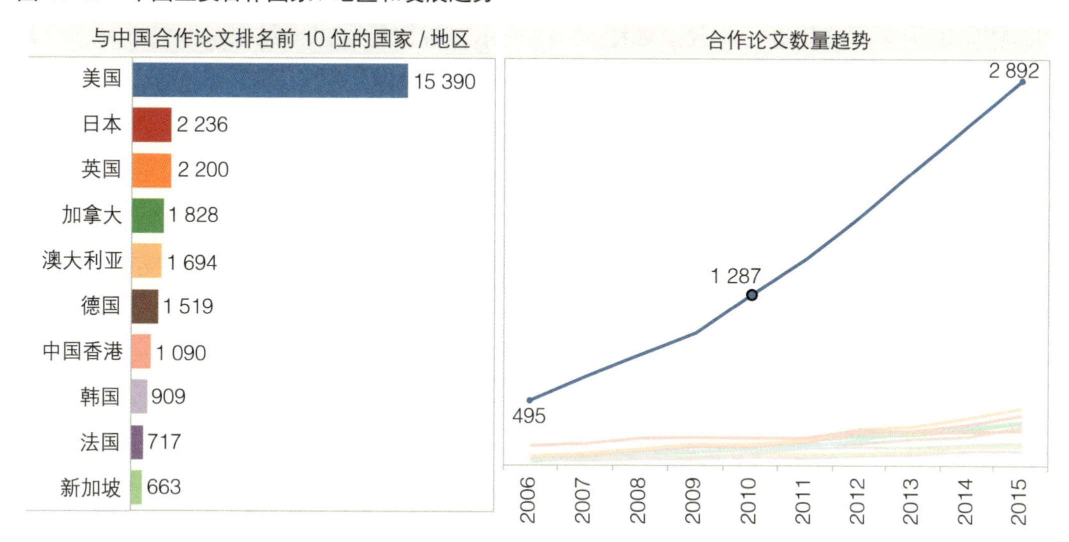

（三）中国国际合作论文的收益分析

图 13-11 是基于论文百分位指标对中国国际合作论文的收益进行分析。可以看到，基础医学学科中国国际合作论文的平均百分位低于中国所有论文，即中国国际合作论文的平均水平高于整体平均水平，这也说明中国基础医学学科从国际合作中获得收益。

图 13-11　基于论文百分位的中国国际合作论文分析

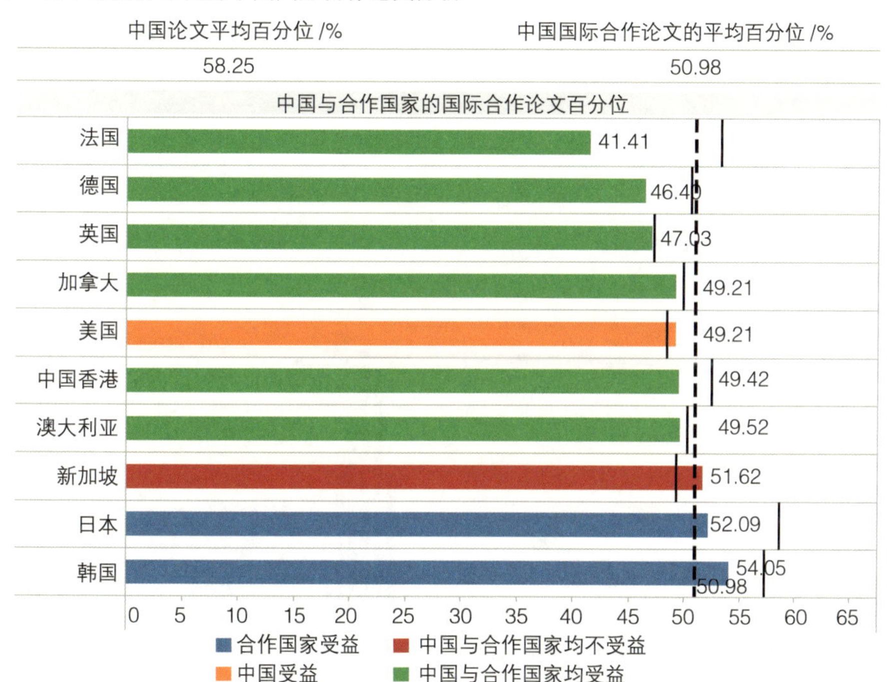

说明：图中条状图数值是中国与合作国家的国际合作论文百分位。短实线代表与中国合作国家的论文百分位，长虚线代表中国国际合作论文百分位。条状图的颜色代表中国与合作国家的合作受益情况。

进一步将中国主要合作国家的国际合作论文百分位指标与中国国际合作论文百分位和合作国家论文百分位进行比较，如图 13-11 所示，可以得到以下结果：

- 中国与法国、德国、英国、加拿大、中国香港、澳大利亚的合作提升了合作双方的论文水平，即中国与合作国家或地区均从国际合作中获得收益。
- 中国与美国的合作提升了中国国际合作论文的论文水平，但拉低了美国论文的水平，即仅中国从国际合作中获得收益。
- 中国与日本、韩国的合作提升了合作国家的论文水平，但拉低了中国国际合作论文的水平，即仅合作国家从国际合作中获得收益。
- 中国与新加坡的合作拉低了中国国际合作论文的水平，也拉低了合作国家的论文水平，即双方均没有从合作中获得收益。

鉴于以上分析结果，在基础医学学科领域，在某种程度上应更多鼓励中国与法国、德国、英国、加拿大、中国香港、澳大利亚等国家或地区开展国际合作。

第四节　我国高被引论文表现分析

（一）高被引论文合著分析

图 13-12 是中国基础医学学科高被引论文的平均合著者和平均合著机构统计。

图 13-12　中国高被引论文合著分析

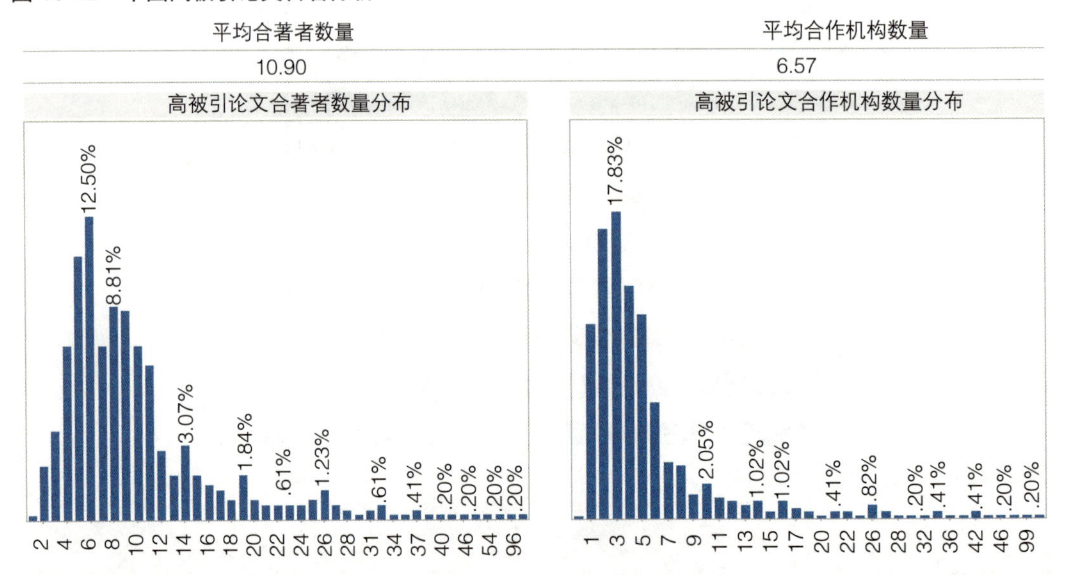

中国基础医学学科高被引论文的篇均作者数量为 10.90，论文作者分布主要集中在 5 ～ 6 人，作者数量最高达到 217 人。中国基础医学学科高被引论文的篇均机构数量为 6.57，合作机构数量主要集中在 2 ～ 4 家，合作机构数量最高达到 268 家。

（二）高被引论文主导性分析

高被引论文代表了一个国家在高水平研究成果方面的产出能力，在高水平论文方面做出主要贡献的国家被认为对论文产出具有主导性，可以用高被引论文中中国作者担任第一作者的论文数量占中国高水平论文的百分比来计算主导率。主导率越高，则说明中国作者在高水平研究中的主导性越强，可以认为中国处于主导地位。图 13-13 是第一作者为中国的高被引论文数量和发展趋势。

图 13-13　第一作者为中国的高被引论文数量和发展趋势

可以看到，第一作者为中国的高被引论文总计有 302 篇，占中国高被引论文总量的 61.89%，说明中国在高被引论文中主导性一般。从发展趋势上看，中国在基础医学学科高被引论文的主导性上从 2006 年的 44.44% 开始逐渐提高，2009 年达到最高，为 74.36%，之后逐渐下降，2014 年后开始出现升高，2015 年主导性为 67.44%。

（三）高被引论文来源机构

表 13-3 是统计第一作者为中国的高被引论文按照被引频次排名前 20 位的机构。

表 13-3　按照第一作者统计中国发表高被引论文被引频次排名前 20 位的机构

位次	机构	被引频次 / 次	论文数 / 篇	篇均被引频次 / 次
1	中国科学院	5 177●	42●	123.26
2	北京师范大学	2 331	13	179.31

续表

位次	机构	被引频次 / 次	论文数 / 篇	篇均被引频次 / 次
3	复旦大学	1 769	16	110.56
4	四川大学	1 315	16	82.19
5	上海交通大学	964	10	96.40
6	北京大学	882	10	88.20
7	沈阳药科大学	867	6	144.50
8	浙江大学	840	11	76.36
9	第二军医大学	799	4	199.75
10	苏州大学	694	8	86.75
11	华中科技大学	661	5	132.20
12	大连民族大学	652	1	652.00
13	北京生命科学研究所	638	5	127.60
14	山东大学	557	4	139.25
15	南京大学	515	8	64.38
16	暨南大学	465	1	465.00
17	南京医科大学	410	6	68.33
18	清华大学	401	7	57.29
19	中国疾病预防控制中心	378	2	189.00
20	武汉大学	360	1	360.00

中国科学院在基础医学学科高被引论文被引频次和论文篇数上排名首位，大连民族大学篇均被引频次最高。

（四）高被引论文来源期刊

表 13-4 是中国高被引论文按被引频次排名前 20 位的来源期刊。期刊 JOURNAL OF CONTROLLED RELEASE 按照高被引论文被引频次和论文数量排在首位，期刊 PLOS ONE 的期刊规范化引文影响力最高，期刊 NATURE 的期刊影响因子最高。

表 13-4 中国高被引论文按被引频次排名前 20 位的来源期刊

位次	期刊	被引频次/次	论文数/篇	期刊规范化引文影响力	期刊影响因子
1	JOURNAL OF CONTROLLED RELEASE	4 572●	46●	3.48	7.44
2	PROCEEDINGS OF THE NATIONAL ACADEMY-OF SCIENCES OF THE UNITED ST..	3 641	18	4.08	9.42
3	SCIENCE	2 572	14	1.37	34.66
4	TOXICOLOGY LETTERS	1 805	11	8.36	3.52
5	NATURE	1 632	16	1.49	38.14●
6	ALLERGY	1 440	2	14.37	6.34
7	NEURON	1 380	12	2.39	13.97
8	IMMUNITY	1 316	10	2.31	24.08
9	INTERNATIONAL JOURNAL OF PHARMACEU-TICS	1 302	14	5.00	3.99
10	NEUROIMAGE	1 185	7	6.84	5.46
11	BRAIN	1 158	6	3.81	10.10
12	JOURNAL OF NEUROSCIENCE	1 118	9	4.58	5.92
13	JOURNAL OF IMMUNOLOGY	1 107	6	6.37	4.99
14	PLOSONE	1 059	5	14.67●	3.06
15	ADVANCED DRUG DELIVERY REVIEWS	1 040	5	4.23	15.61
16	ARCHIVES OF GENERAL PSYCHIATRY	917	4	3.35	—
17	NATURE IMMUNOLOGY	879	6	1.84	19.38
18	NATURE NEUROSCIENCE	854	7	1.94	16.72
19	LANCET NEUROLOGY	849	3	1.80	23.47
20	ANTIMICROBIAL AGENTS AND CHEMOTHER-APY	829	11	5.46	4.42